空天信息技术系列丛书

空管安全分析方法及其应用

甘旭升　魏潇龙　吴亚荣　李胜厚　著

西北工业大学出版社

西安

【内容简介】 本书全面地阐述了各种安全性分析方法,具体从模型概述、基本原理、适用范围、应用实例四个角度进行详细介绍与分析。全书分为 4 篇共 13 章,主要内容包括绪论、人为因素分析分类系统、人为差错分析工具、行为安全"2-4"模型、人的失误概率预测技术、人为差错评估与削减技术、人为差错分析技术、成功似然指数法、认知差错的回溯性分析技术、认知可靠性和失误分析方法、Wickens-SIR 模型应用介绍、系统理论过程分析、功能共振事故模型等。

本书既可以作为高等院校安全科学与工程、交通运输工程、航空宇航科学与技术等理工科相关专业研究生、高年级本科生的教材,也可作为广大科研工程技术人员的参考用书。

图书在版编目(CIP)数据

空管安全分析方法及其应用/甘旭升等著. —西安:
西北工业大学出版社,2022.10
(空天信息技术系列丛书)
ISBN 978 - 7 - 5612 - 8504 - 6

Ⅰ.①空…　Ⅱ.①甘…　Ⅲ.①民用机场-安全管理-
高等学校-教材　Ⅳ.①V351

中国版本图书馆 CIP 数据核字(2022)第 221087 号

KONGGUAN ANQUAN FENXI FANGFA JIQI YINGYONG
空管安全分析方法及其应用
甘旭升　魏潇龙　吴亚荣　李胜厚　著

责任编辑:华一瑾		策划编辑:华一瑾	
责任校对:张　潼　李靖文		装帧设计:董晓伟	
出版发行:西北工业大学出版社			
通信地址:西安市友谊西路 127 号		邮编:710072	
电　话:(029)88493844　88491757			
网　址:www.nwpup.com			
印 刷 者:陕西奇彩印务有限责任公司			
开　本:787 mm×1 092 mm		1/16	
印　张:14.5			
字　数:380 千字			
版　次:2022 年 10 月第 1 版		2022 年 10 月第 1 次印刷	
书　号:ISBN 978 - 7 - 5612 - 8504 - 6			
定　价:68.00 元			

如有印装问题请与出版社联系调换

前　言

随着我国航空运输业呈现出的高速发展态势,空中交通流量持续增长,空域环境日益复杂,航空"安全第一"的行业特点对空中交通管制提出了更高的要求。同时以信息技术和信息集成为主要特征的现代高科技快速发展,给人们带来了自动化、信息化、便捷化的现代实用系统,同时也给复杂系统的设计、开发和运行提出了严峻挑战。这些复杂系统的安全性要求更高、安全影响因素更多、安全因素之间的关联性更强,尤其在系统交联、信息融合、人机结合、软硬件结合等方面引起的系统性风险愈加突出。为此,人们必须在设计、开发和使用等环节牢固树立系统安全观念,使新技术在带给人们幸福生活和各种便捷的同时,远离因系统性原因而引发的事故。

本书全面地阐述了各种安全性分析方法,具体从模型概述、基本原理、适用范围、应用实例四个角度进行详细介绍与分析,具有高度的逻辑性和系统性,为人们解决复杂空管系统安全问题提供借鉴与帮助。全书分为4篇共13章,其中第1章为绪论,介绍了系统安全、空管安全以及人为因素的相关概念与特点,第2~13章分别详细阐述了HFACS、TRACEr、HFIT、THERP、HEART、ATHEANA、CREAM、FRAM、STPA、SLIM、Wickens-SIR、2-4模型等方法。

全书由甘旭升统稿,具体编写分工如下:甘旭升负责编写第1章,魏潇龙负责编写第2章,杨国洲、陈志斌负责编写第3章,吴亚荣负责编写第4章,李胜厚负责编写第5章,赵顾颢负责编写第6章,刘飞负责编写第7章,周万银、杨芮负责编写第8章,唐雪琴、孙静娟负责编写第9章,王明华、李双峰负责编写第10章,刘苹妮、杨丽薇负责编写第11章,张宏宏负责编写第12章,黄巍负责编写第13章,童亮、欧阳文健负责全书的文字校对。

在本书编写过程中,得到了西北工业大学出版社的大力支持和帮助,在此表示感谢。本书部分章节参阅了一些著作和文献,在此向这些作者一并表示感谢。

由于学识水平所限,书中不妥之处,敬请广大专家和读者批评指正。

著　者

2021 年 12 月

目　　录

第一篇　框架分析

第二篇　行为分析

第三篇　认知分析

第四篇　系统分析

第1章 绪 论

安全是航空活动的永恒主题。由于航空技术的复杂性与密集性,存在着许多不被常人理解和认知的特点,尤其是在航空安全方面表现更为突出。航空业发展初期,安全事故发生频繁,以至人们称之为"冒险者的事业"。被称为"中国航空之父"的冯如在飞机制造和飞行事业领域制造了多个"中国第一",但在1912年广州燕塘的飞行表演中不幸失事牺牲。为了提高航空安全性能,世界各国的科学家们为之付出了上百年的努力,从而彻底扭转了人们对航空安全的看法,使航空成为世界上最安全的出行方式之一。但随着航空事业的不断发展,飞行活动增长迅猛,使得航空安全形势产生了一系列新的特征,例如,由机械系统故障引起的安全事故比例不断下降,而由人为因素直接引起或间接导致的飞行安全事故却不断增加。根据美国国家运输安全委员会(National Transportation Safety Board,NTSB)对10年间发生的144起飞行事故的分析结果表明,其中105起事故直接或间接由人为差错引起,占事故总数的73%。

航空管制部门是维持空中各类飞行活动安全、有序、高效运行的重要职能部门,其管制行为是飞行员实施飞行活动的重要依据。随着飞行安全人因事件的增长,与管制员相关的飞行安全事故也在同步增长。根据澳大利亚的航空事故数据统计显示,管制员之间的协同和通信差错是造成空中交通事故的主要原因之一,其中,空管原因引起的航空事故征候由1980—1989年间的3起急剧上升至2010—2019年间的78起,空管安全形势严峻。由此可见,空管安全与航空安全息息相关,是航空安全体系中的重要组成部分。空中交通管制网络自成系统,与航空安全体系的各个部件都有一定关联性,涉及飞行的人、机、环、管等多个方面。空管不安全事件的发展演变过程必然具有一定的系统运行特性,会同时与飞行员、航空器、外部环境、地面保障机构等多个系统子部件之间发生信息交互。由于空中交通管制工作在整个航空安全体系中有其独特的系统结构、工作特性与运行规律,需要进行针对性的安全分析,这也使得空管安全有了独特的内涵与地位。

1.1 空管安全的基本内涵

根据《科普中国》的定义,航空安全(Aviation Safety)是指保证不发生与航空器运行有关的人员伤亡和航空器损坏等事故,主要包括飞行安全、航空地面安全和空防安全。由此可见,航空安全是一个更为广阔的概念,涵盖了人员、航空器及所需的活动空间。飞行安全(Flight Safety)是航空安全的重要组成部分,在2007版的《中国空军百科全书》、2011版的《中国人民解放军军语》中,将飞行安全定义为:在训练和任务飞行活动中,无人员伤亡,无航空器或地面设施损毁。飞行安全是飞行人员素质、航空器品质和各种飞行保障质量在飞行活动中的综合反映,而空管安全则是飞行保障质量上的重要安全品质体现。空管安全的一项重要内容就是航空器的防相撞,但涵盖内容会更为丰富。国际民航组织(International Civil Aviation Organization,ICAO)将航空器相撞分为"航空器之间"相撞和"在机动区内航空器与障碍物之间"相撞。《中华人民共和国飞行基本规则》(中国法制出版社,2007年)将航空器相撞分为"航空器与航空器、航空器与地面障碍物相撞",空管领域的"相撞"概念会有特定的场景限制,超出场景限制将同时超出管制部门的防相撞职责范围。具体可表述为:从航空器发动机开车滑行直至航空器着陆后滑行到指定停机位置的整个过程中,在航空器操纵非失效状态下,防止航空器与其他航空器、航空器与地面(水面)障碍物之间相撞。除防相撞以外,空管安全对航空器运行的整体安全起到重要支撑作用,例如以航行情报的方式为飞行员提供重要的危险天气信息;当航空器发生故障时为飞行员提供紧急备降信息;等等。航空安全、飞行安全、防相撞安全与空管安全的关系如图1.1所示。

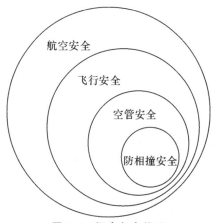

图 1.1　概念包含关系

空管部门具有独立的运行体系,也有其特定的法规标准体系,使得空管安全表现出一定的规律特征,通过这些特征可以使我们更好地了解空管安全,为空管安全风险的管控提供依据。

(1)空管安全的系统性。空中交通管制系统是由机场、进近区域等管制部门以一定的网状结构组成,系统运行需要大量高技术设备的支撑,以一系列法规标准为依据。空中交通管制系统的运行状态受系统外部各类因素影响,具有复杂的非线性特性和不确定性。正因为空管运行的系统特性,使得空管安全也表现出一系列系统特性。空管安全的状态与"人—机—环—管"各类因素相关,任一部件的功能异变都会导致管制指挥中的失误,可能引发安全事故。空管安全状态同时受大量外部因素影响,与航行情报的准确性、自然环境的复杂性、协同部门的工作质量及安全文化因素等都相关。这也使得空管安全的管理不能仅局限于单一风险节点,需充分考虑关联部门;不能简单考虑单一不安全行为,要充分剖析行为产生背后的深层次原因。

(2)人为因素的主导性。空管安全事故致因与飞行安全事故致因具有一定相似性,由系统机械故障导致的安全事故比例相对较低,由人为因素导致的不安全事故占比最大,且这一比例仍在不断上升。这也说明了在大量空管安全事故中人为因素的主导性。人为差错行为可能来源于日常管制指挥中的"错、忘、漏",也可能来源于团队协同中的信息协同差错,还可能源自于个人的违规行为,等等。在事故致因分析过程中,追溯人的差错行为产生的根源是最为关键的内容,不安全行为可能源自于外部环境的扰动,也可能来自内部认知领域的缺陷,如知识结构不合理、心理素质较差、精神状态不佳等。从空管安全的风险管控措施来看,对人为差错行为的预防仍是其主要工作内容。系统的优化、操作流程的改进、管理规定的制定都与人为因素不确定性的管控关系密切。因此,在空管安全的管理工作开展过程中,始终不能忽视人为因素的主导作用。

(3)发展演变的复杂性。空管安全的发展演变过程呈现出大量的非线性与不确定性。由于管制部门在工作过程中与飞行员、相邻管制部门、气象部门及各保障部门都会有大量的信息交互行为,某一项不安全行为会在整个飞行安全工作体系内传导,事故链错综复杂。虽然最终的事故分析所形成的致因链往往只有一条,但单一致因链并不能很好地反映系统的安全缺陷,大量潜在的事故链因为时间或空间上的差值没有最先导致不安全事件,但其安全漏洞始终存在。空管安全发展演变规律具有极大的不确定性,特别是人的绩效水平随着环境变化始终处于波动状态,给管理造成很大困难。空管安全的非线性使得风险管控行为并非简单进行叠加就能取得成效,往往需要大量人为差错数据积累才能掌握某一人为差错行为的相关数据。

(4)管理因素的依赖性。空管安全管理工作必须以严格的法规标准为依据。管制部门的飞行指挥行为具有严格、系统的法规标准作为依据,若缺少法规参照,或法规描述存在歧义,就会成为一个系统安全漏洞,随时可能引发空管安全事故。2002 年 7 月发生的博登湖空中相撞事故就是最典型的案例。事故中管制员发布的冲突解脱指令与空中防撞系统(Traffic Collision Avoidance System,TCAS)发出的冲突解脱决策咨询信息相悖,但波音 757 飞机飞行员执行了 TCAS 的下降高度指令,而图-154 客机飞行员执行了管制员的下降高度指令,最终发生了空中相撞事故。事故的发生有多个方面的原因,但管理规定的缺失对事故的引发有极大的关联性,因为当时 ICAO 还没有对 TCAS 信息与管制员指令信息的重要度作出规定。当发生信息相悖时,飞行员往往更愿意相信人的决策信息,这一习惯性思维成为了这起事件的隐患之一,而管理规定的缺失成为这起事件的最大安全漏洞。因此,空管安全对管理规定具有极高的依赖度,高品质的空管安全必然要以科学、系统的管理规定作为支撑。

1.2 空管安全分析方法的地位和意义

了解掌握空管安全的最终目的还是在于对空管安全实施正确的管理,确保管制运行的安全、高效。空管安全具有复杂系统特征,必须要依托专业的分析方法才能对空管安全有系统的认知。只有充分掌握了空管安全的特性和发展演变规律才能实施合理的管控。为对其运行规律进行充分掌握,人们开展了大量的研究,并开发了一系列的安全分析方法或工具。这些分析方法有的来自于传统的航空安全管理领域,有的来自核能化工安全生产领域,也有专用的空管安全分析方法,都有其各自的优势和存在意义,为人们加深对空管安全的认知提供方法,为空管安全风险的管控提供依据。

(1)管控空管安全的动态性。由于航空器的运行、环境条件、工作人员的绩效水平都在不断变化中,各系统部件之间的信息交互更是一刻不停,空管安全的状态也始终处于起伏波动之中。但人们对空管安全状态的期望是不变的,希望空管系统处于一种安全、平稳的运行状态之中,因此,需要可靠的方法和手段,对当前空管系统的安全状态进行分析,并为风险的管控提供目标和方法依据。通过对空管安全状态的分析和管控,可以在不断的更新迭代中使系统状态的波动性降低,逐步提高空管系统的整体安全水平。

(2)应对风险演变的反复性。航空安全风险的发展演变具有一定的周期性,尤其是人为差错现象总是反复出现,"错、忘、漏"等行为并不会因为某一措施而杜绝,在一定时间以后仍会以不同的形式出现。但通过科学的管控方法可以使这一周期性延长,有效降低各类风险因素对系统造成的损失。空管安全分析方法可以开展周期性的动态分析,不断评估空管系统的安全状态等级,及时识别安全薄弱环节或隐患,制定风险管控的措施。因此,空管安全分析方法可以有效延长安全事故发生的周期,减少风险演变的反复性,将事故率控制在一个更为合理的水平内。

(3)解析空管安全的复杂性。空管系统的构成要素繁多,关联性复杂,空管安全作为其运行状态的一种综合反映也必然表现出诸多的复杂特性。这种复杂性包含人为因素的不确定性、空管技术的复杂性、组织体系的层次性及环境要素的扰动性。任一模块的运行状态都会影响整个空管系统的安全状态,且各模块都有其独立的技术支撑,运行规律各不相同,使得空管安全的分析难度增加。空管安全分析方法为空管安全的分析与评估提供了有效途径,可以为使用者提供清晰的分析思路与步骤,逐个环节识别危险致因与危险源,并为风险管控措施的制定提供指南。部分分析方法还提供了人为差错行为的基础数据,可以实现人为差错的概率预测。通过空管分析方法的应用,空管系统的复杂性被逐步解析,更利于人们对其规律的掌握与应用。

(4)对飞行安全具有支撑作用。空管安全是飞行安全的重要组成部分,影响整个航空系统的安全状况。空管安全一旦出现漏洞,所造成的后果往往是机毁人亡,带来巨大的社会影响与人民生命财产损失。空管安全分析方法是维护空管安全的有力法宝,其作用效果涉及飞行安全各个领域。由于航空器从开车、滑出、起飞直至着陆后关车,都在航空管制部门的管制之下,与飞行安全高风险时段高度重合,由空管系统引发的不安全行为或因素会直接传导至飞行中的航空器,推动事故链往高危方向演变。空管安全分析方法虽针对的是空管系统这一主体,但其分析结论与形成的风险管控措施能显著提高飞行安全的整体水平,对飞机安全管理具有巨大的支撑作用。

1.3　空管安全分析方法及其发展

空管安全分析方法主要是由传统的航空安全分析方法发展而来,且分析重点仍然聚焦于人为因素领域,但分析对象变换为管制部门,更关注与其行为相关的各类影响因素,对数据的采集与挖掘都源自于日常的管制工作。分析方法的研究发展经历了从已有人为因素分析方法的应用到后期专业使用工具的开发使用过程。

1983 年,Swain 为了达到对未来人为差错的出现概率进行预测,提出了人的失误概率预测技术(Technique of Human Error Rate Prediction,THERP)分析方法。THERP 先把人的一个主任务分成多个子任务,之后结合专家的经验以及收集到的不安全事故的数据对比得出各个子任务出现人为差错的概率,同时考虑绩效形成因子(Performance Shape Factors,PSFs)对人为差错的影响,综合得出主任务人为差错发生的概率,尤其是该模型提出的 PSFs 概念对以后的人因可靠性研究影响深远。Kirwan 在英国测试了 30 位实验者,实验得到的人为差错概率与实际相比较证明了 THERP 的准确性。之后,Kirwan 组织了另一个实验,来减少人为差错发生的概率,说明了 THERP 的实际意义。1984 年,Hannaman 为了对工作人员反应错误以及无反应的概率进行预测,提出了人的认知可靠性模型(Human Cognitive Realiability,HCR)分析方法。人的认知可靠性模型 HCR 通过对工作人员认知行为的不同来对参数进行相应调整,从而将工作人员在时间限制下的不正确反应概率拟合成了不同的韦伯曲线。1997 年,Shappell 和 Wiegman 根据美国海军航空兵的安全需求,在瑞士奶酪模型,又名 REASON 模型模型基础上构建了人为因素分析分类系统(Human Factor Analysis and Classification System,HFACS)模型,用于航空事故的人为差错分析与调查。该模型的提出对航空安全人为因素的调查研究具有较大的意义,为人们提供了一种简明实用的分析方法,也为人为因素的研究提供了新思路。1998 年,EricHollnagel 为了考虑特定环境下人在工作中发挥的主体地位,提出了认知可靠性和失误分析方法(Cognitive Reliability and Error Analysis Method,CREAM)分析方法。CREAM 的主体思想认为,各种情景与环境会改变人的认知,进而改变人的行为,同时该模型具有回顾与预测的双重作用。由于 CREAM 加入了心理学和认知学的相关知识,强调了人的主体作用,非常巧妙地对人的内在行为形成进行了探究,在人的可靠性研究方面应用十分广泛。

在人为因素的一系列研究基础之上,专用于空管领域的安全分析方法被逐步建立并得到快速发展。1999 年,在 Wickens 信息加工模型的基础上,英国国家空中交通服务中心开发了认知差错回溯和预测技术(Technique for Ret-rospective and Predictive Analysis of Cognitive Errors,TRACEr)工具,可对空管的认知差错进行回顾性和预测性分析,进而提出相应措施,减少不安全事件的出现,保证空中交通管理系统的安全性和稳定性。在这之后,以 TRACEr 为原型,Eurocontrol 进一步开发了空管人为差错分析系统(Human Error in Air Traffic Management,HERA)。FAA 与 Eurocontrol 在对比分析了 HFACS 和人误评估与削减技术(Human Error Assessment and Reduction Technique,HEART)的理论背景、概念覆盖范围、分析方法及可靠性等方面关系后,再次提出了空管人为差错分类方法(Human Error in ATM Technique-JANUS,HERA-JANUS)。该模型认为,一起人为差错事件的发生原理可描述为:当执行一项任务时,因为诸多背景条件的影响,导致空管员心理层面发生变化,从而使某种认知功能失效,进而影响对当前工作信息的处理,最终导致人为差错事件的发生。该分析方法在英国被广泛用于空管领域的人为差错事件分析,通过分析发现,英国民航不安全事件报告系统中 98% 的事件可用 HERA-JANUS 方法开展分析,说明了该方法具有较高的应用价值。此后,还进一步衍生出了空管人为差错预测方法(A Methodfor Predicting Human Error in ATM,HERA-PREDICT)和空管人为差错安全管理辅助记录工具(Human Error in ATM-Safety Management Assistance and Recording Tool,HERA-SMART)等措施,用于空管人为差错的预测以及对安全管理的决策支持。

我国对空管人为差错的研究虽然起步较晚,但不断地吸收学习世界先进的研究成果,并结合我国当前的航空情况,不断地改进、完善空管人因事故的相关研究,也取得了许多成果。

2001 年 7 月,中国民航飞行学院罗晓利教授对我国民航 1990—2001 年由于机组造成的 361 起事故征候和 35 起飞行事故进行了分类分析统计,提出了"机组原因飞行事故及事故征候分类标准",为我国日后的空管人为差错分类研究提供了相应的理论基础。黄宝军在 2008 年对 HERA-JANUS 模型进行了整体的研究,明确了该模型的运行步骤,并分析了一起空管不安全事例,找出了影响航空安全的人的因素,并提出降低人为差错的举措。2015 年,甘旭升使用 HFACS 模型应用于空中相撞事故分析,从顶层管理到行为差错系统剖析了事故原因,并提出了差错预防的措施建议。2018 年,刘继新使用改进的 CREAM 拓展方法对管制员的指挥失误概率进行了预测,并找出了对管制员指挥行为影响最大的因子,有利于制定具有针对性的风险管控措施。2020 年,陈芳基于功能共振事故模型(Functional Resonance Accident Model,FRAM)模型对进近管制中的人为差错行为展开分析,通过对 FRAM 模型的量化改进,识别出了易发生功能共振的系统部件,并制定了安全屏障措施。

尽管我国的空管安全分析技术的研究已有一定基础,但与发达国家的差距仍然较大。首先是在对人的认知领域研究方面严重不足,分析往往停留于表面;其次是系统观念不够深入,容易忽视部件之间的关联性挖掘;最后是缺乏创新性,特别是基础数据积累方面严重不足,无法对我国空管安全事件开展精准的量化分析。也正是因为这些现实存在的问题和矛盾,以及空管运行安全风险管控中的紧迫需求,本书的研究工作才有了较大的现实意义,可为读者提供理论借鉴和参考。

1.4　本书的内容和特点

本书研究的核心是以系统的角度对空管系统安全评估方法及其应用进行介绍,详细介绍了 HFACS、HFIT、"2-4"模型、THERP、HEART、ATHEANA、SLIM、TRACEr、CREAM、Wickens - SIR、STPA、FRAM 等方法,具体从模型概述、基本原理、适用范围、应用实例四个角度进行详细介绍与分析。为便于读者理解和使用,还按照分析思路、分析重心、依托理论对各类方法进行了归类,一共划分为四个篇章进行介绍,由浅入深,逐步推进。在分析方法上,突出定性与定量相结合,既有基本理论的介绍,又注重应用上的创新,做到了实际应用与理论研究的兼顾。通过系统学习这些分析方法,读者可以快速掌握各个理论的基本知识,并能够快速依据分析流程对危险因素进行识别,进而提出相应措施,减少不安全事件的出现,保证空中交通管理系统的安全性和稳定性,为我国的航空安全和军队的战斗力提供保障。

第一篇 框架分析

作为安全分析工具,除具有专业性和科学性外,还应当具有较强的可操作性,能够指导一线安全管理人员开展有效的风险管控工作。框架式分析方法通过对分析工具的结构化和流程化设计,可以为分析者带来很强的指导性。分析者在分析工具的指导下,可以快速开展专业而系统的风险识别与管控行为,弱化分析工作对专业知识的依赖程度,降低开展安全管理工作的难度。框架式分析方法因为这样的显著优势,具有很强的实用性,目前被广泛采纳和使用。但框架式分析方法通常只针对人因、管理和环境因素,在系统方面因其高度密集的技术特性而无法实现框架式设计。本篇主要介绍三种典型、实用的框架式分析方法(HFACS,HFIT,2-4)模型,既有国外的经典分析方法,也有国内的重要研究成果,可供读者学习参考。

第 2 章　人为因素分析分类系统

随着航空技术的发展,航空器安全性能不断提升,设备可靠性得到显著改善。但随着空中飞行活动频率的增加,航空安全事故仍然时有发生,特别是一些重大空难事故造成了极大的社会影响和损失。通过对事故原因的分析和统计发现,危险致因的比例结构正在发生显著变化。根据美国国家运输安全委员会(NTSB)对十年间发生的 144 起飞行事故的分析结果表明,其中 105 起事故直接或间接由人为差错引起,占事故总数的 73%,机械故障为第二大致因,环境因素和管理因素所占比例最低[1]。因此,对航空事故人为因素的分析和预防显得尤为迫切。本章介绍人为因素分析分类系统(HFACS),该方法是一种较为成熟的人因分析方法,除应用于航空事故分析以外,在各类安全生产领域也被广泛应用。

2.1　HFACS 模型介绍

2.1.1　HFACS 模型产生背景

1940 年,航空界首次统计出 75% 的航空事故是由于一种或多种被称作"人为因素"的原因造成的,由此,"人为因素"这一概念开始进入人们视野[2]。随着飞行安全技术的迭代更新,所有源自于机械故障或设计缺陷的安全事故在技术更新中被不断抑制,但由"人为因素"触发的航空事故发生的概率却居高不下。越来越多的航空安全从业人员开始对人因失误问题展开研究,涌现出了大量的分析模型和方法,但在实际应用中却效果甚微。1997 年,Shappell 和 Wiegman 根据美国海军航空兵的安全需求,在 REASON 模型基础上构建了 HFACS 模型,用于航空事故的人为差错分析与调查[3-4]。该模型的提出对航空安全人为因素的调查研究具有较大的意义,为人们提供了一种简明实用的分析方法,也为人为因素的研究提供了新思路。Shappell 和 Wiegman 分析总结了已有的人为因素研究成果,认为当时大多数研究人员对飞行安全中的人为因素存在六类观点,包括认知观点、行为观点、功效观点、航空医学观点、社会心理观点和组织观点,但大多数观点和认识都缺乏理论和数据支撑,具有很强的主观性。对此,两位学者从 REASON 模型入手,对航空安全人为因素展开了深入的研究。他们发现,REASON 模型的最大缺陷就在于没有对"奶酪"的漏洞进行进一步的定义,这使得 REASON 模型的实用性大打折扣。为改进这一缺陷,Shappell 和 Wiegman 对大量航空安全事故展开剖析,提炼其中的人为因素,并对人为因素展开了层级分类,进而提出了 HFACS 模型。该模型弥补了 REASON 模型的缺陷,并对各层上漏洞给出了具体的定义,更有利于人为因素分类及作用机制的研究,也是迄今应用于实践最为成功的一种人为差错分析模型[5]。

2.1.2 HFACS 方法框架

HFACS 方法将人为差错划分为四个层次,第一层为处于最低层次的不安全行为层,第二、三、四层分别为不安全行为的前提条件、不安全的监督和组织管理,如图 2.1 所示。不安全行为层属于显性差错,直接导致事故发生,第二、三、四层属于隐性差错,其中,不安全行为的前提条件是指直接导致不安全行为发生的主、客观条件。不安全的监督和组织管理则是导致事故发生的潜在根源。各层又细化为若干影响因素,各影响因素又有它的具体表现形式。HFACS 方法从高层次开始向下逐层施加影响,并强调最高层次的组织管理对事故的影响作用。当各层次都同时出现差错时,系统的多层次防御作用失效,从而引发事故。

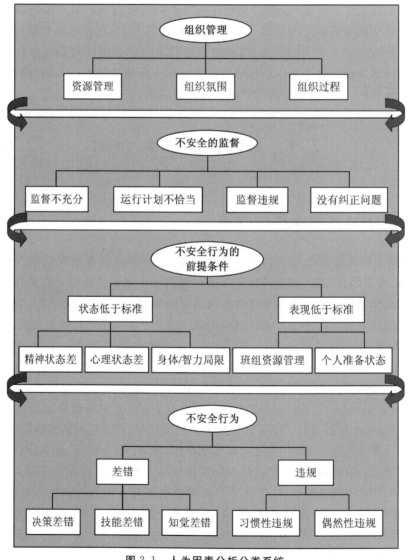

图 2.1 人为因素分析分类系统

HFACS 方法不仅仅能够分析诱发航空事故的表面原因,而且还可以有助于找出深层次原因以及潜在根源。到目前为止,业内人士普遍认为,该系统适用于分析各类航空事故,当然,也包括空中相撞事故,考虑到 80% 以上空中相撞事故是由人为差错诱发的实际,使用 HFACS 方法分析空中相撞事故诱因是完全可行的。

2.1.3　各层影响因素及具体表现

HFACS 方法有利于对航空事故中人为差错背后的潜在因素的分析和认定,但具体应用于空中相撞事故分析时,其理论框架中各层影响因素的具体表现与通用版 HFACS 方法既有共性,也存在诸多差异。事实上,HFACS 方法在各领域推广过程中,都会根据实际情况,赋予各层影响因素的具体表现以不同内涵,这样既可以做到因地制宜,又成功给予了 HFACS 方法新的生命力。下面介绍一下空中相撞事故分析中 HFACS 方法各层影响因素的具体表现。

（1）不安全行为。不安全行为是指诱发事故的操作差错,是导致事故的最直接原因,其总体可划分为两大类,即差错和违规。差错是指人行为的结果超出了可接受的界限。对于空中相撞事故而言,差错主要是指飞行员和管制员操作过程中,所实现的功能与被要求的功能之间的偏差,其结果可能以某种方式给系统带来不良影响,但是却没有达到预期目的,具体可分为技能差错、决策差错和认知差错。违规是指故意无视规则、规章和制度的行为,通常分为习惯性违规和偶然性违规[6]。不安全行为层各影响因素的具体表现见表 2.1。

表 2.1　不安全行为的具体表现

影响因素		具体表现
差错	技能差错	记忆失能,专业技术欠缺,注意力分配不当,分心,通话或语言表达不当,省略程序步骤
	决策差错	程序差错,对策选择不当,问题处理差错,超出能力范围,紧急情况处置不当,不恰当的动机
	认知差错	错误判断/感知错误,情境诊断错误,不能认清情况,失定向/眩晕所致
违规	习惯性违规	飞行简令不充分,不采纳管制员建议,非授权的滑行或进近,违反飞行规则,边缘气象条件下申请使用目视飞行规则,违反命令、规章和标准操作程序,未按正常程序交接班
	偶然性违规	执行没授权的战术机动、不当的起飞技巧、没有获取正确的气象资料、冒不必要的危险,没有及时发布信息通报

（2）不安全行为的前提条件。不安全行为的出现都有其前提条件,涉及操作者自身条件及飞行过程中与其发生直接交互的因素。飞行员和管制员的不安全行为的前提条件大致可分为两类,即状态低于标准和表现低于标准。状态低于标准强调个人层面的诱因,包括精神状态差、生理状态差以及身体/精神局限。表现低于标准强调个人工作前的准备和班组成员之间的协调与配合,包括班组资源管理和个人准备状态。不安全行为的前提条件层各影响因素的具体表现见表 2.2。

表2.2 不安全行为前提条件的具体表现

影响因素		具体表现
状态低于标准	精神状态差	失去情景意识,自满,自负,警惕性低,精神疲劳,生理节律紊乱,注意范围狭窄,精力不集中
	生理状态差	由于生病、缺氧、疲劳和极度兴奋等,产生视觉错觉,空间定向障碍,注意力分散,身心疲劳
	身体/智力局限	体能不适应,缺乏所需技能,智力或能力不足,视觉天然局限、处理复杂情况的经验不足
表现低于标准	班组资源管理	未充分通报,缺少团队配合,分工不明确,人际关系失调,缺乏自信,部门间联络或协作不畅,错误理解管制员指令,不恰当的交接班
	个人准备状态	训练培训不足,私自服药,饮酒,没有遵守休息时间规定,体能训练过度

(3)不安全的监督。不安全的监督反映监督缺位或不充分对诱发事故产生的影响,也是事故原因链中不可缺少的一部分,包括监督不充分、运行计划不恰当、没有纠正问题和监督违规。监督不充分是指监督者或组织者没有提供专业指导、培训、监督等。运行计划不适当是指当工作的节奏或者安排使操作人员处于不能接受的危险中,影响绩效。没有纠正问题是指监督者明知人员、培训等方面存在的不足,却仍然允许其继续工作。监督违规是指监督者有意违反现有的规章程序。不安全监督层各影响因素的具体表现见表2.3。

表2.3 不安全监督的具体表现

影响因素	具体表现
监督不充分	没有合理培训,丧失监督情景意识,没有提供专业指导,没有持续监察人员的资格认证
运行计划不适当	不当的工作节奏,不必要的任务风险,班组搭配不当,班组休息时间不充分,工作超负荷
没有纠正问题	系统维护不及时,没有纠正不适当行为,没有纠正安全危害
监督违规	授权不合格人员工作,允许使用未经批准的程序,没有执行规章制度

(4)组织管理。在HFACS方法框架内,相对于其余三层,组织管理层内的影响因素具有最高的影响力,但这种影响力往往是通过间接的、隐性的方式表现出来的,也不易引起重视。事实上,在相撞事故分析中,挖掘出组织管理方面的缺陷是非常困难的;而一经发现,其改正代价也非常高,但是却能从根本上改善系统的本质安全。组织管理包括三个方面,即资源管理、组织氛围和组织过程。资源管理不当主要指组织资源分配及维护决策存在的问题。组织氛围是指组织成员对所在组织特点的共同感受。组织过程主要涉及组织里运营过程中的行政决策和流程安排。组织管理层各影响因素的具体表现见表2.4。

表 2.4　组织管理的具体表现

影响因素	具体表现
资源管理	人员——选拔,配备,训练; 资金——过度削减安全开支,缺乏安全设备金; 设备/设施——设计差,采购不当,未及时改正缺陷
组织氛围	组织结构——领导链,权利和义务分配; 组织政策——录用,解雇,晋升,加薪,病假,加班,医疗,事故调查; 组织文化——价值观,工作态度,信仰,习惯
组织过程	运行——生产节奏,激励机制,工作进度; 程序——标准,文件; 监督——风险管理

2.1.4　模型优缺点分析

(1)HFACS 模型的优势。一方面,HFACS 模型在 REASON 模型基础上进行了深化和拓展,专门定义了显性差错和隐性差错,是在分析大量航空人因事故的基础上提出来的,它对不安全行为及其诱发因素提出了较为详细的编码构想。模型所提供的分析框架简单明了,适用性强,除航空安全领域外,其他各类安全生产领域均能应用。特别是在航空安全领域,无论是对管制员或飞行员,都能开展灵活的应用,且分析结果置信度高。

另一方面,由于 HFACS 方法分析框架对各个层级分析标准的统一,使得对大量安全事故的溯源调查结束后便于开展数据的分类和统计,为定量分析的开展打下基础。但具体定量分析的开展则需要结合其他分析方法进行。

相对于其他人为因素分析方法,HFACS 方法将人为因素的触发纳入组织管理体系中进行考量,能够充分挖掘组织管理体系运行中的不安全因素,所查找的危险致因更合理,制定的管控措施更有效。

(2)HFACS 模型的缺陷。从分析性质来看,HFACS 方法所提供的分析分类标准仍然是概略性的分类标准,属于定性分析的范畴,很多标准的对照具有边界模糊的特性。特别是应用到航空安全事故分析中时,很多标准的分类都需要经过修正,对于未提及的地方又需要进行适当的补充。这样的缺陷会造成模型在其他领域进行拓展应用时有风险隐患排查不彻底的现象。

在适用范围上,HFACS 方法只能开展事故原因的追溯,但并不能进行风险的预测和评估。HFACS 方法的优势就在于提供了简明的系统分析框架,可以对已有事故开展层次鲜明的原因分析,但对于如何管控系统的薄弱环节以及薄弱点的风险计算方法方面 HFACS 方法并没有给出。

在系统各子部件的关联性挖掘方面也存在不足。航空安全事故的引发往往是系统多个子部件相互关联、相互作用的结果,人为差错的预防和管控也不是通过单一子部件的管控就可以实现,需要从多个方面、多条途径入手进行预防,在事故链的多个环节上采取阻断措施才能有效降低事故风险。HFACS方法所提供的分析流程只将其他子部件的关联条件作为人为因素部件的诱因来分析,对各子部件之间的关联性并没有展开挖掘。

2.2 HFACS 应用实例

2.2.1 案例简述

2006年9月9日,巴西的一架执行航班任务的波音737飞机与一架刚刚出厂的莱格赛公务机在巴西帕拉省卡欣布上空发生相撞,事故造成莱格赛公务机左机翼末端的垂直反翼脱落,但迫降成功;波音737飞机左机翼被削去一半,飞机失速后坠毁,机上154人全部遇难,两机相撞的示意图如图2.2所示。调查报告显示一系列人为差错导致了这起空中相撞事故[7-8]。

波音737飞机当天的飞行计划是从玛瑙斯的爱德华多戈麦国际机场起飞,沿UZ6航路以高度37 000 ft① 向东南方向飞行,经停巴西利亚,飞往里约热内卢。Legacy公务机的飞行计划包括两个阶段:第一个阶段是从圣保罗圣若泽的杜斯坎普斯起飞,在航路UW2上保持飞行高度37 000 ft飞向巴西利亚,到达巴西利亚管制区后,下降高度至36 000 ft。第二个阶段是从巴西利亚西北沿UZ6航路驶离,并通过位于巴西利亚西北522 km的导航台后,爬升高度至38 000 ft,驶向马瑙斯爱德华多戈麦国际机场。两架飞机的飞行航路如图2.3所示。

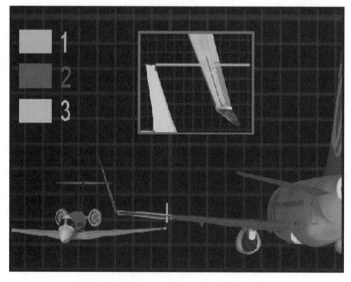

图2.2 波音737与Legacy相撞示意图

① 1 ft=0.304 8 m。

图 2.3　波音 737 飞机与 Legacy 公务机的飞行航路图

　　Legacy 公务机从当地时间 14:51 起飞,18 min 后,进入巴西利亚管制区,移交过程中,巴西利亚管制中心的当班管制员忘记通知 Legacy 公务机机组调整飞行高度,即从 37 000 ft 调整为 36 000 ft,导致波音 737 飞机和 Legacy 公务机都在 37 000 ft 高度上相对飞行。若此时机载防相撞设备运转正常,相信机组和管制员会收到警报,意识到所面临的危险;然而,不幸的是,由于 Legacy 公务机机组首次驾驶该机型,飞机起飞后,机组在熟悉系统过程,不慎误将应答机关闭,这就导致两架飞机处于飞行危险接近状态时,波音 737 飞机与莱格赛公务机的机载防撞系统(Traffic alert and Collision Avoidance System,TCAS)都无法发出防撞警报;更为糟糕的是,由于业务能力低、培训不足和设备设计缺陷等原因,巴西利亚管制中心的当班管制员没有及时发现莱格赛公务机处在错误高度层上,且应答机处于关闭状态。这些不利的情况及其因素的叠加、交互和耦合,最终导致两机空中相撞。

2.2.2　案例分析

　　由于这起空中相撞事故既涉及管制员的差错,又牵扯到机组人员的差错,尤其事故背后隐藏着的深层次原因,极具典型性。因此,许多学者基于这起事故来研究不同事故分析方法的有效性和可行性。那么,根据前述的 HFACS 方法致因原理以及针对空中相撞事故所赋予各层次影响因素的具体表现,按从低到高的顺序对这起空中相撞事故进行系统分析。

1. 不安全行为

(1)技能差错。

1)管制员在 Legacy 公务机到达巴西利亚管制区时,忘记通知其机组将高度由 37 000 ft 降到 36 000 ft,而想当然地认为飞机已经在 36 000 ft 高度层中飞行(记忆失能)。

2)管制员没有及时发现 Legacy 公务机的实际飞行高度与计划飞行高度不一致的情况,以及应答机处于关闭状态(专业技术欠缺)。

3)由于 Legacy 公务机机组首次驾驶这一机型,飞机起飞后,机组在熟悉操作系统过程中,无意中误将应答机关闭,造成了 TCAS 长时间失效,又没有及时发现(专业技术欠缺,注意力分配不当)。

(2)习惯性违规。由于对机载自动化驾驶设备的过度依赖,两机相撞前,双方机组人员都没有观察前方航线情况(显然,这种违规行为不是短期行为,已经习惯成自然),也没有及时发现迎面飞来的飞机(违反飞行规则)。

2. 不安全行为的前提条件

(1)身体/智力局限。巴西利亚管制中心的工作人员不足,工作强度非常大,使管制员不堪重负,工作中难免会在时间安排和沟通程序等方面忙中出错(体能不适应)。

(2)个人准备状态。

1)巴西利亚管制中心当班管制员,刚刚上任 1 年,就正式进行值班,在专业技能、指挥经验、英语交流以及设备熟悉等方面存在诸多问题,没有真正搞清雷达系统显示设备中的实际飞行高度与计划飞行高度的真正含义,同时,也不知道信息中符号"＝"变为"Z"意味着应答机关闭的危险状况,因此,没有提示 Legacy 公务机机组关于高度和应答机的信息(训练培训不足)。

2)Legacy 机组驾驶该型飞机执行这次任务之前,仅仅进行 6 h 的相关培训(训练培训不足)。

(3)班组资源管理不善。

1)起飞前,巴西利亚管制中心的管制员给 Legacy 公务机机组的指令,仅仅可以确认以 37 000 ft 一路飞往玛瑙斯,并没有清楚地表达出先以 37 000 ft 高度飞到巴西利亚,再降到 36 000 ft 的意图(未充分通报)。

2)Legacy 的两名机组人员都是第一次飞巴西境内航线,且两人是第一次配合,错误理解了指令,以为管制中心临时更改了计划(错误理解管制员指令)。

3)Legacy 公务机机组曾 12 次更换备用频率联系管制中心,而后期管制中心也曾数次联系 Legacy 机组,都没有成功(部门间联络或协作不畅)。

3. 不安全的监督

(1)监督不充分。

1)虽然 Legacy 机组针对该机型进行了短期培训,但对培训过程缺乏严格的管理,对培训效果也缺少严格的把控(没有合理培训)。

2)以 Legacy 机组现有的技术状态和对巴西国内空域及航线的掌握情况,能否驾驶该机型执行圣保罗圣若泽—巴西利亚—玛瑙斯的这次飞行任务,缺少对机组的资质认证监察(没有持续监察人员的资格认证)。

3)缺乏专门管理人员负责对空管人员工作进行必要监督和督促,这使得当班管制员在

Legacy 公务机机载应答机关闭后的长达 45 min 时间内,没有主动与 Legacy 公务机机组进行联系(没有提供专业指导)。

(2)监督违规。以巴西利亚管制区当班管制员的当前业务水平和处置能力,很明显是不具备值班资格的,然而,由于缺少人手,却允许其正式上岗值班(授权不合格人员工作)。

4. 组织管理

(1)莱格赛机组的培训计划,无论从培训时间方面,还是从培训过程管理以及培训效果把关等方面,都存在较大缺陷(人员—培训)。

(2)没有为巴西利亚管制中心配备足够的管制人员(人员—配备)。

(3)对于新到的管制员,没有根据实际情况,制订必要的训练和培训计划(人员—培训)。

(4)控制应答机的系统存在设计缺陷,在此之前曾经在其他飞机上出现过问题,但仍然被采购并安装在这架刚刚出厂的 Legacy 公务机上,并且没有与中央警报系统连接在一起,致使应答机被误关闭后,系统无法给 Legacy 公务机机组提供必要的提示(设备/设施—设计差,采购不当,未及时改正缺陷)。

(5)巴西利亚管制中心的雷达显示设备设计存在缺陷,对实际飞行高度和计划飞行高度的不一致以及应答机关闭的屏幕显示信息不够明显,难以听到异常情况的警告音,不易引起管制员的注意(设备/设施—设计差)。

(6)巴西国内受资金限制,机场周边基础设施资金投入少,设备陈旧,尤其是通信方面,经常运转不良(资金—缺乏安全设备资金)。

2.2.3　安全建议

使用 HFACS 对这起人为因素导致的空中相撞事故进行系统分析,根据分析过程和结果,可以给出以下几条安全建议。

(1)加强人员技能方面的培训。对于机组人员,应强化新飞机操作系统的培训,让机组熟悉新飞机的操作系统,了解其各项功能及其使用方法;对于管制人员,应加强对经验不足的管制人员的专业技能以及英语沟通方面的培训。

(2)严格遵守有关的飞行法规。机组在飞行中,应该克服"高科技依赖病",尤其是对自动驾驶设备的过度依赖,应按照有关规定熟悉所飞航线的管制方式,密切观察飞行前方航线的情况,同时,留意飞机的仪器状态,以便及早发现其变化,防患于未然。

(3)强化对空管设备的了解与观察。管制人员应正确了解管制设备显示方式、显示变化的含义等,同时,值班时也应时刻注意屏幕显示信息的变化,及时掌握航班的实时情况。

(4)更改相关设备的安全设计。在空管设备方面,当飞机应答机关闭时,雷达显示屏幕仅是由"＝"变为"Z",变化不明显,易被管制员疏漏,应该加大加粗字符或者加入明显警报音;在机载设备方面,改善 Legacy 公务机应答机关闭按钮的安全性设计,使其不易被误关闭,并将之与中央警报系统相连,当应答机关闭时,应发出明显警报音。

(5)完善管制人员工作值班制度。严格作息时间制度,控制管制人员的工作值班时间,防止出现疲劳工作的情况,此外,由于单岗制管制人员没有相互监督的过程,极易发生工作疏漏情况,应该实行双岗制的管制方式。

2.3　基于单一聚类方法的 HFACS 改进方法应用

为了有效防控航空器相撞事故的发生,保证航空系统安全、有序和高效运行,提出一种基于单一聚类过程的人为因素分析分类系统(HFACS)诱发模式分析方法。在该方法中,首先,根据航空器相撞的具体特点建立了 HFACS 方法。然后,利用 HFACS 方法对发生的航空器相撞事故/事故征候进行量化,构建历史信息的数据表。最后,采用单一聚类方法对得到的数据表进行诱发模式分析,识别出重要的诱发模式及模式中包含的重要影响因素,并据此提出防相撞的管控措施。实例分析表明,所提出方法的实现过程简便,定性定量结合,形式易于理解,分析结果也更加贴近实际,对于提升防相撞的管理和决策水平,防范航空器相撞及减少造成的损失具有重要的实用价值。

2.3.1　单一聚类分析方法

聚类作为数据挖掘与统计分析的一个重要的研究领域,近年来备受关注。从机器学习的角度看,聚类是一种无监督的机器学习方法,即事先对数据集分布无任何了解,将物理或抽象对象集合划分为由类似对象组成的多个类的过程[8]。在空中相撞的人为因素分析中,经常要解决的是二进制变量表征的聚类问题,即事故数据信息仅包含两个值"1"和"0",分别对应某些属性的"有"和"无"。

在聚类分析过程中,对于同时使用所有变量来划分对象子集的,称为多元聚类分析;而对于每次划分对象子集时仅使用一个变量的,称为单一聚类分析[9-10]。下面以表 2.5 所示的数据集实例来简述单一聚类分析的过程。

表 2.5　二进制变量表征的数据集实例

对象	变量					
	1	2	3	4	5	6
A	1	1	0	1	1	0
B	1	1	0	0	0	1
C	1	1	1	1	1	0
D	1	1	1	1	1	0
E	0	0	0	1	0	1
F	0	0	0	0	0	0
G	0	0	1	1	0	1
H	0	0	1	1	1	0

单一聚类分析在处理二进制变量的数据矩阵时,不同于以往方法,无需处理非相似矩阵和间隔尺度变量矩阵。其基本思想是选择一个变量并将对象集按变量属性值"1"和"0"分成两个对象子集。然后在每个子集中,选择一个剩余变量以同样方法将子集分成两个更小的子集,此过程一直持续到子集包含一个对象或剩余变量不能将子集再分开时为止。

要进行单一聚类分析,最为关键的是如何选择变量来划分对象子集。基本思路是选择与所有其他变量的相似性之和尽可能大的变量。目前,刻画二进制变量间的相似性主要采用关联度量标准,而在单一聚类分析方法中,关联度量标准主要使用了两个变量属性值各个组合的对象个数值。首先,计算两变量属性值都为"0"对象个数与属性值都为"1"对象个数的乘积;然后计算第一变量为"0"且第二变量为"1"的对象个数与第一变量为"1"而第二变量为"0"的对象个数的乘积。此时,关联度量标准即可定义为上述两个乘积结果差的绝对值。在表 2.5 中,变量 1 和变量 2 的属性值完全相同,理应得到较大的关联度量值。通过计算不难得出两个乘积的结果分别为 16(4×4) 和 0(0×0),故变量 1 和变量 2 的关联度量值为 $|16-0|=16$。而对于变量 1 与变量 3 的属性值不相同的情况,两变量的关联度量值可通过一个 2×2 列联表计算得出。图 2.4(a) 为广义列联表,变量与变量的关联度量值由下面计算;图 2.4(b) 对应于变量 1 和 3 变量,其关联度量值 ;另外,如果对于所有对象两变量的属性值都不相同,将会给出相同信息,关联度量值会变大,如图 2.4(c) 所示。

基于以上分析,在选择变量来划分子集时,可选择与其他变量最具相似性的变量。对于任一个变量 f 来说,它与所有其他变量的关联量度值之和为 $A_f=\sum A_{fg}$,则满足 $A_t=\max\{A_f\}$ 条件的变量 t 即为划分子集所要选择的变量。采用以上叙述方法对表 2.5 中的数据集进行单一聚类分析,得出的结果如图 2.5 所示。下面介绍对包含 A~H 的对象集如何选择变量来划分子集。

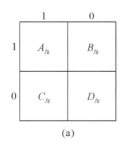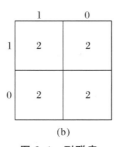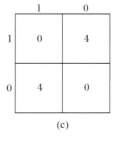

图 2.4　列联表

先计算对象集的一个变量 f 与所有其他变量的关联量度值之和,即

$$A_1=\sum_{g\neq 1}A_{1g}=A_{12}+A_{13}+A_{14}+A_{15}+A_{16}=$$
$$|4\times 4-0\times 0|+|2\times 2-2\times 2|+|3\times 1-1\times 3|+$$
$$|3\times 3-1\times 1|+|1\times 2-3\times 2|=$$
$$16+0+0+8+4=28$$

$$A_2 = \sum_{g\neq 2} A_{2g} = A_{21} + A_{23} + A_{24} + A_{25} + A_{26} = 16 + 0 + 0 + 8 + 4 = 28$$

$$A_3 = \sum_{g\neq 3} A_{3g} = A_{31} + A_{32} + A_{34} + A_{35} + A_{36} = 0 + 0 + 8 + 8 + 4 = 20$$

$$A_4 = \sum_{g\neq 4} A_{4g} = A_{41} + A_{42} + A_{43} + A_{45} + A_{46} = 0 + 0 + 8 + 8 + 2 = 18$$

$$A_5 = \sum_{g\neq 5} A_{5g} = A_{51} + A_{52} + A_{53} + A_{54} + A_{56} = 8 + 8 + 8 + 8 + 12 = 44$$

$$A_6 = \sum_{g\neq 6} A_{6g} = A_{61} + A_{62} + A_{63} + A_{64} + A_{65} = 4 + 4 + 4 + 2 + 12 = 26$$

再找出关联量度值之和最大值所对应的变量

$$A_t = \max\{A_1, A_2, A_3, A_4, A_5, A_6\} = \max\{28, 28, 20, 18, 44, 26\} = 44$$

可得出 $t=5$，即对包含 A～H 的对象集选择变量 5 来划分子集，依此类推，可得出选择变量 1 划分对象子集 {A,C,D,H}，选择变量 4 划分对象子集 {B,E,F,G}，这一过程直到子集由一个单一对象或者剩余变量无法分开（如对象 C 和 D）时为止，如图 2.5 所示。

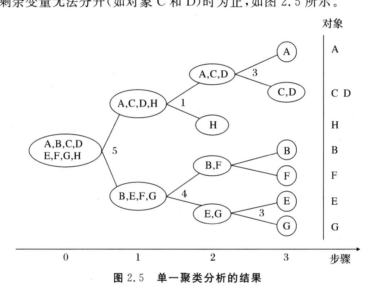

图 2.5　单一聚类分析的结果

2.3.2 人为因素分析分类系统构建

HFACS 方法是 Shappell 和 Wiegmann 在 Reason 模型基础上构建的，它对各层面的"漏洞"进行了具体定义，克服了 Reason 模型的不足，促进了其推广应用。

需要说明的是，HFACS 方法中的各影响因素之间并非相互独立，而是具有一定程度的关联性。根据各层之间的隶属关系，下一层中任一因素及其因素组合的发生，都可认为上一层因素发生了。例如：第二层差错的发生，是由第三层决策差错、技能差错和认知差错或者它们的组合引起的。

HFACS 方法不仅仅能够分析诱发航空事故的表面原因，而且还可以帮助找出深层次原因以及潜在根源。到目前为止,业内人士普遍认为,该系统适用于分析各类航空事故,当然,也囊括了航空器相撞事故的各个方面和各种情况,鉴于 90% 以上航空器相撞事故涉及人为差错的实际,采用 HFACS 方法分析航空器相撞的诱发模式是完全可行的。

2.3.3 航空器相撞事故/事故征候的量化表征

对航空器相撞的人为因素进行定量分析,图 2.6 中的 HFACS 是基础。根据收集到的历史信息和调查报告,逐起对航空器相撞事故/事故征候进行分析,确定 HFACS 中所涉及的影响因素,并通过"1"和"0"的形式来量化描述,其中,"1"代表影响因素发生,"0"代表没有发生。以 2006 年 9 月 9 日发生在巴西帕拉省卡欣布的波音 737 飞机航班与 Legacy 公务机的空中相撞事故为例[11],根据事故分析与调查结果可知,这起空中相撞事故涉及的影响因素分别为:不安全行为层中的技能差错(C2);不安全行为的前提层中的班组资源管理不善(C9)和个人准备状态差(C10);不安全的监督层的监督不充分(C11);组织管理层的资源管理(C15)。对于这起事故的量化,即将涉及的 5 个影响因素 C2,C9,C10,C11,C15 用"1"来描述,没有涉及的 12 个影响因素用"0"来描述,即可完成。

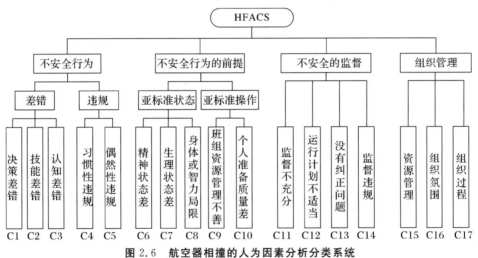

图 2.6 航空器相撞的人为因素分析分类系统

按照数据的完整性和权威性原则,选取某航空管制区 1990—2009 年的航空器相撞事故/事故征候调查报告。按照 HFACS 对这些报告逐起进行分析,逐一确定所涉及的影响因素,并根据前述方法对它们进行量化。由于 HFACS 第三层中的影响因素完全能够刻画航空器相撞事故/事故征候的人为因素,因此,仅需考虑 HFACS 的第三层中的影响因素。这样对 1990—2009 年的航空器相撞事故/事故征候的分析,就转化为对 C1,C2,…,C17 因素构成的 136×17 数据矩阵 XC(见表 2.6)的分析,其中,行代表具体的某起相撞事故/事故征候;列代表涉及的具体影响因素。

表 2.6　航空管制区 1990—2009 年的航空器相撞事故/事故征候量化表

事故 ID	因素																
	C1	C2	C3	C4	C5	C6	C7	C8	C9	C10	C11	C12	C13	C14	C15	C16	C17
1	0	1	0	0	0	0	0	0	1	1	1	0	0	0	1	0	0
2	0	0	1	0	1	1	0	1	0	0	0	0	1	1	0	1	1
……						……											
136	1	0	0	0	0	0	0	1	0	1	1	0	1	0	1	0	0

2.3.4　航空器相撞的 HFACS 诱发模式分析

由于航空器相撞 HFACS 的底层有 17 个因素,总共有 2^{17} 个组合,要揭示航空器相撞事故/事故征候诱发的基本模式,需对最底层的 C1,C2,…,C17 因素构成的 136×17 二进制矩阵 XC 进行单一聚类分析。

通过对二进制矩阵 XC 进行单一聚类分析,共得到 124 个独立影响因素组合,即 124 种航空器相撞事故/事故征候诱发模式,也就是说已发生的 136 起航空器相撞事故/事故征候是由 124 种诱发模式引起的。在这 124 种诱发模式中,有 115 种模式仅引起一起事故/事故征候,有 9 种模式造成两起或两起以上事故/事故征候,见表 2.7。

表 2.7　造成两起以上航空器相撞事故/事故征候的诱发模式

事故/事故征候起数	诱发模式(影响因素组合)
2	C2,C6,C11,C15
	C2,C10,C11,C15
	C2,C6,C10,C11,C15,C17
	C2,C3,C6,C7,C10,C15
	C2,C6,C9,C10,C11,C14,C15,C16
	C1,C7,C8,C12,C14,C15,C17
	C4,C6,C9,C10,C12,C13,C16,C17
3	C2,C6,C7,C10,C11,C12,C15
4	C2,C6,C10,C11,C15

根据单一聚类分析,可得出如下有益的建议。

(1)如果某种模式诱发一起航空器相撞事故/事故征候是偶然的,那么,诱发两起或两起以上的模式就具有频发性和倾向性特征,因此,表 2.7 中这 9 种模式应是研究和防范的重点。

(2)在 124 种诱发模式中,同时包含影响因素 C2、C6、C10、C11 和 C15 的模式有 46 种,这 5 个影响因素是管理和决策中重点关注的对象。

(3)在包含 C2、C6、C10、C11 和 C15 的模式中,各影响因素彼此具有一定的关联性,如:对于 C2 和 C6,根据 HFACS 思想,C6 是 C2 的前提条件;C2 是 C6 的直接体现,两个影响因素关系密切,经常相伴而出。要防止出现 C2,应该将着眼点放在精神状态的几种表现上,即失去情景意识、自满、自负、警惕性低、精神疲劳松懈、生理节律紊乱、注意范围狭窄、精神不集中等,使防相撞工作不仅仅停留于事故的直接影响因素,更应该关注深层次影响因素和潜在根源。

(4)实际上,聚类分析得到了 9 条经常会导致相撞事故/事故征候的特殊形式的事件链。如:模式 C2,C6,C7,C10,C11,C12,C15 可被视为一条经常会导致事故/事故征候的事件链。防相撞工作除了关注该链条上的各因素,尤其应注意切断各因素之间的联系,同时也应强调"资源管理"的基础性作用,在人员的选拔培训、设备的防差错设计、资金投入等方面下足功夫,从而从根本上消除这一链条存在的基础。

2.4　小　　结

本章介绍了一种经典的人为因素分析方法,该方法因其鲜明的层次特性和便捷的应用方式而被广泛接受,在安全生产的各个领域都有一定的适用性。虽然是一种定性分析的工具,但在经过修正和改进后具有开展定量分析的潜质。通过一起航空事故的分析应用对 HFACS 的具体应用方法进行了介绍。更进一步地,为了剖析航空器防相撞工作中人为因素的运行机理,也为了对 HFACS 的定量分析应用进行举例说明,在 HFACS 分析与量化的基础上引入了一种单一聚类分析方法。从实例分析结果来看,所提出方法逻辑缜密,易于实现,能够准确辨识航空器相撞事故/事故征候的重要诱发模式,找出模式中经常出现的影响因素及其关联。根据诱发模式分析的结果制定防控措施,既可改善防相撞管理的科学性和有效性,又能为安全管理的有效实施提供技术支撑。

参 考 文 献

[1] SHAPPELL S,DETWILER C,HOLCOMB K,et al. Human Error and Commercial Aviation Accidents:An Analysis Using the Human Factors Analysis and Classification System[J]. Human Factors,2007,49(2):227 - 242.

[2] 郝红勋.民航飞行员人因失误评价模型研究[D].北京:中国矿业大学,2017.

[3] WIEGMANN D,SHAPPELL S. Human Factors Analysis of Postaccident Data:Applying Theoretical Taxonomies of Human Error [J]. The International Journal of Aviation Psychology,1997,7(1): 67 - 81.

[4] SHAPPELL S,WIEGMANN D. A Human Error Approach to Accident Investigation: The Taxonomy of Unsafe Operation [J]. The International Journal of Aviation Psychology,1997,7(4):269 - 291.

［5］ 甘旭升，崔浩林，高文明，等. 基于 HFACS 的空中相撞事故分析及建议［J］. 中国安全生产科学技术，2015，11(10)：96 - 102.

［6］ 刘福鳌，赵振武，徐桢威，等. 基于 HFACS 的管制员人因失误因素分析［J］. 科技创新与应用，2014(3)：252 - 253.

［7］ 崔浩林. 防相撞理论与应用［M］. 北京：科学出版社，2014.

［8］ 方开泰. 聚类分析［J］. 数学的实践与认识，1978(1)：66 - 80.

［9］ CHAVENT M. A Monothetic Clustering Method ［J］. Pattern Recognition Letters，1998，19(11)：989 - 996.

［10］ CHAVENT M，LECHEVALLIER Y，BRIANT O. A Monothetic Divisive Hierarchical Clustering Method ［J］. Computational Statistics & Data Analysis，2007，52(2)：687 - 701.

［11］ 郑涤滨，万玄，杨涛，等. 戈尔航空 1907 号航班与卓越航空 N600XL 航班空中相撞事故调查分析［R］. 民航事故调查报告，2013.

第3章　人为差错分析工具

为尽量降低分析工具对分析者知识结构的依赖,提升分析工具的适用性,人为差错分析工具(Human Factors Investigation Tool,HFIT)被提出[1]。该模型对事故的分析主要基于四方面的信息:①事故发生前的不安全行为;②不安全行为发生后的安全恢复机制;③形成不安全行为的认知过程;④造成事故的主要原因。基于这四方面的信息,HFIT 以问答的形式,依据分析框架由外部到认知领域逐层分析不安全行为产生的深层次原因并归类致因因素,最后制定对应的安全管控措施。由于 HFIT 提供了明晰的信息提取要求,且分析框架和步骤简单明了,极大地降低了分析者对分析结论的影响,因而受到广泛认可。本章将详细介绍 HFIT 的分析框架和流程,并按照空管领域的现实需求对 HFIT 方法进行适当修正,介绍基于 HFIT 的空管安全事故分析过程。

3.1　HFIT 模型介绍

在传统的安全事故分析过程中,由于使用的分析工具不同、事发情景的不同及分析人的差异,对事故的信息要素提取会存在较大差异。各类分析工具对信息要素提取规范和人的认知过程分析方法的缺失导致事故中的人为因素分析存在遗漏和片面的现象。典型的有HFACS[2-3]、FRAM[4] 和 STPA[5-6] 方法,这类方法虽能较为系统地、全面地识别人为差错,但并没有从人的认知层面分析差错产生的原因和方法,需要依托分析者自身的经验和知识提取事故信息并制定相应的安全措施。HFIT 方法有效改善了这一缺陷,不但对信息提取方法作出了规范,还对人为因素引发的原因分析作出了层次分明且详细的导向。HFIT 以 Wickens模型[7] 和 Kontogiannis 分析系统[8] 为理论基础对人的认知过程展开分析,分析方法上则借鉴了 ADAMS[9]、TRACEr[10] 和 IFE[11] 等方法。通过对事故关键信息提取方法和人为因素分析方法的规范,HFIT 极大地降低了分析者主观因素对结论的影响,同时规范、清晰的分析流程也降低了分析工具对分析者的要求,提高了 HFIT 的适用性和准确性。

3.1.1　HFIT 模型分析架构

HFIT 以事故链发展的轨迹构造设计分析架构,从事故结局开始逆向追溯不安全行为、不安全行为触发的情景及威胁源,HFIT 模型分析路线如图 3.1 所示。安全事故的发生是多种因素相互作用的结果,对此,HFIT 将事故致因分为四类:第一类为行为差错,通常是指直接导致事故发生的不安全行为;第二类为导致行为差错的情景意识,HFIT 认为是人在情景意识上的部分丢失导致了行为差错的发生,因此需要通过行为差错追溯情景意识上的问题;第三类为"威胁源"因素,即影响情景意识减弱的各类外部因素;第四类因素为"纠错"因素,在安全生产的过程中,系统通常都会有差错检测或告警机制,能够在发生情景意识丢失或行为差错的情况下辅助操控人纠正错误的因素;第四类因素的发生可使事故的结果危害性发生降级,例如:在一起空中间隔丢失事件中,飞行员及时听取了 TCAS 系统的告警咨询,避免了一起空中相撞事故的发生,但空中危险接近仍然发生了。因此,对第四类因素的分析也同样重要。

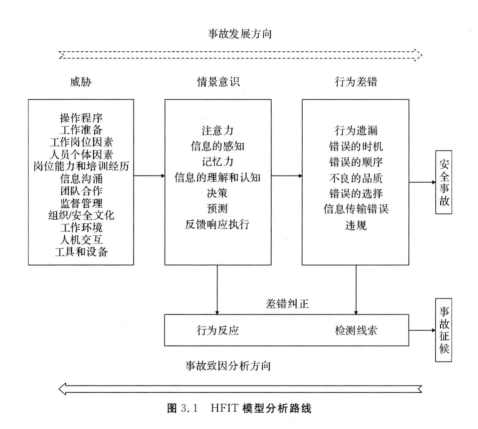

图 3.1 HFIT 模型分析路线

由图 3.1 可知,四类事故致因还一共包含了 28 个要素,而在每一个要素之下还可进一步衍生出更多的子要素,但随着分析方法的应用领域不同,子要素的细分会有差异,需要根据分析对象进行适当的修正。在制定完整的致因目录后可形成 HFIT 模型分析架构,如图 3.2 所示。在图 3.2 中,威胁要素还进一步给出了四级要素,但这一类要素通常仅适用于特定领域,在评估目标变换后修正量较大。由于子要素的数目往往非常庞大,部分大类之下的子要素会多达数百条,受篇幅限制,在图 3.2 中仅给出了一般性的主要要素的子要素,其余子要素读者可根据实际情况进行修正和补充,也可参考文献[1]的子要素设置进行分析。

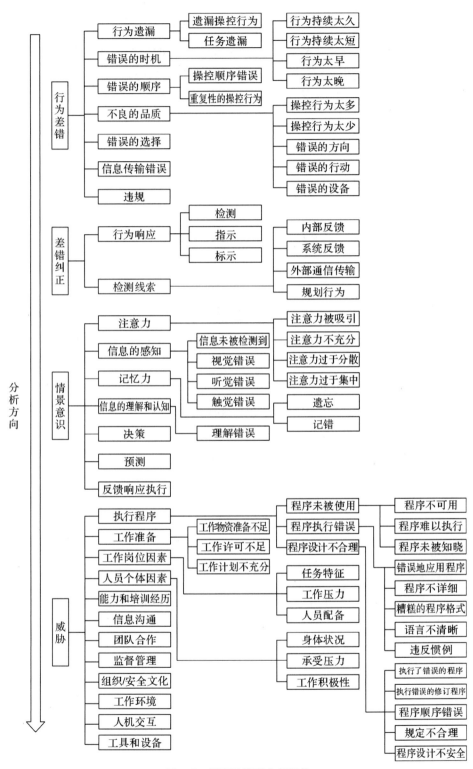

图 3.2　HFIT 模型分析架构

1. 行为差错识别

行为差错发生于事故之前，是查找事故深层次致因的关键要素。行为差错本身并不能作为事故致因，但往往能够被直接观测或记录。HFIT 对差错的分类借鉴了 TRACEr 模型[10]的分类方法，但由于 HFIT 最初应用于海上石油开采安全事故的分析，因此作出了一定的修正。HFIT 一共有七类行为差错，分别为：

（1）遗漏：任务或部分任务被遗漏。

（2）错误的时机：行为持续时机太短或太长，实施行为太早或太晚。

（3）顺序错误：重复性行为，或操控行为顺序错误。

（4）不良的品质：操控次数太多或太少，采取了错误的方向，或设备操控错误。

（5）选择错误：使用了错误的设备或工作内容。

（6）信息传输错误：信息未被传输或记录，信息不清晰，信息不完整，或信息错误。

（7）违规。

2. 差错纠正识别

在各个领域的安全生产过程中，为实现一定的安全目标水平，差错纠正机制是不可或缺的，也是避免灾害性事故发生的有效屏障。HFIT 将差错纠正机制分为两类，分别为行为响应和检测线索。

（1）行为响应是指差错纠正的主要途径，包含以下三个子要素。

1）检测：主要是对将要或发生的差错进行告警或预测。

2）标示：对操控者起到提示作用。

3）纠正：对现存的计划实施修正或开发一个新的计划。

（2）检测线索主要是解决差错如何被及时检测的问题，主要有以下四种途径。

1）内部反馈；

2）系统反馈；

3）外部信息传输；

4）计划行为。

差错纠正要素的识别通常在行为差错被识别之后进行，在部分情况下也可以在情景意识差错被识别后实施。

3. 情景意识差错识别

Wickens 的信息接收和处理模型是当前被广泛应用于人为差错研究和认知过程差错研究的理论。Wickens 模型认为人的决策是基于对所接收信息的理解之上的，当人们对信息的感知或理解发生问题，则极有可能导致错误的决策，从而触发不安全的控制行为。HFIT 模型对情景意识差错形成机制的研究同样建立在 Wickens 模型及其相关理论研究基础之上。"情景意识"被定义为：在一定的空间、时间和环境内，人们对所接收到的信息的理解，包括各类要素的状态以及对未来发展趋势的预测[12]。情景意识方面的问题在各个领域的安全事故报告中

都会被频繁提到,是研究的重点。HFIT 将情景意识差错致因分为七类要素:

(1)注意力:主要有注意力被转移、注意力不足、注意力过于分散和注意力过于集中等情况。

(2)信息的感知/接收:信号未被探测到或被错误地感知。

(3)记忆力:忘记或错过了某一操作步骤,未考虑所有的因素,或记错了某一步骤。

(4)理解:理解错误。

(5)决策:做出了错误的、不合理的或部分的决策。

(6)预测/臆断:对执行的任务、操控的设备、运行的系统和程序等内容做出了错误的推断。

(7)响应执行:刻板地做出响应动作或响应动作发生变异。

4. 威胁识别

HFIT 中对"威胁"的定义为:能促使差错发生的情景。这一定义与航空安全领域的"威胁"定义基本一致[13]。威胁要素被分为以下 12 类。

(1)政策、标准和操作程序。它是指引人们去完成一项工作的操作指南、工作卡片、维护手册、检查清单、运行程序等。对于一些公司的管理规定同样包括在内,如:训练计划的制定和执行、设备维护、系统的开发及公司目标的制定等。

(2)工作准备。它包括各类许可的获取、对计划的准备情况、时间的规划及相关物资的准备等。

(3)工作因素。它是指在具体执行某一项工作中可能面临的困难和问题,包括对该项工作的认识,在执行中可能面临的压力及人员的配备等。

(4)人员个体因素。它主要是指任务执行人员个体的相关问题,包括任务人员的身心健康状况、抗压能力及工作的积极性等。

(5)能力和培训经历。能力主要指对某一项工作的技能和知识水平的综合。缺乏培训经历被认为是导致意外事故的主要促成因素,它往往间接导致事故的发生。

(6)信息沟通。信息传输的问题会发生在人员沟通中的各个环节,包括操作人员之间、团队之间及管理者与操作者之间。这一类要素包含了信息传输的各类技术手段及规定。

(7)团队合作。它包括情景意识的共享、人员对团队目标的认同、集体的决策及责任的划分。

(8)监督管理。它主要是指任务执行过程中的监督管理工作,包括任务的执行情况、履职尽责情况及监督者的指导和领导情况。

(9)组织和安全文化。它包括各类管理制度、学习机制、安全报告制度的落实情况及激励制度的开展情况。

(10)工作环境。它主要是指可能导致安全事故外部和内部环境条件,例如在工作中遇到的极端自然条件。

(11)人机交互。它包括系统界面的可读性、信息的辨识度、交互的友好度及自动化水平等。

(12)工具和设备。它包括工具、设备、零件、系统的设计和使用,日常设施设备的维护和测试。

3.1.2　差错识别分析流程

HFIT 对事故关键信息的提取均以问卷调查的形式进行,通过一个个的问答逐步遍历各个层次的要素并进行归类。基于这种简单的问答形式,HFIT 还被开发成电脑程序,进一步提高了分析效率。由于分析流程和原理相同,本章只对问卷调查分析流程进行介绍。

1. 事故信息提取

事故关键信息的提取是开展有效调查的前提。有关事故的所有人员、事物、设备以及一系列的控制行为和状态变化都应当被提取和记录。这些关键信息和控制行为可以以时间顺序构成事故链用以加强人们对事故的理解和信息完整度的检测。一些重要的环节事件应当被识别,特别是一些本能够阻止事故发生的事件应当被重点标记。

2. 不安全因素识别

不安全因素的识别按照图 3.1 的顺序进行,在每一大类的要素提取过程中,均以问答的形式逐个筛选要素,并逐层递进直至最底层的子要素并记录。在问卷调查结束后则综合所有被记录的要素信息开展全面分析。差错的调查过程如图 3.3 所示。

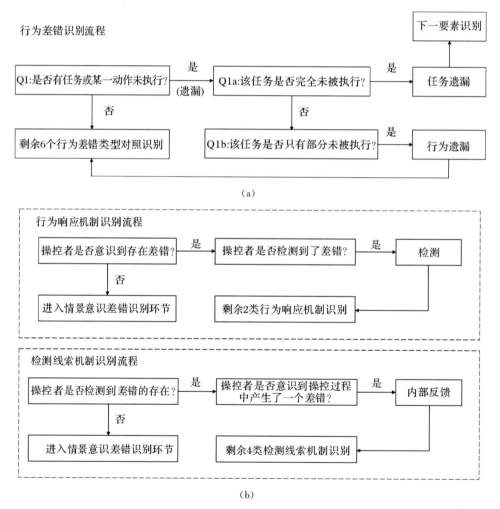

图 3.3　差错调查过程

(a)行为差错调查过程;(b)差错恢复机制调查

情景意识差错识别流程

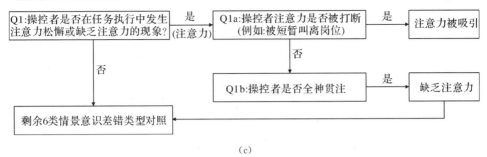

(c)

威胁要素识别流程

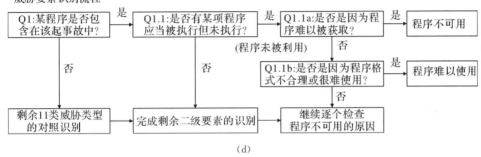

(d)

续图 3.3　差错调查过程

(c)情景意识差错调查过程;(d)威胁要素调查过程

3. 形成结论

由于评估人在知识结构、经历和认识上的差异性,对于同一事件,不同的分析人会有不同的看法,这也就造成了 HFIT 在应用过程中形成结论的差异性。一个有效提升结论可靠性的方法就是扩大评估者的群体,通过考察评估者对不同要素的认同度来提取可靠性高的要素。例如:某一要素的专家认同度在 33%～66% 之间,则可以认为该要素的认同度较低;若某要素的认同度低于 33%,则可以认为该要素并非事故相关关键要素;若认同度大于 66%,则认为该要素的认同度较高,可以作为关键要素加以分析。通过认同度的识别,可以将评估者群体的意见相统一,避免单一个体认知上的片面性与主观性缺陷。在提取关键性要素的基础上可以形成事故结论,而风险管控措施也可参照提取的关键要素制定。管控措施的有效性需要通过实践检验才能确定,HFIT 方法并不具备风险管控措施有效性验证的功能。

3.1.3　空管安全事件分析中 HFIT 模型的修正

虽然 HFIT 在设计过程中充分考虑了人为差错的一般性特征和识别方法,但首先是应用于海上石油开采安全事故分析中,部分要素条目的细分与空中交通管制中的日常工作存在较大差异,若未经修正即投入使用会影响分析结果的准确性。对此,本小节结合空中交通管制员的日常工作程序和内容,对原 HFIT 模型进行修正。根据工作的现实需要,要素可细分至第四级,但细分后的要素数量也会急速上升,且机场、终端区、进近、区域各级管制部门的要素细分不尽相同,因此本节对修正后的要素只罗列前三级,第四级的条目读者可根据工作实际进一步拓展。

(1)修正后的空管行为差错同样有七类。

1)遗漏:计划或操作程序部分被遗漏,主要指飞行计划进程单、管制指令、系统操作、管制协同中的遗漏。

2)错误的时机:要求航空器执行某一动作(等待)持续时间太长或太短,实施某一动作太早或太晚。

3)顺序错误:重复性行为,或管制指挥、协同通报、系统操作中发生操作顺序错误。

4)不良的品质:发送的管制指令太多或太少,执行了并非最佳的指挥方案。

5)选择错误:使用了错误的设备、执行了错误的程序或飞行计划匹配错误。

6)信息传输错误:信息未被传输或记录、信息不清晰、信息不完整或信息错误。

7)违规:主观上违反值班工作规定或操作程序。

(2)在差错纠正机制识别中,修正后的行为响应机制可描述为以下几种。

1)检测:雷达监视设备告警或机载防相撞系统告警。

2)标示:以小贴士或显示信息颜色的形式对操控者起到提示作用。

3)纠正:对现存的计划实施修正或开发一个新的计划。

(3)修正后的检测线索可描述为有以下几种。

1)内部反馈:协同部门或团队内其他成员报告存在错误。

2)系统反馈:以信息填报格式不符合要求的形式反馈错误。

3)外部信息传输:通过与飞行员或相邻管制部门的信息协同发现错误。

4)计划行为:通过执行操作与计划的比对发现存在的错误。

(4)修正后的情景差错致因有以下几种。

1)注意力:主要有注意力被转移、注意力不足、注意力分配不合理。

2)信息的感知/接收:未看到或看错雷达信号,未听到或听错无线电指令,未看到或看错进程单。

3)记忆力:忘记或错过了某一操作步骤,未考虑所有的因素,或记错了某一步骤。

4)理解:对无线电中听到的信息或电话中听到的信息理解错误。

5)决策错误:做出了错误的、不合理的或部分的决策。

6)预测/臆断:对执行的任务、操控的设备、运行的系统和程序等内容做出了错误的推断。

7)响应执行:刻板地做出响应动作或响应动作发生变异,这些动作包括管制指令的发布、进程单的填写、管制协同中的信息通报及系统的操作。

(5)修正后的威胁要素分为以下十二类。

1)政策、标准和操作程序。管制工作中的运行规范、法规标准、特情处置程序、航空器性能资料、航图、人力资源管理规定等。这些资料是否健全、设置是否合理、查阅是否便捷。

2)工作准备。对当日飞行计划是否熟悉,冲突调配预案是否合理,责任区内的动态是否掌握,等等。

3)工作因素。班组搭配是否合理,工作负荷是否过大(主要体现为单位时间内的容量和流量),工作时长设置是否合理。

4）人员个体因素。它主要是指值班人员个体的相关问题，包括任务人员的身心健康状况、抗压能力及工作的积极性等。

5）能力和培训经历。它主要指值班员是否具备该岗位的值班资质，认证是否符合规范。培训经历主要指管制员值班工作是否有间断，间断后是否按规定参与了模拟训练和见习，历次的模拟训练是否均合格。

6）信息沟通。它指主副班之间、各管制席位之间，相邻管制部门之间信息沟通是否顺畅，信息通报手段设置是否合理，信息通报手段是否安全可靠，信息通报形式是否规范。

7）团队合作。管制席位之间是否实现态势共享，主副班之间协同配合是否到位，人员对团队目标的认同是否一致，是否有只顾及自身安全而不顾及整体效益的情况。

8）监督管理。它主要是指管制运行过程中带班领导的监督管理工作，包括对任务执行情况的掌控、自身履职尽责情况及对管制员班组的指导和领导情况。

9）组织和安全文化。它包括各类管理制度、学习机制、安全报告制度的落实情况及激励制度的开展情况。

10）工作环境。工作场所是否安静，不会影响或打扰到管制员的值班工作；环境温度是否舒适；值班室明暗是否适中；席位布局是否合理，是否会影响特情的处置或席位间的工作协同。

11）人机交互。它主要指值班系统雷达标识信息的可读性、关键信息的辨识度、操作的便捷度。

12）工具和设备。雷达显示系统、无线电台、航行情报系统、飞行进程单等物的日常维护和整理。

3.2　基于 HFIT 方法的空中相撞事故分析

3.2.1　事故经过介绍

2015 年 7 月 7 日 10 时 20 分，一架美国空军的 F-16CM 战机从肖空军基地起飞，开始前往查尔斯顿空军基地降落。在 F-16 战斗机到达蒙克斯科纳附近区域后与当地的进近管制员取得联系，F-16 战斗机飞行员开始执行进近程序，并依据管制员的指令将高度下降至 1 600 ft。10 时 57 分，一架塞斯纳飞机由伯克利机场（MKS）起飞前往格兰德斯特兰德机场降落。塞斯纳飞机在起飞后始终按照目视飞行规则飞行，且全程未与进近管制部门联系，进近管制部门也未掌握塞斯纳飞机的飞行计划。随着塞斯纳飞机高度的不断爬升，与 F-16 战斗机的水平距离缩减至 3.5 n mile，垂直距离减少至 400 ft，随之在管制员的雷达显示屏上触发了飞行冲突告警。很快，管制员意识到了这一冲突告警，并立即向 F-16 战斗机飞行员提供了塞斯纳飞机的雷达位置信息，但也同时说明该目标的具体属性未知。之后 F-16 战斗机飞行员回答他正在寻找目标。管制员又给 F-16 战斗机飞行员发出了一条条件指令："如果你没有看见目标，立即左转"。F-16 战斗机飞行员回答并没有目视目标并询问间隔是否为 2 n mile。管制员立即回答：

"如果你没有看见目标,立即左转航向180°。"随后,F-16 战斗机飞行员使用自动驾驶仪开启标准转弯程序,并继续目视查找目标。然而,两架航空器的距离仍然不断减小,并在管制员告知 F-16 战斗机飞行员目标位置信息的 40 s 后发生空中相撞事故。塞斯纳飞机在相撞后坠毁,机上的飞行员及乘客全部遇难。F-16 战斗机在继续飞行约 2 min 30 s 后启动弹射装置,飞行员成功跳伞生还,F-16 战斗机撞地后坠毁。航空器飞行轨迹如图3.4所示。

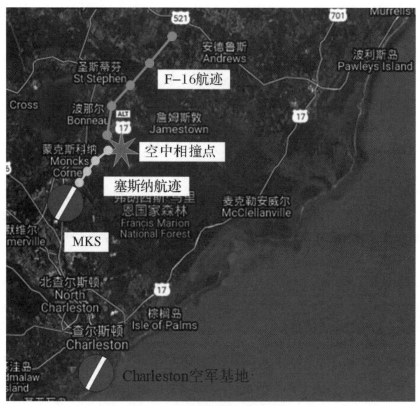

图 3.4　航空器空中相撞航迹图

3.2.2　不安全因素分析

在对事故经过进行描述之后,需要根据图 3.4 进行事故分析。首先根据事故最终的结局,容易得知该起事故为空中相撞事故,而后逆向追溯造成该起事故的行为差错。按照图 3.4 的对照检查流程,可从事故描述中提取两个行为差错。一是时机差错,从描述中可知,管制员并没有及时发现塞斯纳飞机和 F-16 战斗机之间的间隔丢失现象,直到雷达显示屏上发出告警信息,此时安全余度已较小,管制员发出冲突调配指令存在过晚现象。二是信息传输错误,当管制员指挥 F-16 战斗机左转避让时并没有说明态势的紧迫性,且给出了条件式的指令,表示在未目视目标的情况下左转避让,这既耽误了时机,又导致了 F-16 战斗机飞行员使用了标准的左转避让动作,进一步减慢了避让的速度。其中包含了两类子要素,一是信息传输不完整,二是传输了错误的信息。识别的行为差错见表3.1。

表 3.1　行为差错

序　号	要素名称	子要素名称	差错描述
AE1	时机错误	行为太晚	管制指令发送太晚
AE2	信息传输错误	信息不完整	未完整表达 F-16 战斗机应当立即左转机动避让的意图
AE3	信息传输错误	信息错误	管制员不应该发送条件式的指令,应明确指挥飞行员立即左转避让

在该起事故中,雷达显示系统及时发出了冲突告警信息,属于差错恢复机制中的行为响应,子要素为"检测"。但设置的差错恢复机制并没有使事故的危害性降低,空中相撞仍然发生了,事故的主要原因仍然是人为因素。因此可以在最终改进措施制定环节考虑差错恢复机制的优化,但该机制的运行并不存在问题。

根据识别的行为差错,从认知层面展开分析。对于差错"AE1:时机错误—行为太晚",显然是指因为管制员没有及时意识到责任区内两架航空器的冲突,错过了处置的最佳时机。根据管制员工作时的情景,并没有发生工作被打断或工作负荷过大而无暇处置的情况,因此子要素应当为注意力不足。对于"AE2:信息传输错误—信息不完整"的发生也有两方面原因:一是记忆力差错,管制员对 F-16 战斗机的转弯半径理解上存在偏差,认为小型战斗机应当有较小的转弯半径,忽略了执行标准转弯程序的情况;二是刻板地做出响应动作,对于发现的冲突态势和避让方案的筹划考虑不充分。对于"AE3:信息传输错误—信息错误"同样有两方面的原因:一是推测错误,管制员对 F-16 战斗机的转弯机动范围预想预判不足,安全余度掌控严重不足,即使飞行员执行了管制员的指令仍然发生了空中相撞;二是决策错误,管制员不应发布条件式的避让指令。识别的情景意识差错见表 3.2。

表 3.2　情景意识差错

序号	要素类型	子要素名称	差错描述
SAE1	注意力	注意力不足	注意力集中,未及时发现飞行冲突
SAE2	记忆力	未考虑所有因素	未考虑 F-16 战斗机可执行多种转弯程序
SAE3	行为响应	刻板地做出响应	避让策略考虑不充分
SAE4	决策错误	做出不合理决策	不应发出条件式的避让指令
SAE5	推测差错	程序推断错误	对 F-16 战斗机的转弯范围推断错误

根据识别的情景意识差错要素,逐一识别存在的威胁要素。对于 SAE1 的注意力不足问题,既有工作准备不足的原因,也有管制员个体能力方面的原因。进近管制员并没有及时掌握塞斯纳飞机的飞行计划和动态,在雷达显示屏上发出告警之后才意识到有其他目标存在。作为进近管制员,应当熟悉管制区域内的机场分布情况,对于伯克利机场附近出现的目标应当能有一个初步的判断,但当日管制员显然忽视了这一点。此外,管制员的注意力资源分配能力不足也是造成情景态势掌握不足的原因。对于 SAE2~ SAE5 的情况,同样是个人能力不足所致。管制员主观上认为 F-16 战斗机飞行员会采取较小的转弯半径进行机动避让,忽略了标准程序转弯机动的情况。在避让方式的选择上也没有选择最佳的策略。在个人能力之外,还存在信息沟通和管理监督的问题。在管制员发现告警信息后,没有第一时间告知带班领导,完全

依靠主观认识处理飞行冲突。事实上从雷达告警到空中相撞还有约 1 min 的时间间隔,若采取合理的避让措施或差错纠正措施完全能够避免空中相撞的发生。管理监督方面也存在缺陷,带班人员全程未给予积极的干预或正确的指导,导致事态不断往负面情况发展。威胁要素见表 3.3。

表 3.3　威胁要素

序号	要素类型	子要素名称	差错描述
T1	工作准备	工作计划不充分	对责任区内计划的预先掌握不足
T2	能力	技能不足	未采取最优的避让措施,预想预判不充分,对突发情况的处置能力有欠缺,对 F-16 战斗机的性能掌握不到位
T3	信息沟通	操作者与管理者	未及时通报冲突情况
T4	管理监督	监督不充分	代表领导未及时发现问题

基于上述分析,已能够初步形成事故致因因素的分析报告。由于飞行员的岗位职责和管制员存在较大差异,因此 HFIT 模型的要素条目细分上会存在差异,本章只对管制部门的安全问题隐患进行分析。若对飞行员进行评估,则需要根据飞行员的职责和机型操作手册进行模型的修正。

在上述的方法介绍中,只对 HFIT 模型的分析方法进行了介绍,分析过程更多是基于单个分析者的分析结论。但在实际的事故调查中,单个分析者的调查结论往往会带有主观色彩,会受到知识结构和工作经验的限制,对部分差错类型的判断会存在不合理的现象。对此,可以扩大专家群体,综合大家的问卷调查结果,对部分不合理的要素和条目进行剔除,保留一致性较高的条目进行重点分析,从而制定高效的管控措施。课题组组织了 20 名专家对该起空中相撞事故展开分析。该 20 名专家均有一线管制工作经验,在经过一定的事故学习和 HFIT 模型使用方法学习后,开始事故的分析和差错致因因素的识别。为避免调查结果过于分散,专家群体在前期的事故报告学习和 HFIT 模型使用方法学习过程中允许进行交流讨论,但在正式开始问卷调查后则应避免进一步交流。调查结果统计见表 3.4。

表 3.4　空中相撞事故调查统计

类　别	要素名称	子要素名称	选择数量	占　比
行为差错	时机错误	行为太晚	18	90%
	遗漏	遗漏任务的某一步	16	80%
	不良的品质	采取错误的方向	6	30%
	信息传输错误	信息错误	15	75%
	信息传输错误	信息不完整	9	45%
情景意识差错	注意力	注意力不足	17	85%
	记忆力	未考虑所有因素	6	30%
	记忆力	忘记了某一步	7	35%
	决策错误	做出不合理决策	16	80%
	推测差错	程序推断错误	5	25%
	行为响应	刻板地做出响应	3	15%

续　表

类　别	要素名称	子要素名称	选择数量	占　比
威胁	工作准备	工作计划不充分	9	45％
	操作程序	操作程序难以获得	5	25％
	能力	技能不足	15	75％
	信息沟通	操作者与管理者	19	95％
	信息沟通	团队之间	2	10％
	管理监督	监督不充分	20	100％
	人机交互	信息的辨识度不高	8	40％

对于表 3.4 中未出现的要素,专家的认同度均可认为是 100％ 的否定要素,可排除在外。对于表中选择占比低于 33％ 的要素也可认为是认同一致性较高的否定要素,可排除在外不进行分析。对于选择占比,在 33％~66％ 之间的要素则是一致性较低的要素,需要收集更多的线索或证据才能加以确认,可视情加入进行分析。对于选择占比大于 66％ 的选项,则可认为是认同度较高的肯定选项,可作为事故致因因素重点加以研究,并制定针对性的风险管控措施。经筛选过后的差错要素见表 3.5。

表 3.5　筛选后的差错要素

序号	类别	要素名称	子要素名称
E1	行为差错	时机错误	行为太晚
E2		遗漏	遗漏任务的某一步
E3		信息传输错误	信息错误
E4	情景意识差错	注意力	注意力不足
E5		决策错误	做出不合理决策
E6	威胁	能力	技能不足
E7		信息沟通	操作者与管理者
E8		管理监督	监督不充分

3.2.3　管控措施制定

根据最终形成的人为差错要素,应当制定有效的管控措施。措施的制定应当从多个角度入手,既从行为上管控,也从认知上预防,形成多重屏障,有效遏制人为差错。制定的人为差错管控措施见表 3.6。

表 3.6　人为差错管控措施

序号	对应差错	措施描述
M1	E1、E4	①改进雷达信号显示界面,增加信号辨识度;②增加监控力量,特别是加强副班的监控职责;③加强注意力方面的培训
M2	E2	异特情处置程序应以小贴士的形式放于显眼位置,关键时刻可有效提升管制员处置效率,减少人因差错
M3	E3	对管制员的指挥术语应当进行规范化,避免错、漏、歧义的现象发生

续 表

序号	对应差错	措施描述
M4	E5、E6	充分利用模拟器加强管制员的技能培训,提升冲突解脱策略规划能力
M5	E7、E8	①严格落实管制员与带班领导及其他单位管制员的信息通报制度,提升特情处置效率;②加强带班领导的责任心教育,严格落实问责制度

本书对人为差错管控措施的制定更多是为了说明 HFIT 的使用方法和分析流程,所形成的管控措施并不一定有效,且 HFIT 并不具备验证措施有效性的方法,措施的有效性最终需要通过实践加以检验。

3.3 小 结

本章对 HFIT 模型的理论基础做了简要介绍,对模型的分析架构和流程做了详细的讲解。对如何结合工作实际对模型进行修正也做了示范。通过一起发生于美国的军民航空中相撞事故,对如何使用 HFIT 模型开展人为因素调查进行了举例说明。通过实例应用可以发现,HFIT 的使用较为便捷,可以形成可靠的人因调查报告,可作为某一领域常备的分析工具,用以开展人为因素的分析和管控。HFIT 可应用于多个领域的人为因素分析,但模型的修正工作量较大,需要结合实际对大量子要素和条目进行更换。但模型的使用门槛较低,对分析者的知识结构依赖度弱,通过专家认同度的筛选可以形成较为客观的分析结论,从而实施更有效的人因管控措施。

参 考 文 献

[1] GORDON R,FLIN R,MEARNS K. Designing and Evaluating a Human Factors Investigation Tool (HFIT) for Accident Analysis[J]. Safety Science,2005(43):147 - 171.

[2] WIEGMANN D,SHAPPELL S. Human Factors Analysis of Postaccident Data:Applying Theoretical Taxonomies of Human Error[J]. The International Journal of Aviation Psychology,1997,7(1): 67 - 81.

[3] SHAPPELL S,WIEGMANN D. A Human Error Approach to Accident Investigation:The Taxonomy of Unsafe Operation[J]. The International Journal of Aviation Psychology,1997,7(4):269 - 291.

[4] HOLLNAGEL E. Barriers and Accident Prevention[M]. Aldershot,UK:Ashgate Pub Ltd,2004.

[5] LEVESON N. A New Approach to Hazard Analysis for Complex Systems [C]. Proceedings of International Conference of the System Safety Society,2003:498 - 507.

[6] LEVESON N. A New Accident Model for Engineering Safer Systems [J]. Safety Sci-

ence,2004,42(4):237－270.

[7] WICKENS C D,HOLLANDS J G. Engineering Psychology and Human Performance [R]. 3rd Edition. Prentice Hall Press. Upper Saddle River,New Jersey,2000.

[8] KONTOGIANNIS T. User Strategies in Recovering from Errors in Man-Machine Systems[J]. Safety Science,1999(32):49－68.

[9] ADAMS CONSORTIUM. ADAMS Reporting Form and End-user Manual[R]. BRPR-CT95-0038,European Commission,Ispra,Italy,1998.

[10] BAYSARI M T,CAPONECCHIA C,MCINTOSH A S. A Reliability and Usability Study of TRACEr-RAV: The Technique for the Retrospective Analysis of Cognitive errors—for Rail,Australian Version[J]. Applied Ergonomics,2011,42(6):852－859.

[11] GORDON R. The Contribution of Human Factors to Incidents in the UK Offshore Oil Industry: Development of a Human Factors Investigation Tool[D]. Scotland: University of Aberdeen,2002.

[12] ENDSLEY M R,GARLAND D J. Situation Awareness: Analysis and Measurement [M]. New York: CRC Press,2000.

[13] HELMREICH R,KLINECT J,WILHELM J. Models of Threat,Error and CRM in Flight Operations[R]. Proceedings of the 10th International Symposium on Aviation Psychology,The Ohio State University,Columbus,1999.

第 4 章 行为安全"2 - 4"模型

以事故致因发展的因果逻辑关系为线索,逆向追溯不安全事件致因是框架式分析方法的基本思路。随着 HRA 理论的发展,框架式分析方法的追溯方法已经由人的外部拓展到内部,分析框架趋于精细化、系统化,框架式分析方法的优势在于极强的指导性,可根据分析框架指引逐层剖析事故致因,但缺陷也显著,仅分析框架范围内的因素,拓展性不强。虽然 HFACS 和 HFIT 都已被广泛应用,但其分析性能始终停留在设计之初,随着时间的推移,其适用性也会下降。我国学者在以往框架式分析方法的基础上,提出了新的分析方法,将致因识别体系进一步完善和深化,最主要的改进就在于其对管理文化层面的补充分析。本章重点介绍这一种框架式分析模型,选取的案例为典型的低能见度下的撞地事故,通过对飞行员不安全行为的分析,可为管制指挥工作提供更好的抓手,提升我国空管运行体系的安全性。

4.1 事故致因链理论发展简述

事故致因链是开展安全事故分析的基础,只有对事故致因链的发展脉络有了准确清晰的掌握,才能识别系统中的薄弱环节,开展有效的风险管控工作。事故致因链理论的发展经历了多个阶段,分析视角由简单到复杂,模块划分不断系统化,要素构成持续细化。行为安全"2-4"模型是一种立足于事故链理论发展而来的分析方法,因此,本节对事故链理论的发展过程进行一定介绍。

4.1.1 古典事故致因链理论

古典事故致因链理论的发展时段主要在 1908—1967 年之间,主要代表学说为海因里希的事故致因链理论[1],其首次较为全面地提出了事故、事故原因、事故损失等概念,并将其按照发展逻辑串联在一起对事故进行描述,形成了最初的事故链理论。但第一代事故致因链理论对事故各要素的分类还比较粗糙,对人的内在原因也没有深入剖析,事故发展经过的描述也较为简易,通常都按照骨牌效应来描述事故发展经过。按照 Heinrich 最初的理论来描述事故经过则只有三块骨牌,即"事故原因—事故—损失",在经过一定的完善后则发展到了五枚骨牌,为"根本原因—间接原因—直接原因—事故—损失"。

海因里希的事故致因链理论认为引起事故的原因有人的不安全动作和物的不安全状态,这为事故的预防和风险的管控提供了指引。但该理论对人的内在因素研究仍不够深入,没有从认知学的邻域去探析人为差错行为的根本原因。对物的分析也存在过于狭隘的问题,缺乏以系统的视角去分析各因素间的关联性。在对人的行为分析中,对个人和组织的界线也区分不够清晰。因此,海因里希理论对事故原因的探析往往停留在表面,对危险源的识别存在遗漏,无法有效从根源上管控风险。

4.1.2　近代事故致因链理论

近代事故链理论的发展时间主要在 20 世纪 70—90 年代[2]。近代事故链理论对人为因素的分析不再局限于个体本身,而是开始关注影响人的行为背后的管理因素,认为管理上的缺陷应当成为人为差错行为更深层次的原因,且管理中出现的漏洞是可以有效改进的。对引发不安全行为的主体也进行了细分,分为个人因素和工作因素。近代事故链逻辑结构如图 4.1 所示。

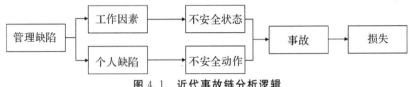

图 4.1　近代事故链分析逻辑

近代事故链理论也存在显著的缺陷,虽然明确提出了管理缺陷为根源原因的观点,但对管理因素的范畴并没有进行具体定义,这也导致了危险源识别过程中的困难。特别是对管理缺陷的理解存在狭隘性,仅强调是人员培训和教育上的不足导致了人的个体缺陷,这显然是不够的。对形成物的不安全状态的间接原因统一归类为工作因素,这也显得过于笼统,不能对危险源的识别形成鲜明的指导作用。

4.1.3　现代事故致因链理论

现代事故致因理论起始于 21 世纪,代表理论为斯图尔特于 2001 年提出的事故链理论[3]。在斯图尔特的理论中,进一步丰富了间接原因的模块划分,认为有四个方面的原因导致了人的不安全动作或物的不安全状态,分别为:直线部门负责安全、员工参与和培训、综合安全体系、安全专业组织及专业人员。这样的细化将个人与组织划分开,有助于事故原因的追溯与系统缺陷的准确识别,具有较强的现实意义。但斯图尔特对事故根原因的定义却存在局限性,认为是"管理承诺"引起。使用"管理承诺"概括管理上存在的缺陷相对近代事故链理论中的"培训和教育"概念显然更为全面,其涵盖了一系列的规章制度和体系架构,但对于安全管理中的文化属性却无法涵盖在内。现代事故链理论典型分析逻辑结构如图 4.2 所示。

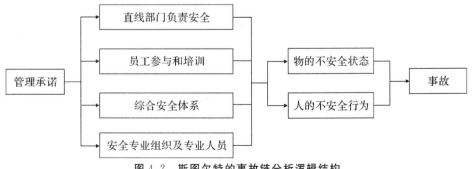

图 4.2　斯图尔特的事故链分析逻辑结构

经过近 20 年的发展,现代事故链理论不断发展完善,呈现出三大特点:①对安全管理文化的分析更为重视。在以往的事故链构建中,往往关注于硬件的运行和事物的显性特性分析。对于潜在要素和内在的规律关注度较为欠缺,比较典型的就是忽视安全文化的影响作用。在现代事故链分析理论中则将安全文化视为根源原因之一,是管理模块的重要组成部分。②重视人的内在影响因素分析。随着心理学和行为认知学理论的发展完善,人们逐渐认识到人的不安全行为不但受到外在环境条件的影响,还受到内在心理因素的影响,对间接事故原因的识别必须要从内外两方面开展追溯分析。③从系统的角度出发分析各因素间的关联性。传统的分析方法中,对识别的各致因因素往往按照时间和逻辑准则进行串联,忽视了各个要素间大量的非线性交互影响作用,因此风险管控往往不彻底。现代事故链分析理论则需要充分描述各个模块内要素间的交互作用以及模块间的交互作用,安全措施对不安全信息的阻断也更有效。

4.2 行为安全"2-4"模型介绍

"2-4"模型是由我国学者傅贵提出的一种现代事故链分析方法。该模型对系统的模块划分清晰,要素涵盖齐全,注重系统要素的交互性和原因追溯的层次性,在安全事故的分析中具有较强的危险源识别能力,能够全面、准确地概括安全事故的发展脉络,剖析系统中各个层面的安全漏洞。且该模型复杂度低,适用性强,能够用于多个领域的事故分析中,本节将对"2-4"模型的特性和分析方法进行介绍。

4.2.1 模型系统特性分析

1.模型组成模块

"2-4"模型是从系统的视角来分析致因因素。系统的运行伴随着各个因素的关联作用,当系统向高风险状态发生偏移的时候,事故就发生了[4]。在进行事故分析时,不能简单以链式思维追溯系统因素的欠缺,还应当充分考虑因素间的关联作用。为便于识别因素的属性类别,快速区分因素间的作用关系,"2-4"模型将因素划分为 6 大类,每一类作为一个系统模块,模块内包含了诸多子要素。模块间的信息导向箭头大致描述了因素间的交互关系,可以指导分析者开展快速的致因追溯工作。"2-4"模型的系统模块结构如图 4.3 所示[5-7]。

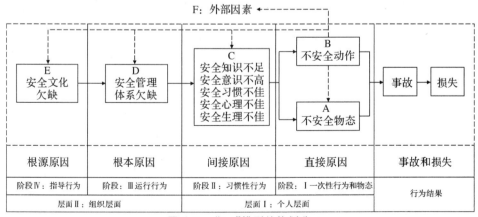

图 4.3 "2-4"模型结构划分

模型共分为两个层面和四个阶段,每个阶段中又包含了不同的模块。A 模块为"不安全物态",主要包括不安全的物质、能量和物质的状态。B 模块为"不安全动作",主要指一次性不安全行为,其动作的发起者包含了一线操作者、基层、中层和高层管理者,涵盖系统中的全部人员。C 模块为"个体因素",主要指系统内人员在知识、意识、习惯、心理、生理等各方面的不足。D 模块为"安全管理体系",包含了安全方针、安全管理组织结构、安全管理程序等内容。E 模块为"安全文化",是指一系列的安全理念,其理论实质是组织安全工作的指导思想。F 模块为"外部因素",主要指本组织以外的监督、检查单位等的不当监管活动,以及自然、社会因素、咨询、设计等影响事故发生的因素。其中,B 模块能够影响其他各个模块,图 4.3 中的虚线代表了各模块之间的潜在关联性。

两个层面是指组织层面与个人层面。"2-4"模型将人为因素与管理因素在系统中的作用地位进行了划分,目的就在于明确组织管理与人为因素之间的界线,避免在原因追溯中发生混淆,导致管控措施缺乏针对性。四个阶段分别为:一次性行为和物态、习惯性行为、运行行为、指导行为。四个阶段由个人上升到组织,所对应的事故致因由直接原因上升至根源原因。事故致因追溯路径如图 4.4 所示。

事件 → 直接原因 → 间接原因 → 根本原因 → 根源原因

图 4.4　"2-4"模型事故追溯路径

2. 模型层次特性

模型的模块按照事故致因间的作用关系划分,这种划分体现多个层次性。

(1)事故致因追溯过程中逻辑上的层次性。事故的演变与发展都有其客观的规律性,并非单一模块、单一要素、单一行为或状态就能决定,各子部件之间会发生一系列的信息交互推动事故链的发展,推动系统各个部件往高风险状态迁移,最终导致事故的发生。而这种迁移关系并非在事故发生当日才发生,事发当日仅仅是直接原因作用的结果,其上级致因在系统长期的运行中均在使系统整体风险状态发生变化。因此,"2-4"模型将事故致因逐层划分至根源原因,认为影响个人的是组织。

(2)事故发展阶段上的层次性。"2-4"模型按照事故发展阶段对模型进行了划分,为分析者理清了致因因素追溯的思路和方向,由显性到隐性,由个人到组织,能够更系统地识别危险源。人的行为或物态均为显性因素,是能够被直接观测到的状态,但"2-4"模型认为其背后还有诸多的隐性因素,是隐性因素的不安全状态导致了显性因素的异变。安全管理体系并不直接作用于人的行为,而是通过影响人的意识、素质、能力、心理及生理状态间接作用于人的行为。管理体系上的缺陷同样能够被观测到,是显性因素,导致安全管理体系缺陷的是其背后的根源原因——"安全文化",是隐性因素。通过这种层次上的剥离,可以帮助分析者理清各部件之间的作用关系,提升危险源识别的全面性。

3. 动态关联属性

"2-4"模型提供了一种系统安全欠缺分析思路,适用于多个领域的安全事故分析。根据分析目标的不同,会有不同的安全指标分析体系。在现实工作中,各个系统的体系架构、状态及人力资源状况均会不断发生变化,这就要求模型能够不断调整分析架构,适应这种变化。例如某系统在正常工作状态下以日常组织管理体系运行,但进入应急状态后会对多个部门的组织指挥关系进行调整,管理规定也随之发生转换,人力资源的使用也与平时不同,系统内各要素的关联关系发生较大变化。此时,"2-4"模型需要根据实际状况及时调整分析架构,保持目标分析体系架构的有效性。模型动态调整分析流程如图 4.5 所示。

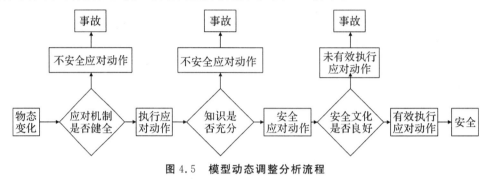

图 4.5　模型动态调整分析流程

4.2.2　危险致因因素编码

通过对系统可能存在的一般性危险致因因素的编码,可以为分析者提供系统安全性欠缺识别的参考,从而制定更为完善的风险管控措施。不安全行为和不安全物态均为显性失效因子,可被直接观测到。不安全行为的分类见表 4.1,不安全物态的分类见表 4.2。

表 4.1　不安全行为分类

	违　章	不违章但曾触发事故	不违章未曾触发 事故但高风险
不安全行为	①违章的不安全行为	②不违章但引起事故的不安全行动	③不违章、未引起事故但高风险的不安全行动
判别依据	根据规章	根据规则和案例	根据规章、案例和风险评估

表 4.2　不安全物态分类

	违　章	不违章但曾触发事故	不违章未曾触发事故 但高风险
不安全物态	①违章的不安全物态	②不违章但引起事故的不安全物态	③不违章、未引起事故但高风险的不安全物态
判别依据	根据规章	根据规则和案例	根据规章、案例和风险评估

习惯性不安全行为的分类方式见表 4.3。在组织层面,可分为安全管理体系缺欠和安全文化缺欠,安全管理体系缺欠的分类见表 4.4。

表 4.3　习惯性不安全行为分类

序　号	不安全行为名称	表现方式
1	安全知识不足	
2	安全意识不高	
3	安全习惯不佳	隐性失效
4	安全心理不佳	
5	安全生理不佳	

表 4.4　安全管理体系缺欠分类

序　号	不安全行为名称	表现方式
1	安全指导思想不足	
2	安全管理组织结构缺欠	
3	程序性文件缺乏	隐性失效
4	程序性文件不完善	
5	程序性文件不合理	

加拿大学者斯图尔特认为:安全文化即安全理念,是安全指导思想的集合体,是导致事故发生的最根本的原因(也即根源原因)[3]。我国学者傅贵在其基础上进一步进行了归纳和总结,将安全文化归结为 32 个要素,并设计了评价企业安全文化建设水平的综合评价指标体系,共有 9 方面,见表 4.5[8]。

表 4.5　安全文化缺欠分类

序号	安全文化缺欠类型	表现方式
1	安全理念是否充分系统	
2	安全文化元素是否被理解接收	
3	安全文化载体建设是否健全	
4	安全管理体系的质量是否有欠缺	
5	安全培训质量是否有欠缺	隐性失效
6	员工违章状况是否普遍	
7	物态隐患排查是否有遗漏	
8	事故统计工作质量是否有欠缺	
9	安全业绩(事故的多少)是否良好	

系统内部各部件始终都在和外部各因素进行各类交互活动,因此系统的整体风险状态也会受外部因素的影响,外部因素同样是风险管控工作中必然要考虑的因素。外部因素分类见表 4.6。

表 4.6　外部因素分类

序号	不安全行为名称	表现方式
1	成长环境	
2	组织外部监管	
3	自然因素	
4	供应商的产品和服务质量	显性与隐性因素混合
5	事故引发者的遗传因素	
6	其他组织影响	
7	组织所处政治、经济、法律、文化等因素	

4.2.3　模型分析流程

"2-4"模型本身已经通过模块化的方式将分析流程梳理清楚,按照系统模块逐一分析即可实现事故致因由直接至根源、由显性至隐性、由个人至组织的逐层识别。"2-4"模型分析步骤可归结如下。

步骤 1:事故描述。

系统梳理事故发生的前因后果,对系统内各子部件之间的交互,系统与外部要素间的交互行为应重点关注。全面考察系统运行所遵循的组织管理体系、文化背景及操作人员的状态、能力素质等,为后续分析做好准备。

步骤 2:识别导致安全事故的不安全行为和不安全物态。

不安全行为和不安全物态的识别需要比对各类操作规程和标准,区分行为的类别属性,特别是违规和差错区分会影响后续安全措施的制定。其中,不安全行为的发起者包含了从基层操作者到高层管理者所有人员。

步骤 3:识别造成直接原因的习惯性行为。

习惯性行为无法通过直接观测得到,需要充分调查行为者的历史档案资料,如学习和培训经历、体检情况、历次考核成绩、周围同事的评价、日常工作的登统计资料等,从而挖掘出潜在的习惯性不安全行为。

步骤 4:识别安全管理体系欠缺。

间接原因的背后往往会有组织层面的问题,例如:操作者能力素质的不足反映培训体系中的欠缺;管理者能力不胜任,则反映人才选拔制度中有缺欠。根据识别的习惯性不安全行为,逐条查找安全管理体系中的欠缺。

步骤 5:识别安全文化欠缺。

可通过问卷调查的形式对系统安全文化的状况进行评测,调查主要有 32 个要素指标,见表 4.7。通过调查问卷,可对照表 4.5 识别安全文化欠缺。但表 4.7 仅作为一种系统安全文化状况考评的参考,随着目标系统的变化,指标体系应当进行及时修正。

步骤 6:识别造成事故的外部因素。

外部因素可能作用与系统组织层面,也可能作用与个人层面。"2-4"模型并没有给出具体的识别方法,仅给出了参考条目,需要充分利用专家知识展开分析。

步骤 7:绘制事故要素关联图。

根据事故发展逻辑关系和要素关联性,绘制事故链关联图。

步骤 8:根据识别的安全缺陷,制定管控措施。

表 4.7　安全文化要素指标

序号	要素名称	序号	要素名称
1	安全重要程度	17	安全会议质量
2	一切事故均可预防	18	安全制度形成方式
3	安全创造经济效益	19	安全制度执行方式
4	安全融入企业管理	20	事故调查的类型
5	安全决定于安全意识	21	安全检查的类型
6	安全的主体责任	22	关爱受伤职工
7	安全投入认识	23	业余安全管理
8	安全法规作用	24	安全业绩对待
9	安全价值观形成	25	设施满意度
10	领导负责程度	26	安全业绩掌握程度
11	安全部门作用	27	安全业绩与人力资源的关系
12	员工参与程度	28	子公司与合同单位安全管理
13	安全培训需求	29	安全组织的作用
14	直线部门负责安全	30	安全部门的工作
15	社区安全影响	31	总体安全期望值
16	管理体系的作用	32	应急能力

4.3　基于"2-4"模型的飞机撞地事故分析

4.3.1　事故案例简述

2010 年 4 月 10 日,波兰空军 101 号图-154 专机搭载波兰总统卡钦斯基等一行政府官员飞往俄罗斯,去参加卡廷森林惨案纪念日活动。这架飞机一共有 4 名机组成员,都具有丰富的执行专机任务的经验,专机于早上 9 点 27 分起飞,目的地俄罗斯斯摩棱斯克军用机场。该机场是一座军用机场,没有无线电着陆导航设备,因为这里距离卡廷纪念馆最近,所以波兰代表团选择在该机场降落。在飞行了一个半小时后,飞机进入斯摩棱斯克机场空域,礼宾司司长违规进入了驾驶舱,机长向司长说道:"外面有雾,现在不能降落,我们可以试一试但不一定成功。"司长回答:"那么我们的问题就大了",以此来催促机长赶快降落。正常情况下应由导航员与塔台沟通,但是该机场空管说的是俄语,当时机组中只有机长一个人会说俄语,所以机长担负起了沟通任务,与塔台取得了联系,机组人员向俄罗斯空管发送了降落的请求,但空管回应机场被大雾笼罩,能见度不足 400 m,不适合现在降落。但是机长还是回复空管想试一试,并告诉其他组员如果不能降落就用自动驾驶执行复飞程序。这就要求机组看到跑道位置后,再切换手动操作寻找适合机会降落,如果无法降落就直接再提升高度复飞。当机长把飞机开到机场附近时发现雾变得更浓了,在寻找跑道的时候,驾驶舱近地警报突然响起,语音提示注意地形,拉起飞机。机长对此没有任何反应。由于气压高度仪连接了一套高度警报系统,飞机距离地面太近时会发出响声警告飞行员,但是飞行员在机场降落时必须要靠近地面,所以这套系统预先输入了大部分机场的坐标位置,在降落的时候不会发生警报,但是大多数军用机场的坐标没有被记录在这套系统中,于是在军用机场降落的时候,经常会遇到近地警报,长此以往多数飞行员就养成了不看警报的危险习惯。斯摩棱斯克的坐标没有被记录到系统中,所以机长才忽视了飞机的近地警告。机长为了把这烦人的响声消除掉,重新设定了高度仪,这样就会让系统认定飞机在比实际高度更高的高度飞行,不会触发近地警告。当机长重新设定了气压高度仪之后,导航员启用了无线电高度仪用来测量飞行高度,但是斯摩棱斯克军用机场周围是山丘地形,跑道的正前方就是一个山谷,当无线电高度仪显示高度 100 m 的时候是与山谷谷底之间的距离为 100 m,但实际上由于山谷的地形,飞机的实际高度远低于 100 m,并且浓雾中飞行员也看不到地面。在第一次近地警报响起 20 s 之后,导航员报告高度 100 m,近地警报再次响起,机长按下自动复飞按钮,等待飞机自动爬升,但是没有反应,5 s 之后,机长手动拉起,飞过了山谷导航员报告高度 20 m 后,飞机撞上了一颗高 11 m 的大树树冠,最终飞机坠毁,机上所有人员全部遇难。

4.3.2 模型应用分析

根据"2-4"模型分析流程,对飞机撞地事故展开危险源追溯分析,具体步骤如下。

步骤 1:事故描述。

4.3.1 节已对事故进行描述,在此不再重复。

步骤 2:识别导致安全事故的不安全行为和不安全物态。

根据事故描述,识别的不安全行为见表 4.8。

表 4.8 识别的不安全行为

序号	不安全行为描述	行为类型
UA1	波兰代表团选择了无导航设备的机场作为降落机场	不违章、未引起事故但高风险的不安全行动
UA2	礼宾司司长违规进入了驾驶舱,对机长决策造成影响	违章的不安全行为
UA3	机长违规与管制部门进行通话	违章的不安全行为
UA4	机组未听取管制部门意见,强行尝试着陆	不违章但引起事故的不安全行动
UA5	机长未重视近地告警	不违章但引起事故的不安全行动
UA6	机长重新设置了高度仪	违章的不安全行为
UA7	导航员报告高度 100 m,对真实高度判断错误	不违章但引起事故的不安全行动
UA8	机长手动复飞过晚	不违章但引起事故的不安全行动

识别的不安全物态见表4.9。

表 4.9　识别的不安全物态

序号	不安全物态描述	不安全物态类型
US1	选择的着陆机场无导航设备	不违章、未引起事故但高风险的不安全物态
US2	着陆机场大雾天气	不违章、未引起事故但高风险的不安全物态
US3	机载系统无机场坐标	违章的不安全物态
US4	机场周围是山丘地形	不违章、未引起事故但高风险的不安全物态
US5	自动复飞程序未及时启动	不违章、未引起事故但高风险的不安全物态

步骤3：识别造成直接原因的习惯性行为。

根据识别的不安全行为和物态，识别其背后的隐性因素，识别的不安全习惯性行为见表4.10。

表 4.10　识别的不安全习惯性行为

序号	不安全习惯性行为描述	习惯性行为类型及编码
1	以完成任务优先，未充分考虑安全因素	USH1：安全意识不高
2	习惯性忽视近地告警	USH2：安全习惯不佳
3	错误判断飞机真实高度	USH3：安全知识不足
4	强行在复杂环境下降落	USH1：安全意识不高
5	未采纳管制部门建议	USH1：安全意识不高
6	飞行前准备严重不足，对气象、地形、导航资料等掌握缺乏	USH2：安全习惯不佳
7	对多类违规行为没有警觉意识	USH1：安全意识不高
8	未及时手动切换复飞程序	USH3：安全知识不高

步骤4：识别安全管理体系欠缺。

不安全习惯性行为形成的背后往往是管理体系的欠缺，通过对表4.11的分析挖掘，可识别安全管理体系欠缺，见表4.11。

表 4.11　安全管理体系缺欠

序号	安全管理体系欠缺描述	欠缺类型及编码
1	对一些规定习惯性违规，安全意识淡薄	M1：安全指导思想不足
2	大量习惯性违规无人监管纠治	M2：安全管理组织结构缺欠
3	机组人员存在安全知识不足现象	M2：安全管理组织结构缺欠
4	飞行准备质量无人把关	M2：安全管理组织结构缺欠
5	存在大量安全习惯不佳行为，飞行前着陆机场资料未导入飞机	M3：程序性文件不完善

步骤5：识别安全文化欠缺。

由于无法对事故涉及单位进行充分调查，安全文化欠缺的挖掘无法通过调查问卷的方式进行，只能通过识别的安全管理体系欠缺对照表4.5对安全文化欠缺进行识别。识别的安全文化欠缺见表4.12。

表 4.12 安全文化欠缺

序号	安全文化欠缺描述	欠缺类型及编码
1	任务优先的观念突显,安全指导思想不足较严重	SC1:安全理念有欠缺;SC2:安全文化元素接收度不够;SC3:安全培训质量有欠缺
2	违规行为长期得不到纠治,安全管理组织结构欠缺	SC4:安全管理体系质量有欠缺;SC3:安全培训质量有欠缺
3	机组人员不同程度都存在违规	SC5:员工违章状况普遍
4	大量涉及人员培训、操作标准、飞行准备、起降标准等程序性文件不完善	SC4:安全管理体系质量有缺欠

步骤6:识别造成事故的外部因素。

识别的外部因素见表4.13。

表 4.13 外部因素分类

序号	外部因素描述	外部因素类型
EF1	管制部门未提供足够航行情报信息	外部组织影响
EF2	着陆机场自然环境复杂	自然环境因素影响
EF3	波兰与俄罗斯之间存在民族矛盾	政治、文化影响

步骤7:绘制事故要素关联图。

根据识别的致因因素绘制致因事故链关联图(见图4.6)。

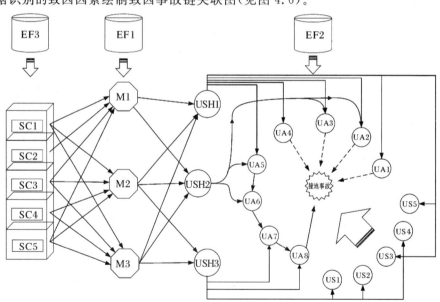

图 4.6 事故致因要素关联图

图4.6中的虚线和虚尾箭头表示该要素虽然没有直接作用于下一部件,但推动了系统的整体风险性迁移;实线箭头表示直接作用于下一部件。

步骤8:根据识别的安全缺陷,制定管控措施。

根据图4.6的关联性,若能够有效阻断事故链的发展演变,则可以避免最后灾害性事故的发生,且这种防控措施应当在各个模块内同步实施,越是根源原因层面的措施越是关键。本节以根源原因和根本原因为例进行论述,安全文化欠缺整治措施见表 4.14。

表 4.14　安全文化欠缺整治措施

编码	安全文化欠缺描述	整治措施
SC1	安全理念有欠缺	加大宣传和教育力度,纠正任务优先的管理理念,加大飞行安全的优先级
SC2	安全文化元素接收度不够	充分调查工作人员对各安全元素的认识度,对接受度不够的要素要重点宣传,结合业务培训和考核加大安全要素的灌输
SC3	安全培训质量有欠缺	调整人力资源培训方案、提升安全知识的内容占比。考核中进一步突出安全的重要性
SC4	安全管理体系质量有欠缺	加大安全工作监管巡查力度,完善安全检查内容指标体系
SC5	员工违章状况普遍	加大违规惩罚力度,积极表彰安全工作先进个人,定期开展安全工作总结,遏制违规现象

安全管理体系欠缺整治措施见表 4.15。

表 4.15　安全管理体系欠缺整治措施

编码	安全文化欠缺描述	整治措施
M1	安全指导思想不足	日常安全管理工作中,严格落实安全教育考核制度,加强安全工作检查力度;在飞行工作中提高安全的重要性和指导性
M2	安全管理组织结构欠缺	补充完善飞行工作安全检查机制,大力纠治违规行为,特别是对管理层违规操作行为应当重点纠治;机组中应当有安全工作人员,检查安全工作落实情况;加大飞行准备质量检查,确保各类预案合理,资料齐全
M3	程序性文件不完善	补充完善飞行准备对照检查指标体系,避免资料准备遗漏;明确飞机起降的最低标准,避免在复杂条件下勉强起降

间接原因模块、直接原因模块和外部因素的防范通常可直接采取物理屏障或信息标示的形式,如:通过增加信息贴士的方式可有效降低错、忘、漏的概率,在此不再赘述。

4.4　小　　结

行为安全""2-4"模型"为人们提供了一种事故分析框架,将事故致因因素进行了层次性地剥离和模块划分,可为分析者提供清晰的致因追溯思路,从不安全行为逐渐挖掘出根源原因。"2-4"模型同时注重个人与组织的影响,善于挖掘隐性的致因因素,具有识别其他模型易忽略因素的能力,且适用性强,无需对模型做过多的修正即可应用于不同领域的安全分析工作中。但该模型对分析者也有一定的要求,需要分析者对系统的组织架构和运行机制了解十分透彻,否则会发生致因因素挖掘不充分的现象。本章分析的案例中,管制员的责任虽然不大,但若管制员在指挥工作中能够以更为系统的思维考虑问题,却可以有效避免该事故的发生。

参 考 文 献

[1] HEINRICH W H,PETERSON D,ROOS N. Industrial Accident Prevention[M]. New York:McGraw-Hill Book Company,1980.

[2] TAYLOR G,EASTER K,HEGNEY R. Enhancing Safety-a Workplace Guide[M]. West Perth: West One,2001.

[3] STEWAR J M. Managing for World Class Safety[M]. New York: John Wiley & Sons,2002.

[4] LEVESON N. Engineering a Safer World:System Thinking Applied to Safety[M]. Cambridge:MIT Press,2011.

[5] 傅贵,索晓,王春雪."2-4"模型的系统特性研究[J].系统工程理论与实践,2018,38(1):263－272.

[6] 傅贵,殷文韬,董继业,等.行为安全"2-4"模型及其在煤矿安全管理中的应用[J].煤炭学报,2013,38(7):1124－1130.

[7] 傅贵,王秀明,李亚.事故致因"2-4"模型及其事故原因因素编码研究[J].安全与环境学报,2017,17(3):1003－1008.

[8] 傅贵,何冬云,张苏.再论安全文化的定义及建设水平评估指标[J].中国安全科学学报,2013,23(4):140－144.

第二篇 行为分析

　　无论是古典安全分析理论中的事故链提取,还是现代安全分析理论中的情景构建,人的差错行为始终是安全分析工作的着手点。对不安全行为的挖掘和分析,识别引发不安全行为的系统、环境、管理层原因,是当前安全事故分析的主要方式,也是安全管理理论发展过程中形成的重要方法。也正是因为人为差错行为分析的重要性,国内外的学者、机构开发了大量的分析工具,用以剖析不安全行为背后的机制和规律,其中既有定性分析的方法,也有定量分析的方法。但航空管制作为一个专业性极强的领域,缺乏专有的分析工具来帮助安全管理工作的开展,当前的主要途径是借鉴其他领域的分析工具。本章介绍了几类经典的人为差错分析模型,对人为差错行为的分析具有普适性,但因为基础数据来源不同,在开展空管人为差错概率估计的过程中,会存在概略性。尽管如此,通过对比研究工作的开展,这些分析方法形成的结论仍具有很强的参考意义,有助于风险管控工作的开展。

第5章 人的失误概率预测技术

在社会各行各业的安全生产工作中,无不渗透着人为因素的影响。人为因素就像是双刃剑,既能够促进生产效率的提高,也会在不经意间触发差错行为,从而导致严重的安全事故。由于对人为因素的研究起步相对较晚,人们对它的认识仍不够透彻,有大量的作用因子和运行机制仍存在疑问,使得对人为因素的定量研究存在一定的概略性,难以形成精准结论。在管制工作中,同样无法避免人为因素的影响,它关系着空中交通运行的安全与效率,需要有一种有效的方法去评估管制工作中人为因素的影响水平。人的失误概率预测技术(Technique of Human Error Rate Prediction,THERP)是一种简易、有效的人为因素失误概率预测方法,同样适用于空管人为因素分析,能够为风险管控措施的有效性验证提供数据支撑。

5.1 THERP 模型介绍

5.1.1 人为差错行为基本特征

英国著名心理学家 Reason 认为:人为差错行为是人在不经意间的疏忽造成的,具有非意向性;在部分情况下意向性的操作也会造成人为误差,如决策错误而引发的不安全控制行为。一些有意造成的破坏行为并不属于人为差错的范畴,如违规行为的触发与差错的形成原理截然不同。在一个心理健康、状态良好的个体所引发的不安全事件中,人为差错行为是最为常见的致因因素,因此有必要对这一行为的一般规律加以概况。

(1)随机性。人的绩效水平并非固定,这是人与生俱来的特征,从而导致了人为误差会随机出现以及重复出现。这种随机性主要体现在两个方面。一是误差的随机性。即使是同一个体,在进行各类操控的过程中,不但每一次的操控行为都会伴随有一定的误差,并且每一次的误差都不一样。在部分情景下,当形成的误差超过某一阈值时,就可能演变为人为差错行为。例如:飞行员在控制飞机着陆过程中,因下滑率控制过大而造成飞机着陆时的"跳跃"现象。二是行为触发的随机性。即便是一些经验丰富、技能熟练操控员,在执行一系列的操控中都有可能发生人为差错行为。例如:管制员在抄写飞行进程单过程中发生的要素抄错现象。

(2)环境异变性。人为差错行为不但本身带有随机性,而且这种随机性的表达还极易受环境的影响。人在不同环境中,人为差错行为触发的概率和形式都会发生变化。传统人为差错行为预防方法的研究只关注行为人本身,往往从人员选拔、能力培养等方面入手来降低人为差错行为的触发概率,忽略了环境对人的影响。但随着研究的深入,人们意识到了环境对人为差错的影响作用,并将易于触发人为差错行为的环境称为事故倾向环境。通过对各类环境因素的研究,人们逐渐建立起了系统的分析思维,形成的人为差错行为预防措施也更为完善,预防手段也更为多样化。通过避免事故倾向环境的形成也成为预防人为差错行为的有效方法。

(3)潜伏性。从人为差错行为所引发的严重后果产生的时效性来分类,人为差错行为又可分为显性失误和潜在失误。显性失误是指人为差错行为所带来的严重后果立刻呈现。相对于显性失误,潜在失误虽然不会立即引发严重后果,但人为差错行为早已形成,且在潜伏过程中还有可能与其他因素进一步相互作用引发更多的危险因素。这使得潜在失误行为不但难以察觉,还有可能引发更严重的灾难性后果。潜在人为差错行为的预防也更为复杂,必须要对多个关联子部件展开充分的研究,制定更为系统的预防措施。

5.1.2　人为差错行为分类方法

1983 年,Rasmussen 在研究中首次将人的行为分为三大类:技能型行为、规则型行为和知识型行为,其象征三种相互差异的认知绩效能力[1]。技能型行为对人的培训水平依赖度较高,需要人下意识地去执行各类操控行为。规则型行为对人的培训水平要求适中,在操作程序或规定不完善的情景下,人的操控行为需要不断比对或校正现有操作程序或规定。知识型行为是人只凭借自身知识水平执行的操控行为,此时人往往处于全新的情景环境中,并无规定可以遵循。Rasmussen 行为分类见表 5.1[2]。

表 5.1　Rasmussen 行为分类方式

行为名称	行为特征
技能型	培训水平依赖度高
	任务经验丰富
	下意识行为
规则型	培训水平适中
	依据规则和程序
	反复校对规则
知识型	情景环境不确定,目标异常
	无规则遵循
	依赖自身知识经验

具体的行为分类框架如图 5.1 所示。

在 Rasmussen 行为分类方式的基础上,Reason 和 Embrey 结合人的三种绩效水平理论进一步提出了通用模型失误系统(General Errors Model System,GEMS)。

第一层为技能型水平。人通常在处理工作中的一些信息时会做出一些习惯性的反应,但在外界环境因素的扰动下容易发生一些疏忽或遗漏行为。遗漏是技能型水平上发生的最主要差错行为。

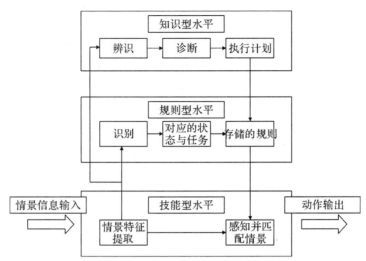

图 5.1　Rasmussen **行为分类框架**

第二层为规则型水平。当人们面对工作中的异常状态时，人们首先判断该状况是否发生过，是否已有可遵循的处置程序。若曾经遇见过，或有一定的处置程序，则依据已有的处置程序处置，即规则型的行为方式。操作过程中发生的失误行为则是规则型错误。

第三层为知识型水平。当人们面对的情景并无相关规定可以遵循，则只能依据自身的知识储备对现有问题进行分析和判断，这也就是知识型的行为处理方式。对应的失误行为是知识型错误。失误类型与绩效水平的对应关系见表 5.2[2]。

表 5.2　**失误类型与绩效水平对应关系**

绩效水平	失误类型	失误特征
技能型水平	疏忽和遗忘	忽略注意
		过度注意
规则型水平	规则型错误	首次例外
		规则强度
		僵化
		编写缺陷
		行为缺陷
知识型水平	知识型错误	有界的合理性
		确认偏见

5.1.3　THERP 模型概率预测方法

人的失误概率预测技术(THERP)在 20 世纪 80 年代由 Swain 与 Guttmann 等人提出，最初是被开发为美国核监管委员会的安全分析工具，并形成了《THERP 手册》[3]。相比于其他分析方法,THERP 方法不但能够提供定量和定性的分析方法,还提供了人的一般性失误行为触发概率,定量分析考虑了情景环境的关联作用、人的绩效水平及差错恢复的情况,能够开展更丰富、细致的事故分析。由于《THERP 手册》中已经提供了大量人为差错行为的基础概率数据,分析工作的开展也变得更为简便,相比 HFACS、ATHEANA、HFIT、TRACEr 等方法在定量分析方面具有显著优势,不会受限于后验知识不足的困境。

该方法基于二叉树的分析方式,基于时间序列和因果关系描述人为差错事件的发展脉络。结合专家知识对每一个分支给予一定的基础概率值。相比于 FTA 分析方法,THERP 在定量分析中还考虑了绩效水平和环境因素对人为差错概率的影响,在分析过程中需对基础人为差错概率进行修正,因此结果更准确可信。二叉树分析示例如图 5.2 所示。

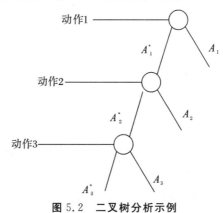

图 5.2 二叉树分析示例

图 5.2 中一共有 3 个动作,每一个动作都对应了一个事件分支,分别为 A_i(失败)和 A_i^*(成功)。可根据概率论计算条件概率的基本理论计算每一个事件的发生概率,即

$$P(A_2) = P(A_1^* \bigcap A_2) = P(A_2 \mid A_1^*)P(A_1^*) \tag{5.1}$$

$$P(A_3) = P(A_1^* \bigcap A_2^* \bigcap A_3) = P(A_3 \mid A_1^* \bigcap A_2^*)P(A_1^* \bigcap A_2^*) =$$
$$P(A_3 \mid A_1^* \bigcap A_2^*)P(A_2^* \mid A_1^*)P(A_1^*) \tag{5.2}$$

在对人为差错行为进行分类的基础上,《THERP 手册》提供了每一种行为的基础人为差错概率(Basic Human Error Probability,BHEP)用以进行定量分析。但在实际工作中,每一种行为都是在特定环境情景和个人的绩效因子影响下发生的,因此需对 BHEP 进行修正,从而得到实际的失误概率(Human Error Probability,HEP),即

$$HEP = BHEP \times \prod_i PSF_i \tag{5.3}$$

式中:PSF_i 为第 i 种绩效形成因子。除操控者本身状态与周围环境的影响外,团队中人与人之间的协同对人为差错概率的影响也是应当被考虑的要素。THERP 通过评价任务之间的关联度大小来修正原有失误概率的大小。THERP 将这种关联度由高到低依次分为 5 个等级,修正关系可近似表示为

$$全相关(CD):B = 1 \tag{5.4}$$

$$高相关(HD):B = \frac{1 + BHEP}{2} \tag{5.5}$$

$$中相关(MD)：B=\frac{1+6BHEP}{7} \qquad (5.6)$$

$$低相关(LD)：B=\frac{1+19BHEP}{20} \qquad (5.7)$$

$$零相关(ZD)：B=BHEP \qquad (5.8)$$

通过对 THERP 人为差错概率计算方法的介绍可以发现,尽管《THERP 手册》中提供了全面而细致的各类概率数据,且计算过程中考虑了操控者本身、周边环境等多个方面的影响因素,但最终的计算结果仍是一种概略性预测,并非准确值。

5.1.4　THERP 分析流程

THERP 模型对人为差错概率的计算可分为 4 个阶段[4],如图 5.3 所示。

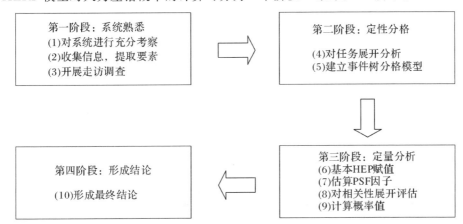

图 5.3　THERP 分析流程

第一阶段:系统熟悉阶段。

(1)通过对系统的充分考察识别运行过程中可能存在的任务行为。

(2)对基本事件相关岗位人员的职责与任务进行梳理。

(3)了解各岗位人员操作的边界。

第二阶段:定性分析阶段。

(4)对各类操控行为的行为类型进行识别,理清操控行为的目标对象,并对可能触发的人为差错行为进行归类,搞清任务与子任务的关系。构建事件树。

(5)以时间和事件因果关系为线索,使用事件树描述事故过程。

第三阶段:定量分析阶段。

结合《THERP 手册》中所提供的人为差错行为差错概率数据,对人为差错行为展开定量分析。事件树中,子任务的失败概率首先由 BHEP 表示。BHEP 是个体在完成一项相对独立且不受其他因素扰动的任务过程中的任务概率。显然 BHEP 是理想情况下的,必须要结合操控个体的绩效水平进行修正。需要考虑的 PSF 主要包括人员素质、人员状态、硬件可靠性、管理机制及环境条件等因素。修正过程与式(5.3)一致。此外,还应考虑人为差错事件在事件树中的地位。若该行为的发生与前一事件的发生存在关联性,则还应当基于式(5.4)～式(5.8)对概率进行修正。

第四阶段:形成结论。

结合定性分析与定量分析的结果,形成最终的安全等级预测报告。

5.2 基于 THERP 模型的空管安全事故分析

5.2.1 民航飞行冲突事件描述

2006 年 1 月 16 日,厦航波音 737 飞机执行"沈阳—杭州"任务 MF8056 航班与南航一架波音 737 飞机执行"青岛—沈阳"任务 CZ3983 航班在青岛上空发生飞行冲突。

2006 年 1 月 16 日,CZ3983 航班飞机在飞越 HCH 导航台后,青岛区域管制员指挥该机保持 9 000 m 高度脱波联系大连区调,并指挥 MF8056 航班飞机上升至 9 600 m 保持,当 MF8056 航班飞机上升至 8 600 m 左右时,青岛区域管制员意识到该飞机与 CZ3983 航班飞机存在飞行冲突,随即指挥 MF8056 航班飞机下降至 8 400 m 保持,并右转航向 270°避让,同时电话通知大连区调指挥 CZ3983 航班飞机避让,两机正切后,指挥飞机归航。后经雷达录像初步证实,两机水平相对距离 13 km,高度差 220 m。

5.2.2 基于 THERP 方法的事件分析

第一阶段:系统熟悉阶段。

在该起事件中,事故主要责任人显然是青岛区调的管制员,在事故描述中主要有三类操作行为:①监控责任区内的航班飞行动态;②指挥航空器按照计划飞行;③按规定对航空器实施管制移交。这三类操作行为对应了管制员的三个职责,可概括为:①严密监控责任区内航空器的动态,确保其按批复的计划飞行,及时发现飞行冲突和其他异常情况;②对责任区内的航空器实施飞行指挥,及时调配飞行冲突,确保航空器的飞行安全有序;③及时进行航空器的管制移交。

第二阶段:定性分析阶段。

对照管制员的操作行为和职责,可识别存在的人为差错行为并对其类型进行归纳,见表 5.3。利用 THERP 模型构造事件树,如图 5.4 所示。

表 5.3 管制员人为差错行为识别

序号	人为差错行为描述	失误类型
1	管制员忽视了 CZ3983 航班的动态	疏忽和遗忘
2	管制员下达了错误的指挥指令	规则型失误

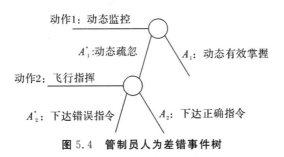

图 5.4　**管制员人为差错事件树**

第三阶段:定量分析阶段。

根据识别的人为差错行为和行为类型,可通过《THERP 手册》查找到 BHEP 值,见表 5.4[5]。

表 5.4　**失效模式和** BHEP

认知功能	失效模式	BHEP
观察	O1:观察目标失误	0.001
	O2:错误辨识	0.007
	O3:观察没有进行	0.007
解释	I1:诊断失误	0.02
	I2:决策失误	0.01
	I3:延迟解释	0.01
计划	P1:优先权错误	0.01
	P2:计划不适当	0.01
执行	E1:动作方式失误	0.003
	E2:动作时间失误	0.003
	E3:动作目标失误	0.000 5
	E4:动作顺序失误	0.003
	E5:动作遗漏	0.003

比对表 5.4 可知,管制员的动态监控疏忽应当属于"O3:观察没有进行",原因是管制员在将 CZ3983 航班飞机进行管制交接后放松了对该航班的关注,导致了监控上的疏忽。管制员在管制指挥过程中发生的指令下达错误应当属于"I2:决策失误",原因是动态监控的疏忽导致了管制员对空中态势的理解发生了偏差。

根据事件树进行失效概率计算如下:

(1)管制员动态监控疏忽概率计算。

$$P(A_1^*) = 0.007 \tag{5.9}$$

(2)管制员指令下达失误基本概率计算。

$$P(A_2^*) = 0.01 \tag{5.10}$$

(3)概率值修正。在 BHEP 值的基础上,首先需要根据管制员 PSF 水平进行修正,修正值见表 5.5~表 5.7[5]。

表 5.5　管制员操作背景 PSF 修正值

操作背景等级	PSF 修正值
很好	0.78
好	1.00
中	1.51
差	1.78

表 5.6　管制员操作经验 PSF 修正值

操作经验等级	PSF 修正值
熟练	0.85
平均水平	1.00
不熟练	1.44

表 5.7　管制员应激水平 PSF 修正值

应激水平(熟练)	PSF 修正值	应激水平(新手)	PSF 修正值
较低压力	2BHEP	较低压力	2BHEP
最佳压力	1BHEP	最佳压力	2BHEP
中等压力(逐步操作)	2BHEP	中等压力(逐步操作)	4BHEP
中等压力(动态操作)	5BHEP	中等压力(动态操作)	10BHEP
极高压力	HEP=0.25	极高压力	HEP=0.5

经过专家的事故现场考察,确定当日管制中心工作环境为"好";管制员本人具有一定的工作经验,操作经验等级为"平均水平";管制员的管制指挥行为属于动态操作行为,当日应激水平为中等压力。修正后的管制员监控疏忽行为概率为

$$P(A_1^*)^* = 0.007 \times 1.00 \times 1.00 \times 5 = 0.035$$

同理可以得出管制员指令下达失误的修正概率为

$$P(A_2^*)^* = 0.01 \times 1.00 \times 1.00 \times 5 = 0.05$$

由于管制员的监控失误行为与指令下达失误行为之间存在显著的关联性,因此需要进行进一步修正,经专家判定关联度为"中相关",则可得出:

$$P(A_2^* \mid A_1^*) = \frac{1 + 6P(A_2^*)^*}{7} \approx 0.185\,7$$

得出最终的概率值为

$$P = P(A_2^* \mid A_1^*)P(A_1^*)^* = 0.185\,7 \times 0.035 \approx 0.006\,5$$

第四阶段:形成结论。

由定量分析的结果可以看出,管制员在当日值班环境下发生动态监控疏忽的概率较高。通过比对实际管制工作可以确认,管制员在值班过程中发生监控遗漏和疏忽的现象普遍存在,特别是在工作负荷较大的时段内,管制员监控疏忽的发生频率会进一步加大,计算结果具有较高可信度。监控疏忽与指挥失误具有较大的关联性,也是导致指挥失误的主要原因之一。因此,可通过提高管制员监控有效性入手提高管制运行安全水平,如优化人机交互界面设计、改善管制员工作环境、增加航空器动态信息的辨识度等方法。

5.3　基于 THERP-HCR 模型的管制员人为差错行为概率预测

在人员执行各类操控任务过程中,人为差错行为的发生并非一定会导致不安全事件。例如管制员在管制指挥过程中虽然发生了动态监控疏忽或者指令下达错误,但在一定安全余度内进行及时的纠正,这一人为差错行为的负面影响会被及时终止。因此,需要充分考虑人为差错行为的诊断和纠正行为,诊断得越及时,纠正差错的概率越高。在使用 THERP 方法的建模分析过程中,对人为差错行为的诊断和时间变量的考虑并不充分,故模型预测的概率仍存在偏差。本节将结合 HCR 模型对人为差错行为的评估方法,介绍 THERP-HCR 人为差错行为概率预测方法,进一步提高管制员人为差错行为预测的准确性。

5.3.1　HCR 模型介绍

人的认知可靠性(Human Cognitive Reliability,HCR)模型是由 Hannaman 等人于1984年提出的,用于评价操作人员对于某一响应的诊断和执行有效性水平[6]。美国最初将 HCR 模型应用于核电安全领域,使用模拟机对操作员的响应时间数据进行了分析,获得了操作员的认知可靠性数据,验证了模型的有效性[7]。

HCR 模型主要基于以下两个假设。

假设一:人的操作行为可按照 Rasmussen 提出的行为分类方式分为技能型、规则型和知识型,见表5.1。

假设二:人员的操控失误概率服从 3 参数的威布尔分布,即

$$P(t) = \exp\left\{ -\left(\frac{t/T_{1/2} - \gamma}{\alpha} \right)^{\beta} \right\}, \quad t/T_{1/2} \geqslant \gamma \qquad (5.11)$$

式中:α 为特征反映时间参数;β 为形状参数;γ 为位置参数;t 为操作员完成某一操作的允许时间;$T_{1/2}$ 是操作员完成某一种诊断行为的所用时间。根据操作员行为类型的不同,模型参数取值相应变化,见表5.8。

表 5.8　模型参数设置

行为类型	α	β	γ
技能型	0.407	1.20	0.70
规则型	0.601	0.90	0.60
知识型	0.791	0.80	0.50

HCR 模型认为,人的绩效水平只对威布尔分布中的 $T_{1/2}$ 有影响,与 α、β、γ 无影响。因此,HCR 模型考虑了 3 个关键行为修正因子用以修正 $T_{1/2}$,这 3 个关键因子分别为经验水平、心理压力和操作背景(人机交互)。修正关系可表示为

$$T_{1/2}{}^{*} = T_{1/2}(1 + K_1)(1 + K_2)(1 + K_3) \quad (5.12)$$

式中:K_1 为经验水平;K_2 为心理压力;K_3 为操作背景。修正系数取值见表5.9。

表5.9 $T_{1/2}$ 修正系数取值

绩效形成因子	修正因子类别	修正值
操作经验(K_1)	专家,受过良好培训	-0.22
	平均训练水平	0.00
	新手,最小训练你水平	0.44
心理压力(K_2)	严重应激情景	0.44
	潜在应激情景/高负荷工作	0.28
	最佳应激情景/工作负荷式中	0.00
	放松情景/低工作负荷	0.28
操作背景(K_3)	优秀	-0.22
	好	0.00
	一般	0.44
	较差	0.78
	极差	0.92

由此,基于式(5.11)可以建立操作人员的人为差错概率与时间之间的关系,若能得知特定情景下的允许诊断时间和操控人员完成该诊断操作的时间,即可计算出操控人员的不反应失效概率。这在管制员人为差错行为预测中具有较大的意义,当管制员对冲突的诊断时间超出冲突探测的最低有效时限后,即使管制员后续发现了冲突也无法实现冲突解脱,会形成间隔丢失事件或空中相撞事故。5.2节中描述的事故便是最典型的事例,该管制员虽然发现了飞行冲突,但已错过了冲突解脱的有效时间,发生了不反应失效事件。

5.3.2 THERP-HCR 模型构建

在5.2节的事故分析中,对管制员的动态监控中发生的飞行冲突诊断不响应失效事件直接以"疏忽"这一人为差错事件替代,虽然数据也具备一定的参考价值,但由于对时间变量的忽视,使得概率预测的概略性增加。事实上,不同的冲突情景具有不同的诊断时限要求。同一管制员在同一绩效水平之下,通常对冲突的判断能力恒定,即 $T_{1/2}$ 不变。但形成飞行冲突的空间态势多种多样,因此管制员允许的操作时间 t 会有变化。根据式(5.11),$T_{1/2}$ 与 t 的比值发生变化之后,管制员的不反应失效概率也随之变化。管制员只有在规定时间内成功诊断航空器之间的飞行冲突,才有可能做出正确的调配预案,并指挥航空器实施冲突解脱,具体过程如图5.5所示。

图5.5中 t_0 为管制员下达上升指令的时刻,此时飞行冲突即可形成,但仍有充足的时间实现冲突解脱。t_c 为 MF8056 航班飞机突破安全间隔的时间。在 t_0 与 t_c 之间是管制员执行诊断、冲突解脱决策、指令下达及航空器实施机动的时间。$T_{1/2}$ 为管制员实施冲突诊断的时

间,根据管制员绩效水平的不同需要进行修正;T_E为管制员和飞行员执行各类操作的时间,其中包含了管制员进行冲突解脱决策、陆空通话、飞行员实施有效避让机动等行为;t 为管制员允许诊断的时间段。其中,t 与冲突形成的时刻及空中态势有关,通常不固定,T_E 与 $T_{1/2}$ 则相对固定。根据现有研究资料显示[8],飞行员从冲突感知信息的接收直到做出有效的避让机动,通常需要10~12.5 s 时间,此处取 12.5 s 作为 T_E 值。

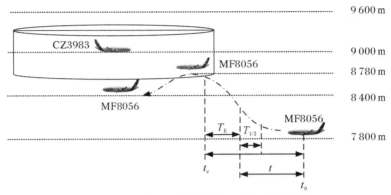

图 5.5　管制员诊断与执行时间分割模型

通过飞行冲突形成与解脱过程中行为时间的分割,可将管制员的人为差错行为概率预测表示为

$$P = P_1(t) + P_2 \tag{5.13}$$

式中:$P_1(t)$为管制员冲突诊断的不反应失效概率,计算方法同式(5.11);P_2 为管制员的成功实现冲突诊断的情况下,发生冲突解脱决策失误的概率,可按 THERP 方法计算。由此,THERP-HCR 模型管制员人为差错概率预测算法设计完成。

5.3.3　管制员人为差错行为概率预测实例分析

第一阶段:系统熟悉阶段。

对 5.2 节中的事例进行基于 THERP-HCR 模型的人因失误概率预测。第一阶段对事故经过的调查了解与 THERP 方法一致,不再进行重复论述。

第二阶段:定性分析阶段。

根据事故调查的内容,可将管制员的人因失误行为进行识别和分类,见表 5.10。

表 5.10　管制员人为差错行为分类

序号	人为差错行为描述	失误类型
1	管制员发生冲突诊断不响应失效	规则型失误
2	管制员下达了错误的指挥指令	规则型失误

构建的事件树模型如图 5.6 所示。

从构建的事件树中可以发现,对人为差错行为的判断,THERP 模型和 THERP-HCR 模型存在差异。THERP 模型认为是管制员的疏忽行为造成了管制员后续指令的错误。THERP-HCR 模型并不认为管制员下达指令时就引发了错误,认为潜在的冲突是普遍现象,当管制员在容许时间内未及时发现冲突才引发了人为差错行为。因此,THERP-HCR 模型对事故的分析更为细致,也更贴近管制工作实际。

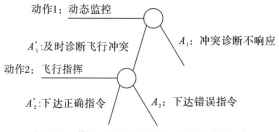

图 5.6　基于 THERP-HCR 模型的事件树

第三阶段:定量分析阶段。

首先需要根据不响应失效行为的类型选取 3 参数的威布尔分布的模型参数。需要特别说明的是管制员对飞行冲突的诊断需要根据航空器当前态势不断比对飞行间隔规定,是一种规则型行为,不响应失误也是规则型失误。因此对模型参数的选取为:$\alpha=0.601$;$\beta=0.90$;$\gamma=0.60$。假设某管制中心管制员的平均冲突诊断时间为 4.5 s,则可以根据绩效修正因子修正诊断时间。该管制员操作经验为平均水平,$K_1=0$;心理压力为潜在应激情景,$K_2=0.28$;操作背景为好,$K_3=0$。可以得出:

$$T_{1/2}{}^*=T_{1/2}(1+K_1)(1+K_2)(1+K_3)=5.76 \text{ s}$$

波音 737 飞机的爬升率为 6 000～7 900 ft/min,若取 7 000 ft/min 作为常用爬升率,换算为 35.56 m/s,则可计算出事故当日 t_0 与 t_c 之间的时间间隔为

$$\Delta t=\frac{\Delta h}{v_y}=\frac{900}{35.56}=25.309\ 3 \text{ s}$$

进一步可以得出冲突允许诊断时间为

$$t=\Delta t-T_E==25.309\ 3-12.5=12.809\ 3 \text{ s}$$

根据式(5.11)可以得出管制员在该态势下的冲突诊断失效概率为

$$P_1(12.809\ 3)=0.086\ 7$$

管制员未发生诊断失效的概率记为

$$P(A_1^*)=1-P_1(t) \tag{5.14}$$

则管制员在有效诊断冲突的情况下发生指令下达错误的概率为

$$P_2=P(A_2^*)^*[1-P(A_1^*)]=0.05\times0.913\ 3=0.045\ 7$$

因此,管制员在该冲突情景下发生冲突解脱失误的概率预测值为

$$P=P_1+P_2=0.132\ 4$$

显然,这是一个较大的人为差错概率值,最主要的原因在于事发时的两架航空器距离过近,安全余度较低,一旦形成潜在冲突,管制员很难实现有效的诊断和机动避让指挥。由于 P 值为潜在冲突触发情景下管制员冲突解脱失误的概率值,若计算管制员飞行冲突解脱失误的概率,则还应当乘以航空器的临近率。航空器临近率与空域结构、空域容量、瞬时流量等因素相关,需要经过统计调查得出,本章不对临近率展开讨论研究。

随着允许诊断时间的增加,管制员的人为差错概率也会快速下降。这也是日常管制运行中,各个管制扇区必须严格控制空域流量和瞬时容量的原因。管制员不响应失效概率曲线变

化如图 5.7 所示。

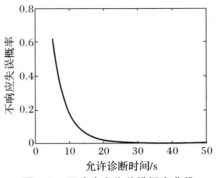

图 5.7　不响应人为差错概率曲线

从图 5.7 中可以看出，当允许诊断时间 t 小于 10 s 时，人为差错率较高，对飞行安全威胁较大；t 在 10~20 s 之间的人为差错率仍然较为显著；当 t 大于 20 s 时，不响应人为差错概率较低；当 t 大于 45 s 时，概率值小于 0.000 1。因此，在考虑机动避让时间和诊断时间的情况下，若能够时刻保持航空器之间的时间间隔大于 1 min，则可以有效控制不响应人为差错的触发概率。

5.3.4　管制席位人为差错行为概率预测分析

5.3.2 节中计算得出的管制员冲突解脱指令下达失误的概率值仍然偏大，若在某一航空器临近率较高的空域内，显然无法满足空域运行安全的需求。但 5.3.2 节中只讨论了单一管制员的运行模式，该模式只适用于一些飞行流量小的中小型机场或区域，对于一些繁忙的枢纽型机场或终端区通常都实行双人值班制度。由主班管制员实施管制指挥，副班管制员同时履行监控职责，对主班管制员值班过程中产生的差错及时进行纠正。对此，有必要研究双人值班模式下，考虑人为差错行为纠正机制的管制员人为差错行为概率预测方法。在双人值班模式下，事件树的结构如图 5.8 所示。

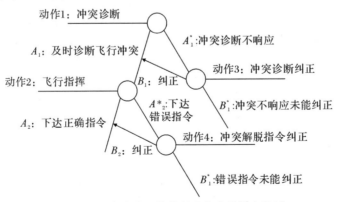

图 5.8　双人值班下的管制员人为差错事件树

在管制值班过程中，主副管制员对动态的监控各自独立，只有当主副管制员均发生冲突诊断不响应人为差错行为时，才发生管制员冲突诊断不响应行为，而主副管制员各自的不响应人为差错行为概率均可通过式(5.11)计算。在管制员成果实现冲突诊断后,主管制员立即实施冲突解脱调配。在主管制员下达错误的管制指令后,副管制员应当及时进行纠正,若未能纠正,则发生管制员指令下达错误行为。冲突不响应人为差错行为概率计算方法为

$$P_R(t) = P_m(t) \times P_v(t) \tag{5.15}$$

式中:$P_m(t_1)$ 为主管制员的不响应人为差错概率;$P_v(t_2)$ 为副管制员的不响应人为差错概率。为维持管制员的整体运行安全水平,通常在选取主副班人员时采取高低搭配的模式组合。假设主管制员的绩效水平与5.3.3节中相同,副管制员为一位经验丰富的管制员,则该管制员操作经验为专家,$K_1 = -0.22$;心理压力为最佳应激情景,$K_2 = 0$;操作背景为好,$K_3 = 0$。所需诊断时间为

$$T_{1/2v}{}^* = T_{1/2}(1+K_1)(1+K_2)(1+K_3) = 3.51$$

冲突不响应人为差错行为概率为

$$P_R(12.809\ 3) = 0.086\ 7 \times 0.013\ 4 \approx 0.001\ 2$$

管制员指令下达错误的概率计算方法为

$$P_E = (1-P_R)P(A_2^*)^* P(B_2^* \mid A_2^*) \tag{5.16}$$

副管制员冲突解脱指挥失误的概率可通过表5.2～表5.9获知。失误行为属于诊断失误,概率为0.02;操作背景为"好",修正系数为1;经验水平为"熟练",修正系数为0.85;应激水平为"最佳压力",修正系数为1。则可以得出:

$$P(B_2^*)^* = 0.02 \times 1 \times 0.85 \times 1 = 0.017$$

主副管制员失误行为之间的相关性可判定为低相关,则

$$P(B_2^* \mid A_2^*) = \frac{1+19P(B_2^*)^*}{20} = 0.066\ 15$$

管制员指令下达错误的概率值为

$$P_E = (1-0.001\ 2) \times 0.017 \times 0.066\ 15 \approx 0.001\ 1$$

管制员冲突解脱失误的概率值为

$$P = P_R + P_E = 0.002\ 3$$

通过对比计算可以看出,相对单人值班模式,双人值班模式下的人为差错率得到了显著控制,可有效提升冲突解脱的成功率。但双人值班运行的模式对人力资源的消耗也是巨大的,需要投入更多的成本。因此,可以根据管制区域内的航空器临近率灵活配置值班模式,避免人力资源的过度消耗。

5.4　小　　结

本章在介绍THERP模型分析方法的基础上,以一起典型飞行冲突事件为入手,对管制员冲突解脱中的人为差错行为概率预测方法进行了介绍。该起飞行冲突事件涵盖了管制员冲突解脱调配失误中的两个主要失误行为,分别为冲突不响应失误和指令下达失误,因此可以通过对该起事件的分析预测管制员人因失误造成飞行冲突的概率,对管制工作中的风险评估和管控具有重要意义。在5.3节中,介绍了THERP-HCR模型分析方法,通过HCR模型对不响

应人为差错行为的分析优势,进一步修正了 THERP 模型未考虑时间变量的缺陷。通过 THERP-HCR 模型的应用,对比分析了两种管制模式下的人为差错概率,验证了模型的有效性。

参 考 文 献

[1] 高文宇,张力.人的可靠性数据库基础架构研究[J].中国安全科学学报,2010(12):63-67.

[2] 李飞.煤矿生产系统中人的可靠性及其控制体系研究[D].北京:中国矿业大学,2015.

[3] SWAIN A D,GUTTMANN H E. Handbook of Human-Reliability Anlysis with Emphasis on Nuclear Power Plant Applications(NUREG/CR-1278)[M]. Washington DC: United States Nuclear Regulatory Commission,1983.

[4] 张峤.煤矿作业人因可靠性分析与评价方法研究[D].大连:大连理工大学,2017.

[5] 张瑞恒.海上散装液体危险化学品装载中"人"因素可靠性研究[D].大连:大连海事大学,2019.

[6] HANNAMAN G W,SPURGIN A J,LUKIC Y D. Human Cognitive Reliability Model for PRA Analysis[R]. NUS-4531,NUS Corporation,California,1984.

[7] 王洪德,高玮.基于人的认知可靠性(HCR)模型的人因操作失误研究[J].中国安全生产科学学报,2006,16(7):51-57.

[8] 李春锦,文泾.无人机系统的运行管理[M].北京:北京航空航天大学出版社,2011.

第6章　人为差错评估与削减技术

作为一种典型的第二代 HRA 分析技术,人为差错评估与削减技术(Human Error Assessment and Reduction Technique,HEART)同样遵循人为差错行为概率预测的基本方法,认为不安全行为的触发并非是孤立的,是行为人在一定情感影响下产生的。相应地,人为差错行为概率也并非一成不变,必然会随着外部情景因子的变化而变化。HEART 方法不但建立了完善的分析框架,还提供了详细的对照检查表,可供分析者快速识别有关的人为差错行为类型和差错诱发条件。同时还有丰富的人为差错行为数据,用以开展人为差错行为概率预测。相较于 THERP 方法,HEART 的分析步骤更为简易,适用性也更强,可用于开展快速的人为差错行为分析和预测。

6.1　HEART 模型介绍

6.1.1　人为差错基本概念

人为差错的概念相对来说比较模糊,我国一些专家认为,人为差错可以认为是思维和操作等方面的错误。Rasmussen 认为"人与设备不匹配"是人为差错的主要表现。然而,Eurocontrol 认为人为差错的定义应该是:在特定的情况下,在任何管理层次或组织中存在的不适当的无意行为和决策,或者是没有采取任何补救措施和做出决策的做法[1-3]。

根据 Adhikari 等人的说法,人为差错是风险和可靠性状态的主要因素,包括 75% 以上的海上伤亡和 70% 以上的交通事故[5]。Dhillon 将人为差错定义为无法执行指定的作业或任务,从而可能导致计划操作中断。这一定义还包含了从事同样会导致消极结果的禁止行为。Reason 指出,差错一词只能适用于故意行为,这是由于错误类型严重依赖于行动未能按预期进行,或预期行动未能达到预期结果。"失误"指的是不能控制,而"差错"指的是错误。Johannesen 等人对这一观点进行了扩展,认为人为差错是事后做出的判断,它代表的是一种症状而不是原因。他们还认为那些认为自己存在人为差错问题的组织实际上存在组织或技术问题,这些问题以人为差错的形式出现。有些专家提出,感知的人的差错或人的易错性问题可以分为两个问题,这就是人员方法和系统方法。"人法"关注的是实际执行任务的主要人物的差错,并把这些差错看作是由于不小心、疏忽大意、动机差、注意力不集中和健忘等异常的心理过程而发生的,这种方法促进了这样一种观点,即差错是道德问题,因此设计相应的措施来减少或消除人类行为的不希望的可变性。这一说法在《信息治理和网络安全严重事件调查报告、管理和调查清单指南》中得到了证明,其中发布的事件摘要的例子表明"对该事件负有责任的工作人员已被开除"。然而,系统方法与 Johannesen 等人的观点一致,即人为差错是对原因造成的后果。系统方法认为,人是容易犯错的,即使在最好的组织中,差错也不可避免地发生。由于人为差错被理解为系统的组织环境因素,设计一些方法来解决人类工作和组织过程可能诱发差错的条件。Reason 还扩展了术语"主动失败"和"潜在条件",这两个术语在定义研究与信息安全相关的人为差错时应该被考虑进去。主动失败的定义是,处于末端的人以难以预见的失误和错误的形式犯下的差错。而潜在条件被定义为系统内不可避免的弱点,这些弱点来自迟钝的人,远离实际任务本身进行的活动,如设计师、程序编写人员和高层管理人员。潜在条件可以以差错诱发条件的形式引入反向效应,例如在人为差错评估和减少技术中分析出的那些在系统防御中一直潜在的弱点,原因是潜在的条件潜伏了很多年,直到它们与主动的失败结合并导致事故的发生;与主动失败不同,潜在的缺陷可以通过主动的风险管理来识别和解决[6-9]。

虽然每个专家对人为差错给出的解释都有所不同,但总结一下就能发现专家们给出的建议有一些共性的观点:偏离正规的规范和程序、管制员的环境,不安全的行为产生的不良影响等。国内的相关专家由于以上原因将人为差错认为是人的失误,大多数人认为这样的解释更加贴切,但人们一直以来习惯了人为差错的说法。

6.1.2　管制员典型人为差错介绍

民航总局将我国管制员近年的不安全事件总结概括为"错、忘、漏"事件,以此描述管制员的"人为差错",认为人为差错的产生可归因于管制员的错、忘、漏行为。

(1)"错",指的是在有目的性的操作或者行为过程中,管制员做出了错误的判断或推断,导致了不安全事件的发生。此类事件往往是由于管制员的理论实践水平较差或者心理素质不够强大导致的,发生的概率也大于其他两者。

(2)"忘",指的是对于已经在大脑中形成印象的资料情报或者空中动态,产生了错误的回忆或者不能回忆,造成不安全后果。在管制工作中一般表现为叫错飞机的呼号或是对于飞机的高度、速度、航向掌握不清等,这是因为管制员的身体状态不佳、记忆力较差或者精神不够紧张。

(3)"漏",指的是管制员已经做出正确的判断或决策后,在执行过程中出现遗漏,产生不良影响。产生此种事件的原因一般是管制员工作作风出现问题、缺乏岗位责任感等。

管制员"错、忘、漏"事件具有随机性、重复性、潜在性和可修复性等四个特点。事件产生的原因、时间、概率具有随机性,相同的事件也可能会在各种条件、时间下不断重复发生,一些不安全行为产生的影响需要积累一定的时间或是程度才会造成不良后果,而正是因为这种重复性,使得总结经验、吸取教训以避免类似事件发生成为可能。

6.1.3　人为差错评估与削减技术分析过程

HEART 是一种研究人因差错诱发条件(EPC)对不安全事件的影响程度的定量分析方法。HEART 模型通过量化 EPC 对事件的影响程度,以乘积的形式表示人为差错概率[10-11]。

HEART 模型将各种任务分为九大类,基于大量的统计数据得出了每种类型的基本人为差错概率,同时考虑各种因素的影响,列出了 38 种典型的 EPC,并且确定了每一种 EPC 对应的乘数。

在使用 HEART 模型计算人为差错概率时,首先需要将研究对象所执行的任务对应到 9 种通用任务之一,获得该任务的基本人为差错概率。然后对应提供的 38 种 EPC 确定对所执行任务产生影响的组织环境因素,获得影响该任务的各个 EPC 对应的乘数,并且通过专家打分的方式来评估每一个 EPC 对于当前任务的影响程度,赋予每一个 EPC 一个确定的权值,从而按照一定的公式计算出每一个 EPC 对于当前任务的影响值。最后可以根据前述得到的各种数值,代入计算公式得到该任务中研究对象的人为差错概率的最终结果。

HEART 模型最大的优势在于应用方便,通过简单的计算就可以得到人为差错概率,非常适合选作为人为差错的评估工具,但是 HEART 模型单独使用时,只能用于独立任务,无法评估在时间或者逻辑上连续的任务序列。

采用 HEART 方法进行人为差错概率计算的具体实施步骤如下。

步骤 1:分析案例。

通过事故的调查,识别事故相关的要素,按照因果和时间线索描述事情经过。明确事故分析的目标和边界,避免分析过程过于发散导致问题规模扩大。对操作人员的各类行为应进行重点描述,识别其与事故链关键节点间的关联性,挖掘操作行为背后的认知过程。

步骤 2:任务分类。

根据任务中人的不可靠性,HEART 将其归于 9 种通用任务类型之一,并得到该任务类型的基本人为差错概率 P_{NHEP},包括 8 种有具体描述的任务类型和一种通用的任务类型,见表 6.1。

表 6.1 通用任务类型与基本人为差错概率

通用任务类型	任务描述	P_{NHEP}(5%~95%区间)
A	完全不熟悉,操作得不到实际结果	0.55(0.35~0.97)
B	在单次尝试下切换或者恢复系统到全新或者原始状态,没有指导或者程序	0.26(0.14~0.42)
C	需要很高的理解能力和技能的复杂任务	0.16(0.12~0.28)
D	重复操作或者只需要少量注意力的简单任务	0.09(0.06~0.13)
E	例行的、高度熟练的、快速的只涉及低级技能的任务	0.02(0.007~0.045)
F	根据程序切换或者恢复系统到全新或者原始状态,并且有检查	0.003(0.0008~0.007)
G	完全熟悉、良好设计、高度熟练的例行任务,频率每小时几次,由高积极性、高度训练、极具经验的人最高标准完成,并且完全知悉失误的不良后果,有时间纠正潜在的错误,但是没有足够的辅助	0.0004(0.00008~0.009)
H	在有增强的或者自动化的监管系统提供系统当前的准确状态的条件下,能对系统要求做出正确的反应	0.00002 (0.000006~0.00009)
M	找不到与之符合的描述的各种任务	0.03(0.008~0.11)

步骤 3:差错诱发条件识别。

人的绩效水平不同,差错触发的概率也不尽相同,因此,需要考虑人的绩效水平,对基本人为差错概率进行修正。HEART 将其归结为差错诱发条件(EPC),并给出了乘数因子值。由于每一个 EPC 对管制员的影响程度并不相同,因此 HEART 方法还要求通过专家打分的方式给出相关 EPC 的影响权重值 APOA(APOA 在 0~1 之间),共同修正人为差错发生概率。差错诱发条件和乘数因子见表 6.2。

表 6.2　差错诱发条件与乘数

序号	差错诱发条件(EPC)	乘数(φ)
1	对于重要情况不熟悉,但是该情况不经常发生或者是新发情况	×17
2	缺少检测和纠正错误的时间	×11
3	低信噪比	×10
4	屏蔽或忽略易于得到的信息	×9
5	缺乏能向操作者传递空间或者功能信息并且能让其快速理解的手段	×8
6	操作者的理解与设计者的意图不匹配	×8
7	无法撤销误操作	×8
8	系统过载,需要处理大量信息	×6
9	需要故意忘却一种技能,并且使用与之对立的思想体系下的另一种技能	×6
10	需要在任务之间无损地传递信息	×5.5
11	操作标准中有歧义	×5
12	预想的任务与实际任务不匹配	×4
13	差的、不明确的或者不匹配的系统反馈	×4
14	系统运行的控制部分对于进行的操作没有明确的指示和及时的确认	×3
15	操作者缺乏经验	×3
16	按照程序和人人交互传递的低质量信息	×3
17	对于输出结果没有独立的检查	×3
18	短期目标与长期目标存在冲突	×2.5
19	没有对输入信息进行真实性检查	×2.5
20	操作者学习的技能水平达不到任务的要求	×2
21	鼓励操作者选用更危险的程序	×2

续表

序号	差错诱发条件（EPC）	乘数（φ）
22	工作时几乎没有大脑和身体休息的机会	×1.8
23	仪器或者设备不可靠	×1.6
24	需要超出操作者能力和经验的判断力	×1.6
25	功能与责任不清	×1.6
26	在操作中无法记录操作过程	×1.4
27	超出身体机能的极限	×1.4
28	任务本身无意义	×1.4
29	精神高度紧张	×1.3
30	操作时操作者身体不适，特别是发烧	×1.2
31	全员士气低迷	×1.2
32	显示或者程序变化	×1.2
33	环境较差，有不利影响	×1.15
34	长期未进行的或者是高度重复的机械性任务	×1.1（初始的 0.5 h）；×1.05（从 0.5 h 后开始计算的每 1 h）
35	打破正常的工作—睡眠循环	×1.1
36	由于他人干涉打乱了任务的节奏	×1.06
37	在可以保证任务圆满完成的人员之外增加了其他人员	×1.03（每增加一人）
38	进行需要感知能力的任务的人员的年龄过大	×1.02

步骤 4：人为差错概率计算。

根据识别的 EFC 和求取的 APOA 值，修正人为差错触发概率，计算公式为

$$\omega_{EPC_i} = (\varphi_{EPC_i} - 1) \times APOA_{EPC_i} + 1 \tag{6.1}$$

将 P_{NHEP} 与影响当前任务的各个 EPC 的估值相乘可得到关键节点的人为差错概率，计算公式为

$$P_{HEP} = P_{NHEP} \times \prod_{i=1}^{n} \omega_{EPC_i} \tag{6.2}$$

步骤 5：形成结论。

根据计算的人为差错发生概率和识别的 EFC，评估人员可以制定相应的风险管控措施。措施制定主要包括提升人员自身能力素质、降低 EFC 影响作用、屏蔽 EFC 等方面入手。

具体流程如图 6.1 所示。

从上述的分析过程可以看出，HEART 方法程序简便，对专家知识要求低，且有一定数据基础，可以进行投入实际应用，减轻了评估人员的工作负荷。另外，HEART 方法算法原理也较为简便，因此便于拓展应用，可在修正后用于多个领域。

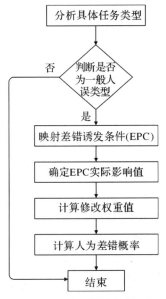

图 6.1　HEART 模型分析流程图

6.2　基于 HEART 的飞行安全事故分析

6.2.1　空中相撞事故描述

1994 年 3 月 23 日,美国空军在美国北卡罗来纳州波普机场上空一架 F-16 战斗机与一架 C-130(大力神)运输机发生空中相撞,导致 24 人死亡,100 余人长期住院治疗。

当日,美国空军一架 F-16 战斗机(呼号,Webad 3)从北卡罗来纳州波普空军基地起飞进行轰炸科目训练。在进入有效射程后,机组以跑道飞机为假想目标进行对地攻击训练作业。训练结束后,经塔台许可,F-16 战斗机向 23 号跑道模拟空中停车进近着陆。

与此同时,在波普空军基地,一架 C-130"大力神"运输机(呼号,Hitman 31)进行目视飞行规则(VFR)机动飞行训练。机组实施两次完整着陆飞行训练后,接着在 23 跑道执行连续起降训练。在 C-130 运输机实施进近时,管制员告诉机组保持高度,并指示 C-130 运输机"穿越五边"后左转 270°。7 s 后,另一名管制员却指令 C-130 运输机"继续直行作低空进近"。期间,F-16 战斗机正在 23 跑道模拟空中停车进近着陆,飞机速度急速递减到 250 kn,并继续下降,很快即将赶上 C-130 运输机。

由于 F-16 战斗机驾驶舱视野局限,其整流罩阻碍了飞机下方视线,F-16 战斗机机组无法看到位于其下方的 C-130 运输机。C-130 运输机机组也没有看到超越自己的 F-16 战斗机。最后,F-16 战斗机与 C-130 运输机发生空中相撞,F-16 战斗机升降舵切掉了 C-130 运输机右水平安定翼和升降舵。受伤的 C-130 运输机机组立即中断进近改为爬升,爬升至 2 500 ft 时,进行了简单的检查后，在地面指挥下继续下降，最终安全着陆，无人员伤亡。

严重受伤的 F-16 战斗机因撞击开始忽上忽下的无法控制，在距地面 300 ft 时 2 名飞行员弹射。一个降落在一个停车场，一个落在一棵树上。最后，失去控制的 F-16 战斗机跌落在机场，灾难在整个机场蔓延。F-16 战斗机跃过道面先撞上了一架停靠的洛克希德 C-141 运输机，紧接着进入"隔离坡道"冲向 300 余名伞兵，升起了巨大火球，造成灾难性后果。受到撞击的 C-141 运输机油箱破裂，燃油着火，发生爆炸。来自布拉格堡的美军 82 空降师伞兵痛苦地在地上挣扎，其中，许多人被连续翻滚的 F-16 战斗机残骸碎片击中当场死亡。100 余人被燃烧的汽油包围着受到灼烧，其中 24 名年轻的伞兵因伤死亡，其余人员长期住院治疗。图 6.2 为燃烧后的 C-141 运输机相撞残骸。

图 6.2 C-141 飞机残骸

6.2.2 管制员飞行调配指挥中的任务分类

由于案例中描述了大量的错误类型，但我们应当保证相同的错误类型在分类中不会出现多次，所以这一程序包括以下三个阶段。

1. 筛选

错误类型显然已经在之前的分析中记录，有些相同类型不应当重复记录。例如，一些错误类型有不同的名称，但是描述了相同的现象。

2. 反复核查

每个错误类型组合都经过交叉检查，以防止互斥性，例如，一个错误类型包含另一个错误类型。但在这种层次关系明显的地方，如果"高级别"和"低级别"错误类型在减少错误的实用程序或描述准确性方面为分类法增加了价值，那么它们将会被保留。

3. 适应性检查

检查错误类型以保证它们适用于空中交通管制。这是通过以下几种方法实现的。

（1）根据案例和事件报告检查错误类型。

(2)使用管制员访谈检查错误类型的发生率。

根据以上对案例的描述,可以看出本案例主要存在以下几个明显由人为因素导致的差错:

1)差错一:管制员之间协同不充分,下达了不一致的指令,导致了飞行冲突。

2)差错二:管制员监控不充分,对五边上的飞行冲突未及时发现制止。

6.2.3　差错诱发条件识别

这里可以把航空管制员调配飞行冲突的过程分为四个详细的步骤:监控航空器状态、判断是否有潜在冲突、形成调配预案、向飞行员发出指令。如图 6.3 所示。

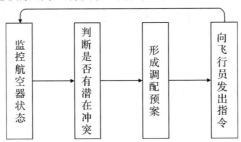

图 6.3　管制员调配飞行冲突的任务模型

通过对比表 6.1 可知,管制员飞行调配过程中操控任务的 NHEP 见表 6.3。

表 6.3　管制员飞行调配操控任务 NHEP

任务步骤	NHEP
监控航空器状态	0.025
判断是否有潜在冲突	0.016 5
形成调配预案	0.042
向飞行员发出指令	0.013

6.2.4　管制员人为差错概率计算

根据识别的人为差错,逐一查找人为差错操作所对应的任务阶段和 EPC。

差错一:波普基地塔台管制员下达了不一致的指令是导致飞行冲突的最主要原因,问题出在形成调配预案任务阶段。在决策指令形成过程中,团队之间缺乏信息沟通,因此认定 EPC 为"序号 16:按照程序和人人交互传递的低质量信息"和"序号 36:由于他人干涉打乱了任务的节奏"。基于专家知识,判定的 APOA 值分别为 0.2 和 0.4。

差错二:对于五边上的冲突,塔台管制员均未发现,差错发生在监控阶段。对于监控失效人为差错行为,相应的 EPC 为"序号 17:对于输出结果没有独立的检查"和"序号 19:没有对输入信息进行真实性检查"。专家对 APOP 值的判断分别为 0.2 和 0.3。

根据式(6.1)可计算差错一的 EPC 权值为

$$\begin{cases} \omega_{\mathrm{EPC}_1} = (\varphi_{\mathrm{EPC}_1} - 1) \times \mathrm{APOA}_{\mathrm{EPC}_1} + 1 = 2 \times 0.2 + 1 = 1.4 \\ \omega_{\mathrm{EPC}_2} = (\varphi_{\mathrm{EPC}_2} - 1) \times \mathrm{APOA}_{\mathrm{EPC}_2} + 1 = 0.06 \times 0.4 + 1 = 1.024 \end{cases}$$

根据式(6.2)可计算差错一的触发概率为

$$P_{\mathrm{HEP_1}} = P_{\mathrm{NHEP_1}} \times \omega_{\mathrm{EPC_1}} \times \omega_{\mathrm{EPC_2}} = 0.042 \times 1.4 \times 1.024 = 0.060\ 2$$

同理计算差错二的触发概率如下：

$$\begin{cases} \omega_{\mathrm{EPC_3}} = (\varphi_{\mathrm{EPC_3}} - 1) \times \mathrm{APOA}_{\mathrm{EPC_3}} + 1 = 2 \times 0.2 + 1 = 1.4 \\ \omega_{\mathrm{EPC_4}} = (\varphi_{\mathrm{EPC_4}} - 1) \times \mathrm{APOA}_{\mathrm{EPC_4}} + 1 = 1.5 \times 0.3 + 1 = 1.45 \end{cases}$$

$$P_{\mathrm{HEP_2}} = P_{\mathrm{NHEP_2}} \times \omega_{\mathrm{EPC_3}} \times \omega_{\mathrm{EPC_4}} = 0.025 \times 1.4 \times 1.45 = 0.050\ 75$$

6.3　基于 ETA-HEART 的事故分析方法

6.3.1　事件树分析方法

事件树分析(Event Tree Analysis,ETA)方法是由决策树发展而来的一种时序逻辑的分析方法,可用于分析不安全事件的致因和产生的后果。ETA 从初始事件出发,按时间顺序正推初始事件可能产生的所有结果,每一事件只存在"是"(成功)或者"否"(失败)两种对立状态的结果,直到达到事故结束为止。事件树的基本结构如图 6.4 所示。

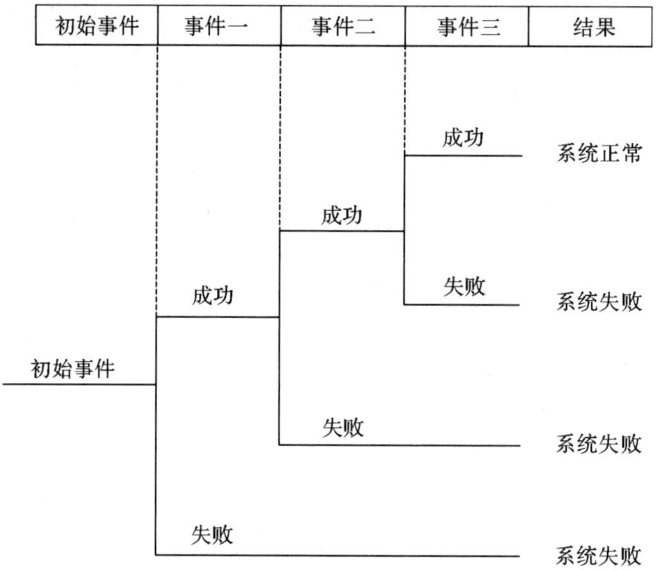

图 6.4　事件树基本结构

ETA 方法的分析步骤一般分为确定初始事件和目标系统、分析事件序列并确定事件结果、绘制事件树与进行结果分析等三步。

第一步,确定初始事件和目标系统。初始事件是分析时的起点,也是事件树的第一个节点,是引发系统失效的原因,确定初始事件,就是找出导致不安全事件发生的原因事件。目标系统是对于由初始事件开始进行的 ETA 分析的范围限制,确定目标系统,就是将事件树的发展限定在一个范围之内,防止后续的分析结果偏离此次分析的目的。

第二步,分析事件序列并确定事件结果。分析事件序列是指确定初始事件之后可能发生的各种事件及其发生的时间顺序和逻辑顺序,这种事件之间的逻辑关系称为序列。确定事件结果是指,确定各个序列的最终状态,也就是每一条分支的最后一个节点指向的后果。只有明确事件序列及其结果才能最终绘制出事件树。

第三步,绘制事件树与进行结果分析。根据第二步中的事件序列和事件结果,从初始事件开始,一步一步地绘制事件树,根据最终得到的事件树,可以进行定性分析或定量分析。

从 ETA 的分析方法中不难看出,这一方法既可用于定性分析,又可用于定量分析。

利用 ETA 进行定性分析时,基于 ETA 的树状结构,找出导致事故最终发生的事故链十分方便,制定对策时只需要针对事故链上的各个环节,找出阻断这一锁链的方法即可,ETA 分析本身就是对事故的定性分析。

利用 ETA 进行定量分析时,基于 ETA 的树状结构和时序逻辑,可以得到,任一节点的概率等于自初始事件起,在这一发展路径上的前序所有事件发生概率之积,而最终事故发生的概率等于所有可以导致这一结果的发展路径的末端节点的概率之和。假设对某一事故以事件 A 为初始起点进行 ETA 分析,用 X 表示不安全结果,Y 表示安全结果,得到事件树如图 6.5 所示。

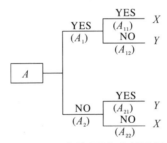

6.5　A 事件 ETA 分析导图

则可得不安全结果 X 发生的概率为

$$P(X) = P(A_1) \times P(A_{11}) + P(A_2) \times P(A_{22}) \tag{6.3}$$

6.3.2　管制员冲突调配失误的事件树分析

本小节将按照事件树分析步骤,对军航管制员飞行冲突调配的过程进行 ETA 分析。

第一步,要确定初始事件和目标系统。导致系统失效的原因事件是空中的飞机之间存在潜在的飞行冲突,因此将冲突风险定为初始事件,而进行本次分析的目的是要确定管制员在飞行冲突调配过程中的人为差错概率,因此将目标系统的范围限制在与管制员有关的事件之内。

第二步,需要确定事件序列和结果。管制员进行飞行冲突调配按照时间的顺序依次分为预先调配、飞行前调配和飞行中调配,分别在计划申请阶段、飞行实施前和飞行过程中进行,如果管制员未能在这三个阶段的任意一个阶段中发现并调开飞行冲突,并且飞行员也没有在飞行中发现冲突并正确处置,那么就会导致飞行冲突或者危险接近,反之,管制员在任一阶段发现并调开飞行冲突,或者是飞行员发现并正确处置,就可以实现冲突解脱。

第三步,根据上述分析,绘制事件树,结果如图 6.6 所示。

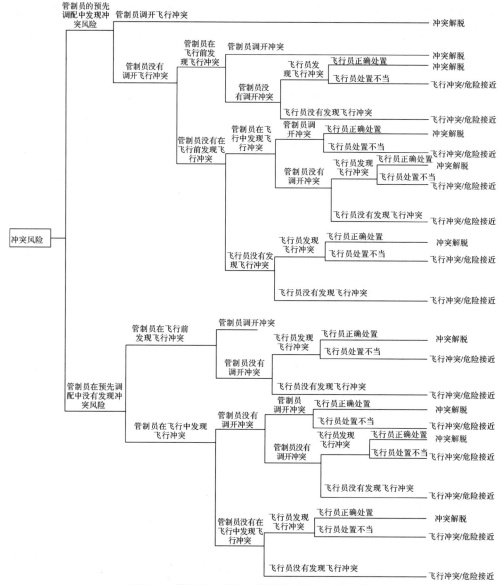

图 6.6　管制员飞行冲突调配的 ETA 分析流程

6.3.3　ETA-HEART 分析方法

　　根据前文对于 ETA 方法和 HEART 模型的优势和劣势的介绍,不难得到,如果将 ETA 方法与 HEART 模型结合起来使用将起到互补的作用。一方面使用 ETA 方法分析解构事件的发展过程,可以让 HEART 模型应用到连续的任务序列上成为可能,而另一方面,将 HEART 模型的计算方式应用到 ETA 方法中,可以得到更准确地人为差错概率数值,使得量化分析成为可能。

　　采用 ETA - HEART 方法进行人为差错概率计算的具体实施步骤如下。

步骤 1：分析案例。

通过对事故的调查和描述，确定初始事件与目标系统，确定事件序列与结果，从初始事件开始，运用 ETA 方法对事件进行分析，得到事件树，确定需要进行人为差错概率计算的关键节点。

步骤 2：计算节点人为差错概率。

节点人为差错的计算方法按照 HEART 方法步骤实施，逐一修正节点的触发概率，形成完整的事故树模型。在具体实施过程中，事故树过大的规模也会带来巨大的工作量，因此可根据事故分析的现实需求补充部分概率数据。

步骤 3：计算人为因素不安全事件的触发概率。

根据 ETA 方法，任一节点的概率等于自初始事件起，在这一发展路径上的前序所有事件发生概率之积，而最终事故发生的概率等于所有可以导致这一结果的发展路径的末端节点的概率之和，代入关键节点的人为差错概率，可以得到整个事件的总人为差错概率。

6.3.4　基于 ETA-HEART 方法的危险接近事件分析

1. 军民航危险接近事件描述

×年×月×日，空×师在×机场组织跨昼夜训练飞行期间，与过往民航班机发生危险接近。

当日空×师两架×型飞机(红方、蓝方)执行战术课目练习，天气情况良好，能见度大于 10 km，300°，风 3～5 m/s。11 时 48 分 54 秒，双机跟进加力起飞。10 时 56 分，厦航×航班(机型为波音 737-800 飞机)起飞，执行福州至广州航班任务。11 时 51 分 20 秒，红方标高 3 300 m、蓝方标高 2 800 m 穿越 X63 航线。随后，双机解散，红方飞向远点，蓝方左转航向 269°(与 X63 航线基本平行)上升高度。此时，厦航×航班位于机场东北，沿 X63 临时航线由东向西飞行，标高 7 800 m。11 时 51 分 20 秒至 11 时 54 分 54 秒，蓝方由标高 2 800 m 上升至标高 6 950 m，民航航班由标高 7 800 m 下降至标高 6 920 m，两机最小水平间隔 2.1 km，垂直间隔仅 30 m，蓝方飞机距民航班机过近，造成民航航班 TCAS(RA)告警，发生危险接近。

调查组通过判读飞行参数、视频，调看指挥信息系统和航管系统二次雷达信息态势回放，听取地空通话和电话录音，询问当事指挥员、飞行员、空战引导员、飞行管制员、塔台领航参谋等形式进行查证。

调查组认定发生这起问题的主要原因是，塔台飞行管制员指挥调配精力分配不当，未提前调配过往民航航班。×机场与民航工作协议明确：在执行特殊课目时，应提前 30 min 通报民航广州区管避让方法，广州区管组织 X63 临时航线上民航飞机进行避让。11 时 49 分，当事的×型飞机起飞，11 时 52 分，塔台飞行管制员才通报民航调配避让，未按工作协议规定提前调配好民航航班。

次要原因是：飞行指挥员、飞行管制员、空战引导员、塔台领航参谋空中动态监控不连续，协同处置不及时，飞行指挥员误以为飞行管制员已经提前进行协调，发现情况时忙于互相印证，错过最佳处置时机；飞行员注意力分配不当、观察不细致。

2. ETA 分析

根据不安全事件案例发生的经过,将×型飞机起飞执行战术课目练习作为初始事件,进行 ETA 分析,结果如图 6.7 所示。

以下是对于其中一个分支(图 6.7 中标红的分支)的详细分析,其他分支同理。

×型飞机起飞执行战术课目练习,管制员正常应当提前 30 min 通报广州区管民航班机的避让方法,管制员如果没有按照工作协议通报,民航班机不会避让本场执行战术课目练习的×型飞机,那么×型飞机与民航班机互相穿越高度层时必然存在冲突风险。管制员与指挥员/空战引导员/塔台领航参谋同时进行空中动态的监控,发现×型飞机与民航班机存在冲突风险,需要相互确认监视信息,互相协同,制定正确地避免冲突的调配方案,并向飞行员通报,飞行员按照调配方案正确处置,就可以避免与民航班机的冲突,实现冲突解脱。

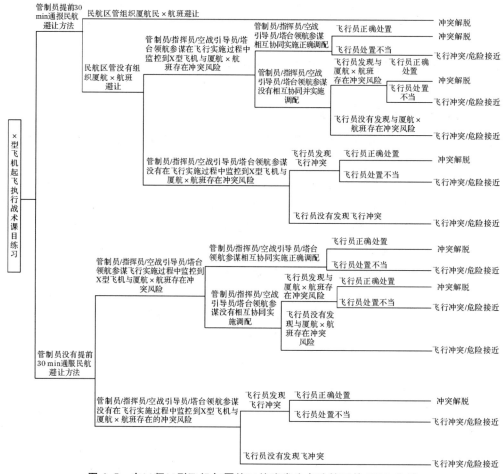

图 6.7　空×师×型飞机与厦航×航班发生危险接近的 ETA 分析

3. 任务类型及基本人为差错概率

根据事件的 ETA 分析结果,其中与管制员有关的环节有三个,分别是按照与民航的工作协议提前 30 min 通报民航避让方法、在飞行实施过程中监控到×型飞机与厦航×航班飞机存在冲突风险、与指挥员/空战引导员/塔台领航参谋相互协同实施正确调配,对照表 6.1 中的任务类型,这三个任务都是管制员高度熟练的例行任务,管制员应当具有丰富的经验,并且完全知悉失误的不良后果,因此应该属于 G 类。

在确定基本人为差错概率(P_{NHEP})时,表 6.1 中的数值是在各个领域都具有普遍性、代表性的数据,应用到航空管制领域中时,应当根据相关统计数据进行修正,使之更加准确。参考 CREAM 方法和 NARA 方法对 P_{NHEP} 进行修正,得到修正值(P_{HEP}),见表 6.4。

表 6.4　管制员任务类型及基本人为差错概率

任务描述	任务类型	基本人为差错概率(P_{NHEP})	修正值(P_{HEP})
管制员提前 30 min 向民航通报避让方法	G	0.000 4(0.000 08~0.009)	0.000 165
管制员在飞行实施过程中监控到×型飞机与厦航×航班飞机存在冲突风险	G	0.000 4(0.000 08~0.009)	0.000 25
管制员与指挥员/空战引导员/塔台领航参谋相互协同实施正确调配	G	0.000 4(0.000 08~0.009)	0.001 69

4. 差错诱发条件及权重值

针对每一个任务,对照表 6.2,综合考虑环境和管制员本身的影响因素,确定对该任务存在影响的差错诱发条件(EPC)。

对于三个任务而言,管制员在工作状态中精神紧张(差错诱发条件 29)都会对其产生影响,都需要纳入考虑范畴。针对管制员提前 30 min 向民航通报避让方法这一任务,没有检查管制员是否按时与民航完成了协调的机制(差错诱发条件 17),因此考虑(差错诱发条件 17)、(差错诱发条件 29)。针对管制员在飞行实施过程中监控到×型飞机与厦航×航班存在冲突风险这一任务,管制员需要处理大量空中动态信息(差错诱发条件 8),因此考虑(差错诱发条件 8)、(差错诱发条件 29)。针对管制员与指挥员/空战引导员/塔台领航参谋相互协同实施正确调配这一任务,相关人员的责任界限较为模糊(差错诱发条件 25),同时由于×型飞机飞行速度快,管制员作出反应的时间比较短(差错诱发条件 2),因此考虑(差错诱发条件 2)、(差错诱发条件 25)和(差错诱发条件 29)。

确定了 EPC 后,可以根据表 6.2 中数据,确定相应的乘数 φ,并且通过专家打分确定权重值 ω(见表 6.5),这里同样参考了 NARA 方法和 CREAM 方法。

表 6.5　管制员任务的差错诱发条件和权重值

任务描述	差错诱发条件(EPC)	乘数 φ	权重值 ω
管制员提前 30 min 向民航通报避让方法	17	×3	0.6
	29	×1.3	0.8
	8	×6	0.6
管制员在飞行实施过程中监控到×型飞机与厦航×航班飞机存在冲突风险	29	×1.3	0.8
	2	×11	0.6
	25	×1.6	0.5
管制员与塔台班组相互协同实施正确调配	29	×1.3	0.8
	17	×3	0.6

5.节点失效概率的计算

根据式(6.1),计算每一个EPC修正后的权重因子。例如对于EPC(差错诱发条件17),可以得到:

$$\omega_{\mathrm{EPC_1}} = (\varphi_{\mathrm{EPC_1}} - 1) \times \mathrm{APOA_{EPC_1}} + 1 = 2 \times 0.6 + 1 = 2.2 \tag{6.4}$$

同理可以计算出每个EPC的估值。

在此基础上,根据式(6.2)分别计算出管制员三个任务的人为差错概率。例如:对于管制员提前30 min向民航通报避让方法这一任务,可以得到:

$$P_{\mathrm{HEP_1}} = P_{\mathrm{NHEP_1}} \times \omega_{\mathrm{EPC_1}} \times \omega_{\mathrm{EPC_2}} = 0.000\ 165 \times 2.2 \times 1.24 = 0.000\ 45 \tag{6.5}$$

计算所得结果见表6.6。

表6.6 管制员人为差错概率计算

任务描述	EPC估值 ($\omega_{\mathrm{EPC_i}}$)	修正基本人为差错概率($P_{\mathrm{NHEP_i}}$)	人为差错概率($P_{\mathrm{HEP_i}}$)
管制员提前30 min向民航通报避让方法	$\omega_{\mathrm{EPC_1}} = 2.2$ $\omega_{\mathrm{EPC_2}} = 1.24$	$P_{\mathrm{NHEP_1}} = 0.000\ 165$	$P_{\mathrm{HEP_1}} = 0.000\ 45$
管制员在飞行实施过程中监控到×型飞机与厦航×航班飞机存在冲突风险	$\omega_{\mathrm{EPC_3}} = 4$ $\omega_{\mathrm{EPC_2}} = 1.24$	$P_{\mathrm{NHEP_2}} = 0.000\ 25$	$P_{\mathrm{HEP_2}} = 0.001\ 24$
管制员与塔台班组相互协同实施正确调配	$\omega_{\mathrm{EPC_4}} = 7$ $\omega_{\mathrm{EPC_5}} = 1.36$ $\omega_{\mathrm{EPC_2}} = 1.24$	$P_{\mathrm{NHEP_3}} = 0.001\ 69$	$P_{\mathrm{HEP_3}} = 0.019\ 6$

6.管制员的人为差错概率计算与分析

(1)管制员的人为差错概率计算。任一节点的概率等于自初始事件起,在这一发展路径上的前序所有事件发生概率之积,而最终事故发生的概率等于所有可以导致这一结果的发展路径的末端节点的概率之和,则可以得到整个事件中空×师当日飞行管制员的总人为差错概率为

$$P = P_{\mathrm{HEP_1}} \times (1 - P_{\mathrm{HEP_2}}) \times P_{\mathrm{HEP_3}} + P_{\mathrm{HEP_1}} \times P_{\mathrm{HEP_2}} + (1 - P_{\mathrm{HEP_1}}) \times P_{\mathrm{HEP_2}} +$$
$$(1 - P_{\mathrm{HEP_1}}) \times (1 - P_{\mathrm{HEP_2}}) \times P_{\mathrm{HEP_3}} =$$
$$0.000\ 45 \times (1 - 0.001\ 24) \times 0.019\ 6 + 0.000\ 45 \times 0.001\ 24 + (1 - 0.000\ 45) \times$$
$$0.001\ 24 + (1 - 0.000\ 45) \times (1 - 0.001\ 24) \times 0.01\ 96 = 0.028\ 2$$

(2)管制员的人为差错概率分析。从计算结果来看,管制员在与塔台班组相互协同实施正确调配的任务中出现差错的概率比较大,并且权责不清这一EPC的影响估值达到了最大,在案例中表现为塔台班组人员空中动态监控不连续,协同处置不及时,发现情况时忙于互相印证,这提醒我们需要在法规制度上进一步明确参与飞行活动的各类人员的职责,对于各类人员职责重叠的部分,应当明确在何种情况下由谁负主责,避免权责不清的情况,影响正常程序的实施。在飞行实施过程中,塔台上的各个要素应当紧密协同、各负其责,做好飞行指挥与动态监视的工作。

管制员需要处理大量空中动态信息这一EPC的估值也比较大,一方面管制员应当对照法规制度的标准和要求,不断提升自身能力素质,在飞行实施过程中保持警觉性,严密监控好飞行空域内训练飞机与过往班机的空中动态,发现潜在冲突要及时作出反应,特别是在冲突易发

点,更要提高思想敏感性,针对易出现的情况要提前做好预案,发现冲突风险及时处置。另一方面要在日常对飞行员以及指挥人员做好法规教育,避免在飞行过程中忽视民航班机动态,与民航班机产生冲突。

　　除此之外,导致此次危险接近事故发生的一个重要原因是管制员遗漏了提前 30 min 向民航管制部门通报调配方案这项重要工作。对此,应当建立管制员程序性工作完成情况检查制度,制作检查清单,以确保管制员的工作都已经按时限完成,避免疏忽和遗忘现象的发生。

6.4　小　　结

　　HEART 方法是第一代 HRA 技术中的典型分析方法,具有分析方法简便、易于拓展、能够同时提供定性和定量分析的优点。通过人为差错行为的识别和分类,可对差错的触发概率进行预测,从而指导风险管控,减少生产活动中的损失。但该方法所提供的基础概率数据都是一般人为差错行为的触发概率数据,虽然有修正程序,但仍然存在显著偏差,不能作为准确值加以看待。另一方面,在人为差错行为的识别和分类过程中,难免会有识别遗漏和分类错误的现象,从而形成错误的预测值,需要结合其他检验方法对结论进行一定的验证才能形成可靠结论。本章在对 HEART 方法进行简要介绍的基础上,对其拓展方法也进行了应用举例,读者可根据实际应用需求修正或拓展模型,从而形成可信度较高的结论,指导安全工作的开展。

参 考 文 献

[1] 周经伦,龚时雨,颜兆林.系统安全性分析[M].长沙:中南大学出版社,2003.

[2] EUROCONTROL. Air Navigation System Safety Assessment Methodology[Z]. Brussels:EUROCONTROL,2004.

[3] 中国民用航空总局人为因素课题组.民用航空人的因素培训手册[M].北京:中国民航出版社,2003.

[4] DAVIES E H,SHARPE A G. Review of the Target Level of Safety for NAT MNPS Airspace:NATS CS Report 9301[R]. London:NATS,1993.

[5] 罗晓利.飞行中人的因素[M].成都:西南交通大学出版社,2002.

[6] 隋东.空中交通管制安全评估方法与模型[D].南京:东南大学,2007.

[7] 张晓燕.飞行间隔标准的安全评估研究[D].天津:中国民航大学,2007.

[8] 唐卫贞.空管人因不安全事件发生机理与控制方法研究[D].成都:西南交通大学,2008.

[9] 霍光雷.减少空管人为因素影响的对策研究[D].哈尔滨:哈尔滨工程大学,2003.

[10] 朱浩,王治中,谢章伟.基于 HEART 方法的驾驶舱处理海上航行冲突中人为差错概率研究[J].上海船舶运输科学研究所学报,2015,38(1):59-62.

[11] 高扬,朱艳妮.基于 HEART 方法的管制员调配飞行冲突的人为差错概率研究[J].安全与环境工程,2013,20(4):97-101.

第7章 人为差错分析技术

在本篇所介绍的方法中,THERP 和 HEART 方法主要关注人为差错行为的识别与预测,但对人为差错行为的管控却并没有提出更具指导性的建议。这对分析工具的推广应用会有一定的影响,因为各类分析工具的设计初衷都是为了降低人为差错行为的触发概率。为帮助一线管制工作人员更好地开展风险管控工作,本章介绍人为差错分析技术(A Technique for Human Event Analysis,ATHEANA),该方法人为差错是在特定情景下多种因子共同作用下产生的,通过对特定情景的破除,可避免人为差错行为的发生。一方面,ATHEANA 方法为人为差错的管控提供了一种新思路,具有很强的现实意义和可操作性。另一方面,飞机进近及着陆滑行飞行阶段是事故的高发阶段,因此本章的分析案例主要发生于这两个阶段。通过对飞行员常见人为差错的分析,可帮助管制员进一步做好起降阶段飞行管制指挥工作。

7.1 ATHEANA 模型介绍

7.1.1 HRA 发展历程

人因可靠性分析是以分析、预测和减少人为差错行为为研究核心,对人的可靠性进行定性与定量的分析和评价的新兴学科[1]。人因可靠性分析(Human Reliability Analysis,HRA)学科诞生于 1964 年,最初是为了满足美国复杂武器可靠性研究的需求[2]。经过几十年的发展,HRA 技术已发展至第三代,形成了大量的安全分析方法,但目前应用最为广泛的仍为第一代与第二代技术[3-4]。

第一代 HRA 方法的基础是人的行为理论,以人的输出行为为着眼点,不去探究行为的内在历程,被称为静态 HRA 模型。在第一代模型发展的早期,并未考虑人的认知行为对可靠性的影响,在发展后期,则开始构建认知模型。第一代模型虽然存在一定缺陷,但分析程序复杂度低,当前仍被广泛使用,代表方法有人因失误率预测技术(Technique for Human Error Rate Prediction,THERP)、人的认知可靠性模型(Human Cognitive Reliability,HCR)、成功似然指数法(Success Likelihood Index Method,SLIM)和人为差错评价与减少方法(Human Error Assessment and Reduction Technique,HRART)等。THERP 是其中较为经典的分析方法。THERP 方法首先提出了事件树的概念,通过对任务的调查研究,将任务的实施过程分解为事件树的形式。根据事件树各分支之间的逻辑关系与触发规则,THERP 开展人因失误的定量分析。THERP 方法于 1975 年被正式应用于核电安全生产邻域的人因概率评价[5],而后被推广至化工、科学试验、航空安全等多个领域。1984 年,D. Embrey 提出了 SLIM 方法,该方法为一种定量分析方法,但样本数据依赖于专家知识[6]。SLIM 方法认为,人因失误的发生是在一定条件下多种人因绩效因子相互作用的结果,通过一系列 PSFs 的函数定量计算人的可靠性。THERP 方法和 SLIM 方法是第一代 HRA 技术发展中出现的两种典型分析方法,尤其是在航空安全分析邻域同样适用,并取得了较好效果。

第二代 HRA 方法不再将人作为孤立的研究对象,更注重联系人所在环境内的动态情景,认为人因失误是特定情景下迫使人采取的不安全控制行为,既在特定的情景下,人因失误的触发概率将显著增加。第二代 HRA 方法中最经典的两个模型为:认知可靠性和差错分析技术(Cognitive Reliability and Error Analysis Method,CREMA)和人因差错分析技术(A Technique for Human event Analysis,ATHEANA)。Erik Hollnagel 提出的 CREAM 模型对第一代的 HRA 模型进行了系统化的改进,该方法注重认知模式和情景控制模式的交互影响研究,特别是研究中对认知过程的加入,使得分析结果更为系统[7]。ATHEANA 方法由美国核管会于 1998 年开发,该方法的核心思想认为人因失误行为是在迫使失误情境(Error Forcing Context,EFC)下触发的。它将人的认知过程分为感知、诊断以及响应三个阶段,在此认知模型基础上分析来确定 EFC 和不安全控制行为(Unsafe Action,UA)产生的原因。

第三代 HRA 方法的提出则是基于计算机模拟仿真技术,方法的基本思想是认为人因失误的概率是受人的行为数据支撑的。当前第三代 HRA 的应用还局限于核电安全生产中的人因可靠性分析领域,使用最为广泛的仍为第一代和第二代的 HRA 技术。因此,本章重点介绍第二代 HRA 方法中 ATHEANA 方法的基本特性与分析步骤,列举了 ATHEANA 方法的具体应用,并针对 ATHEANA 方法固有的缺陷,介绍了其改进和拓展应用的方法。

7.1.2 ATHEANA 方法简介

ATHEANA 方法由美国核管会资助开发,属于第二代 HRA 方法中较为经典的一种。ATHEANA 方法与传统人因分析方法最大的不同在于该方法认为人因失误(Human Factors Error,HFE)是迫使失误情景(Error Forcing Context,EFC)作用于人而引发的,强调 HFE 是非正常条件下系统状态、情景环境和人的绩效形成因子共同作用的结果。在 HFE 致因分析过程中,注重查找 EFC 的形成环境与不安全控制行为(UA)的作用关系,从而制定具有针对性的 UA 管控措施。ATHEANA 方法的认知模型建立在人的信息处理理论基础之上,认为人的行为是按照三个不可改变的阶段循序进行的,如图 7.1 所示。

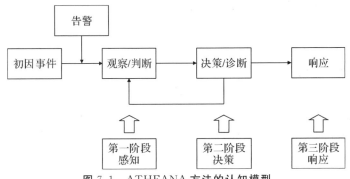

图 7.1 ATHEANA 方法的认知模型

模型结合系统运行的经验和历史数据,通过与标准运行程序的比对,识别人在不同认知阶段下的"诱发失误情景",并查找该情景下 UA 的产生原因。定量化的分析方法也是基于这一原则,通过 EFC 的发生频率计算事故发生的最终概率。

ATHEANA 方法的分析流程主要分为两个部分,分别为 HFE 的识别和 HFE 的量化。在 HFE 的识别部分主要对分析情景、分析目标和范围进行定义,在定义的分析范围内开展 HFE、EFC、UA 的识别和关系分析。其中,EFC 的识别和分析极为重要,其将系统中的各个部件的工作状态、外界环境和人的绩效形成因子联系到了一起,是开展系统化分析的重要一环。在 HFE 的量化部分主要基于前期分析的作用关系、先验知识开展 HFE 发生的概率水平,从而对非正常条件下的系统工作可靠性展开评价。分析流程如图 7.2 所示。

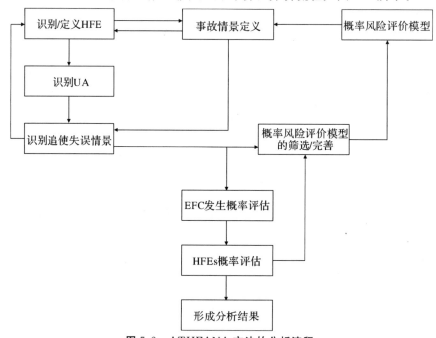

图 7.2 ATHEANA 方法的分析流程

7.1.3 ATHEANA 分析步骤

步骤 1:定义研究问题。

描述所要研究的问题,使研究者对研究的目标有一个清晰的认知。在具体的安全事故案例研究中,往往需要对事情经过、事发时的情景、系统的工作状态及操作人员的状态进行描述,便于后续开展针对性的分析。

步骤 2:定义研究范围。

为避免问题研究规模持续性扩大,需要对问题的研究内容和边界进行明确。也只有在明确的边界范围内,才能在后续开展有针对性的 HFE 和 UA 识别,并描述准确的 EFC。

步骤 3:描述事故情景和名义情景。

开展事故发生时非正常情景的描述和标准情景的描述。情景的描述包括周围环境、系统状态、操作流程、事情进展、人员状态等要素。

步骤 4:识别事故中的 HFE 和 UA。

通过事故情景和名义情景的对比,系统初始状态、动态变化和标准状态的对比,对操作人员的各个操控环节展开研究,确定各个失效环节是否与人为因素有关,从而识别各个环节中可能存在的 HFE 和 UA。

步骤 5:评估班组成员的绩效因子,识别 HFE 和 UA 发生的原因。

ATHEANA 的手册中共给出了 16 个绩效因子,通过对照检查,查找班组成员在非正常情况下发生 HFE 和 UA 的原因。绩效因子见表7.1。

表 7.1　绩效因子对照检查表

序　号	绩效因子	序　号	绩效因子
PSF-1	培训经历的适用性	PSF-9	人力资源使用管理是否符合标准
PSF-2	管控程序是否符合标准	PSF-10	人机交互的工程学特性
PSF-3	操作者动作倾向的影响	PSF-11	实施操控行为所需的环境
PSF-4	仪器设备的清晰度和实用性	PSF-12	操控设备的适用性和操作性
PSF-5	工作强度、工作时长和工作压力	PSF-13	特殊工具需求
PSF-6	操作人员的动力学特性	PSF-14	机组间的交流
PSF-7	特殊适应性需求	PSF-15	现实事故序列偏离和偏差的考虑
PSF-8	完成操控行为的时间冗余度	PSF-16	处置情况的复杂性,情景的熟悉度

步骤 6:识别与基本情景存在的偏差,确定 EFC。

通过对比事发情景与标准情景,联系班组人员实施的 UA 和 HFE 情况,对情景差异展开特性分析,确定 EFC。

步骤 7:评估恢复的潜在性。

在班组人员一系列的操控序列中查找中断非正常情景的可能。可通过构建事故树的方式评估恢复的概率指数。

步骤 8:评估 HFE/UA 概率。

根据前期整理的事故序列和恢复潜在性,评估发生 HFE 和 UA 发生的可能。但在实际应用中,由于部分情景发生的稀缺性,HFE/UA 的发生概率数据往往难以获得,部分文献借助专家知识开展概率评估[8],但数据的准确性仍有局限性,只能作为概略参考。

步骤 9:形成分析报告。

形成 HFE/UA 触发的原因分析报告,对 EFC 构成原因展开剖析,对识别的安全薄弱环节采取管控措施。

7.1.4　ATHEANA 方法优缺点分析

一方面,ATHEANA 方法对 UA 和危险致因的识别主要基于对 EFC 的查找,认为是 EFC 迫使班组人员产生 HFE,并引发 UA。但 ATHEANA 方法并没有进一步对通过绩效因子对照检查表识别的 EFC 展开关联性分析。一个事故的发生往往是多个不安全因素共同作用的结果,通过一系列的不安全行为,使得事故逐渐往负面方向发展,最终酿成灾害性结果。这一系列的 UA 与 EFC 共同组成了事故链,节点之间存在严密的因果关联性。若最后的安全预防措施忽视了事故链之间的关联性,则仍有可能留下安全漏洞。另一方面,ATHEANA 方法在定量分析部分需要准确的先验概率知识作为支撑,若在先验知识缺乏的情况下定量分析则很难进行。最常用的方法是借助专家知识来弥补先验知识的匮乏,但这样的分析结果会存在一定的概略性。

7.2 ATHEANA 方法应用实例

根据 ATHEANA 方法在人因分析方面的优势,下面以一起人因失误引发的航空安全事故为例,对 ATHEANA 方法的应用分析进行简要介绍。事故报告摘录自美国国家运输安全委员会(National Transportation Safety Board,NTSB)官方网站。该起事故中飞机飞行全程并没有显著的故障记录,途中虽遇有颠簸气流,但程度较轻。该事故是在特定情景下,由一系列人因失误行为而引发的航空安全事故。

7.2.1 撞地事故经过描述

2019 年 2 月 23 日 10 时 33 分,一架达美航空公司的 Boeing767 – 375BCF 型飞机由佛罗里达州的迈哈密国际机场(Miami International Airport,MIA)起飞前往休斯顿国际机场(George Bush Intercontinental/Houston Airport,IAH)。在飞行的巡航阶段和初始进近阶段均未出现异常情况。随着航空器不断接近目的机场,高度逐渐下降,飞行员放下襟翼,打开减速装置,并打开飞行管理计算机(Flight Management Computer,FMC)实施进近程序,自动驾驶仪和自动推力控制系统处于工作状态。此时操控飞机的是副机长(First Officer,FO),机长则实施监控职责(Pilot Monitoring,PM)。在飞机的进近过程中,需要穿越一个雨带,其中夹杂有风切变。在与管制部门经过短暂交流后,飞机左转向西于 12 时 38 分 25 秒开始穿越雨带,如图 7.3 所示。

图 7.3 飞机穿越回波带轨迹图

飞机进入雨带后立即遇到了轻度的紊流,飞机开始颠簸,飞行数据记录仪(Flight Data

Recorder,FDR)显示飞机大约承受了 1 g 的过载(正负 0.26 g 以内)。12 时 38 分 31 秒,飞机的复飞程序被激活。此时飞机离 IAH 大约 40 n mile,正在由 6 300 ft 下降至 3 000 ft。按照标准进近程序,飞机并没有复飞的程序设定,而飞行员也没有复飞的征兆或意图。在飞机启动复飞程序的几秒钟过后,FO 手动操控升降舵盖过了自动驾驶仪的操控,迫使飞机进入到急速俯冲状态。随后,FO 判断飞机进入失速状态,此时 FM 正在与管制部门联络,并没有意识到飞机姿态的严重变化。最终,机组并没有成功从俯冲状态改出,并坠毁在一片沼泽地上,飞机路径垂直剖面和坠落残骸,如图 7.4 和图 7.5 所示。

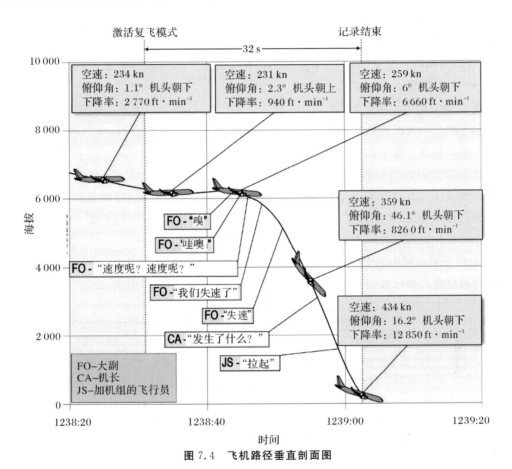

图 7.4　飞机路径垂直剖面图

图 7.5　飞机坠落残骸

7.2.2　基于 ATHEANA 方法的人为因素分析

根据 ATHEANA 方法的分析步骤,开展人为因素的分析。

步骤 1:定义研究问题。

在该起事故中,机组人员先后遇到了轻度紊流和意外的复飞程序触发事件,但这些因素均不至于导致最终的灾害性事故。关键因素还在于 FO 在经历颠簸和处置复飞程序过程中,迫使飞机进入了俯冲状态,并最终都没有改出这一状态,其中包含有一系列的 UA。因此,需要对 UA 行为展开剖析,查找其形成的 EFC,并制定安全措施。在该起事故中也包含了诸多系统设计、管理方面的不安全因素,但本章暂不将其作为主要问题展开研究,只将其作为诱导因子,用以对 EFC 的识别。

步骤 2:定义研究范围。

该起事故的研究范围限定于引发事故的人为因素及产生原因分析,不对环境、系统设计、管理等方面问题展开深层次地分析。

步骤 3:描述事故情景和名义情景。

事故情景已在案例前文进行了详细的描述。通过对比标准情景,本起事故的差异主要有:①飞机遇有轻度颠簸;②飞机复飞程序被意外启动;③飞机进入俯冲状态,而 FO 判断为失速;④机长并没有及时发现并阻止事态失控。

步骤 4:识别事故中的 HFE 和 UA。

根据事故情景和标准情景的对比,可对事故中发生的 UA 进行识别,见表 7.2。

表 7.2　事故中的 UA 识别

编号	发生人员	类别	描述
UA_1	FO	采取了错误的控制行为	显然飞机复飞程序的激活是意外的,但在事故的调查中发现,FO 在握紧减速装置控制杆的时候,有可能在颠簸状态下误触复飞程序按钮
UA_2	FO	推升降舵持续时间过长	FO 在发现触发复飞程序后,为了改变飞机拉起上升的姿态,采取了猛烈的推升降舵的操作行为,直接将飞机姿态改变为俯冲状态
UA_3	FO	态势认识错误	在飞机开始急速俯冲后,FO 错误的将飞机姿态判断为失速状态,但系统并没有失速告警
UA_4	FO	拉起操作过晚	在飞机俯冲数秒钟后,FO 才实施拉起操作,此时飞机已经无法改出俯冲状态
UA_5	FM	监控不充分	机长作为 FM 并没有很好地履行监控职责,在 FO 处理 FU 复飞程序意外激活的事件中,FM 忙于与管制部门通话,忽略了态势的变化

步骤 5:评估班组成员的绩效因子,识别 HFE 和 UA 发生的原因。

通过对比表 7.2,逐一查找 UA 的产生原因,见表 7.3。

表 7.3　绩效因子关联识别

UA 序号	关联的绩效因子序号	UA 产生原因描述
UA_1	PSF-3、PSF-11	在 Boeing767 同型系列机型的使用过程中,并可以类似的误触复飞程序的事故记录,但通过对操控系统设计的调查发现,在特定情况下有误触的可能,这与 FO 的动作倾向性习惯有关。同时在颠簸的环境下,误触的可能性会增大
$UA_2 \sim UA_4$	PSF-1、PSF-9、PSF-16	通过对 FO 的历史培训记录调查发现,FO 在历次的特情处置模拟训练中成绩均不理想,有多次不合格的记录,心理素质较差。在发生非正常情况下,易采取错误的控制程序。航空公司对飞行员的选拔存在把关不严的问题。在颠簸和复飞程序的叠加影响下,FO 对态势的感知和判断能力严重下降,误判为失速
UA_5	PSF-2	FM 作为机长对 FO 的能力素质并不了解,在飞机开始复飞及 FO 操控飞机俯冲过程中并没有及时接管操控权,存在严重的监控不充分现象。客观上,FM 与管制部门的通话也分散了 FM 的注意力

步骤 6:识别与基本情景存在的偏差,确定 EFC。

将 UA 和绩效因子进行充分关联后,按时间序列得出三个 EFC,描述如下。

EFC_1:航空器进入雨带并遇有紊流,飞机处于颠簸状态。FO 需要在颠簸状态下继续操控飞机进近,此时误触或误操作的概率会增大。

EFC_2:航空器在紊流中飞行使得飞机处于颠簸状态,FO 的倾向性动作使得航空器复飞状态被意外激活,这使得 FO 处于一种较为复杂的情景之中,同时给 FO 的心理形成较大压力。在这样的情景之下,FO 对飞机的姿态产生的误判,同时采取了一系列的 UA。

EFC_3:由于飞机正处于进近飞行阶段,机长忙于与管制员沟通联络,注意力分配不合理,忽略了 FO 的 UA 及飞机姿态的改变。这使得飞机失去了及时改出俯冲状态的最佳时机。

步骤 7:评估恢复的潜在性。

通过对 UA 或 HFE 的分析,通常都可以发现这些 UA 存在及时改出的可能。UA_1 的关键在于 FO 意识到了复飞程序被误触,若及时关闭复飞程序,通过自动驾驶系统飞机仍然可以正常进近。UA_2、UA_3 和 UA_4 的关键在于 FO 对飞机姿态的正确判断,若在时间窗口期内及时改出俯冲状态则可以正常进近。UA5 的关键在于机长及时监控到了飞机姿态的异常。

步骤 8:评估 HFE/UA 概率。

此处,以 EFC_1 为例展开概率评估,但由于缺乏数据,只进行方法介绍,不进行具体计算。EFC_1 下的人因差错触发概率为

$$P(\mathrm{HFE}_1) = P(\mathrm{EFC}_1) \times P(\mathrm{UA}_1 \mid \mathrm{EFC}_1) \times P(\mathrm{UNREC}_1) \tag{7.1}$$

式中:此时 $P(\mathrm{EFC}_1)$ 主要指飞机遇见轻度紊流事件的发生概率;$P(\mathrm{UA}_1 \mid \mathrm{EFC}_1)$ 是指在 EFC_1 之下误触复飞按键的概率;$P(\mathrm{UNREC}_2)$ 则是指未能及时发现误触复飞按键并关闭的概率。

步骤 9:形成分析报告。

结合识别的 EFC,制定 UA 管控措施,对事故链的多个环节进行风险管控,管控措施的制定主要在于避免特定 EFC 的产生。见表 7.4。

表 7.4　风险管控措施

EFC	序号	管控措施
EFC$_1$	C-1	天气原因属于客观因素,在低空进近阶段应尽量避免进入不稳定天气
EFC$_2$	C-2	飞机在颠簸状态下应加强飞行参数的监控,避免被感官上的错觉误导。应通过飞行参数判断飞机是否存在异常状态
EFC$_3$	C-3	FM 在进近阶段应加强对飞行状态的监控,同时机组间应加强沟通,及时报告异常情况,共同应对飞行中的各类问题,控制事态的发展

7.3　ATHEANA-STPA 混合方法的应用

ATHEANA 方法是专业的人因分析工具,通过对 EFC 的挖掘和管理控制人因失误发生的概率。但 ATHEANA 方法缺乏系统化的分析视角,对危险因素间的关联作用挖掘不够,这也导致了 UA 产生原因的剖析不够深入,风险管控措施的制定会存在缺陷。STPA 方法具有系统化的分析思路,通过对系统控制模型的构建能够充分挖掘各个系统子部件之间的关联作用,从而充分挖掘系统的薄弱环节,制定更完善的 UA 管控措施。

7.3.1　ATHEANA-STPA 航空事故人因分析方法介绍

现代航空安全事故的引发往往是系统中多个部件相互作用的结果,其间掺杂着一系列的 UA,而每一个 UA 都会与多个人为因素发生关联。对人为因素的分析既需要有 STPA 系统化的分析方法,又要有 ATHEANA 方法对人为因素的关联和挖掘方法,通过相互弥补,将各个系统部件的薄弱环节进行关联,从而制定更为全面的管控方案。对此,这里提出 ATHEANA-STPA 混合人为因素分析方法,分析流程如图 7.6 所示。

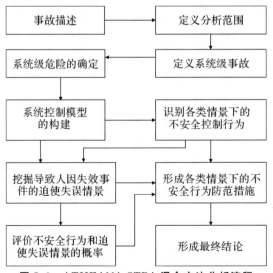

图 7.6　ATHEANA-STPA 混合方法分析流程

ATHEANA-STPA 混合分析方法共分为以下 9 个步骤。

步骤 1:事故描述。

在事故描述部分,首先需要详细审查航空安全事故发展演变的前因后果,包括机组成员的工作状态变化、机组间的交流、控制行为序列、系统的工作状态变化、外界环境的状态变化、与地面各保障部门间的交流等。

步骤 2:定义分析范围。

明确开展此次航空安全事故分析的目标和所要研究的问题,确定所要研究问题的边界,避免研究规模过大。例如在航空人为因素的研究中,只将系统可靠性、系统设计合理性、实时的工作状态等因素作为诱因进行分析,不展开进一步的挖掘和技术分析,但对于各类诱因之间的关联作用则有必要进行探析。

步骤 3:定义系统级事故。

根据事故背景和所研究的目标问题,对定义范围内可能引发的系统级事故展开分析,通常按照损失的严重程度和附带范围展开分级。

步骤 4:系统级危险的确定。

结合事故背景和问题目标,对可能导致系统级事故的危险因素展开分析。“危险”可以是一种系统状态,或一组特定的环境条件,这些因素导致事故的发生[9]。通常导致某一类航空事故的系统级危险因素有很多,但在确定的问题边界内可以将系统级危险因素缩减至较小规模。

步骤 5:系统控制模型的构建。

系统控制模型的构建是为了更好地识别 UA 和 EFC,并能从系统的角度出发将各类系统薄弱点进行关联。系统控制模型的构建遵从 STPA 方法同样的准则,典型控制回路如图 7.7所示。

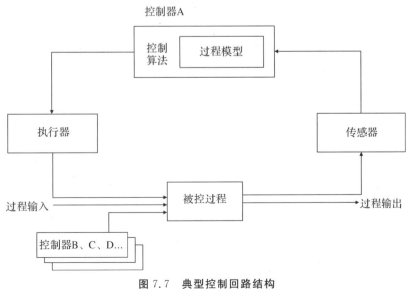

图 7.7　典型控制回路结构

步骤 6:识别各类情景下的 UA。

借助构建的控制模型与前期描述的事故演变经过,识别 UA 序列。并按照 STPA 方法将 UA 分为四类:①未提供所需的控制行为;②提供了错误的控制行为;③提供的控制行为时序错乱,过早或过迟;④提供的控制行为时效性过长或过短。

步骤 7:挖掘导致人因失效事件的 EFC。

按照识别的 UA 序列,将每一个 UA 发生下的非正常情景与标准化的情景进行比较,参考绩效因子对照检查表,识别 EFC 及其产生原因。

步骤 8:评价 UA 和 EFC 的触发概率。

在标准化的 ATHEANA 分析方法中,最后需要对 UA 和 EFC 的触发概率进行评估,同时需要考虑 EFC 恢复的可能,最终对事故的发生概率进行量化的评估。通过概率值的对比,可以对不同 UA 和 EFC 下的危害性有一个直接的认知。概率计算公式为

$$P(\text{HFE}) = \sum_{\text{EFC}} \sum_{\text{UA}} P(\text{EFC}_j) \times P(\text{UA}_i \mid \text{EFC}_j) \times P(\text{UNREC}_i) \qquad (7.1)$$

式中:$P(\text{EFC}_j)$ 为第 j 种 EFC 发生的概率;$P(\text{UA}_i|\text{EFC}_j)$ 为在第 j 种 EFC 下,第 i 种 UA 发生的概率;$P(\text{UNREC}_i)$ 为第 i 种 UA 不可恢复的概率。对所有的 UA 和 EFC 概率进行求和,便是某一类 HFE 的发生概率。

步骤 9:形成最终结论。

依据前期识别的 UA 和 EFC,分别制定可行的风险管控措施,从事故链的不同阶段和系统运行的不同子部件,全面管控 HFE 的发生概率。根据得出的概率值,可以对 UA 和 EFC 的管控优先级进行排序,提升管控效率。通过对危险因素的分析和风险管控方案的整理,最终形成人为因素分析报告。

7.3.2 冲出跑道事故人因分析方法应用

根据设计的 ATHEANA-STPA 混合分析方法步骤,对一起典型航空安全事故进行分析,剖析其人为因素,形成管控方案。事故报告摘录自美国国家运输安全委员会(National Transportation Safety Board,NTSB)官方网站。

步骤 1:事故描述。

2015 年 3 月 5 日上午 09 时 45 分,一架由美国波音公司生产,隶属于 Delta 航空公司的 MD-88 客机正准备飞往纽约拉瓜迪亚机场。拉瓜迪亚机场紧邻两个港湾,其中 13 号跑道离场端紧邻水面。当天纽约刚刚经历了一场大雪,机组在出发前便已收到拉瓜迪亚机场航行公告(Notice To Airman,NOTAM),预计着陆时刻(10 时 55 分)会有中度的降雪,跑道上会有 4～7 in 的积雪。然而机组在接收到的自动终端情报服务(Automatic Terminal Information Services,ATIS)信息中显示拉瓜迪亚机场的 13 号跑道信息为湿滑,但已经过除冰处理。机组最终决定实施本次飞行计划,并在飞行过程中时刻关注降落机场的天气情况。10 时 05 分,机

组探讨了在中度降雪环境下飞机着陆的可能,并意识到在中度或较差制动作用下跑道滑跑距离不够的问题。于是,机组立即用无线电联系管制部门反映飞机只能在刹车制动作用良好情况下着陆,并询问当前机场跑道的刹车制动作用状况。然而管制部门并没有得到当时跑道制动作用的相关报告,因为拉瓜迪亚机场的后勤保障人员此时正在全力清理跑道积雪。随后管制部门询问机组是否要在导航台上空等待,此时机长表现出了沮丧的情绪,而在后续多次询问签派和管制部门机场跑道制动作用情况中,都因为信息缺失而表现出沮丧情绪。由于对跑道实时信息的缺失,机长的压力感增大。10 时 45 分,纽约终端区管制员告诉机组拉瓜迪亚机场13 号跑道的制动效果较差。随后管制部门又告诉机组一架刚刚着陆的空客飞机反应 13 号跑道制动效果好。在这之后,又有一架飞机反映 13 号跑道着陆制动效果好。此时 ATIS 信息仍显示为 09 时 04 分的观测信息,显示跑道潮湿且会有积雪,这与刚刚降落的飞行员报告情况相矛盾。事实上,拉瓜迪亚机场的后勤保障人员只是在跑道上进行了一定的清扫,并没有完全消除跑道的湿滑和积雪状况。机组再进行一定的评估后相信了最近着陆的飞行员报告信息,并决定实施着陆。

10 时 58 分,管制员同意了机组的进近请求。在进近过程中,机组询问了管制员跑道风向风速情况,管制部门答复为顺风 4 km。无论是顺风还是侧风,均小于达美航空公司的限制标准(顺风为 10 km,侧风为 9 km)。机长和副机长均决定继续进近着陆。10 时 40 分,机组人员听到管制部门在无线电中讲到飞机因为跑道清理而等待的事,而此时 ATIS 信息也显示跑道经过清扫和化学除冰处理,但仍然湿滑并伴有积雪。这使得机组人员误以为飞机出云后能够大致见到跑道道面。而事实上,飞机在出云后机组看到的是完全被一层白色覆盖的跑道。

飞机在机长目视跑道 17 s 后接地,而从飞机接地到机场保障人员最近一次清理跑道已经过去了 27 min,机场上空降雪仍在持续。机场道面状况与 09 时 03 分发布的 NOTAM 一致。在飞机接地的几秒后,突然遭受了 9 km 风速的左侧风,同时飞行员也开启了反推系统,但推力并不对称(参数显示左反推力要大于右边),这导致了飞机两侧主起落架摩擦力的不均衡,飞机滑行开始往左侧偏离。在正常情况下,飞机的偏航能够被迅速修正,但该飞机在接地后的 6 s 内,偏航角由 3°扩大至 20°。根据达美航空公司飞行员操作手册的规程,当航空器在未被清理干净的跑道上着陆时,应当适当延迟反推装置的使用,在前起落架完全接地后再打开以便于方向的控制。但事发当日,机长在飞机主起落架接地的同时打开了反推装置,以便于更快地减速,缩短滑跑距离。达美航空公司建议的推力数值为 1.3,但根据飞行数据记录仪的数据显示飞机的左反推力增大速度要显著快于右发,且推力最大值达到了 2.07,右发反推力达到了 1.91(正常数值在 1.3~1.6 之间)。在巨大的反推力作用下,飞机方向舵面的气动性能下降,方向控制受阻,而跑道上的积雪又降低了滑轮的摩擦力,最终飞机未能及时修正方向,偏出跑道撞击在堤坝上。事故造成飞机严重受损,机上 127 名乘客中的 29 名遭受轻伤,并未造成人员重大伤亡。飞机地面滑行照片及撞击围栏照片如图 7.8 和图 7.9 所示。

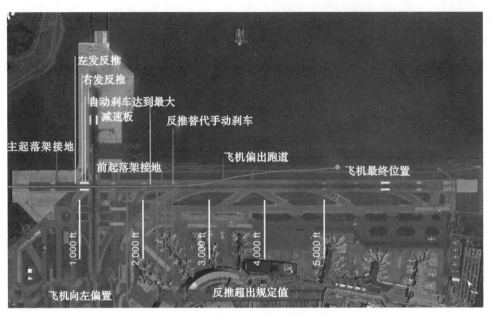

图 7.8　事故飞机地面滑行路线图

图 7.9　事故飞机撞击围栏现场照片

步骤 2:定义分析范围。

显然该起事故是复杂天气环境和多个部门人为因素共同作用的结果,但本文将机组人为因素的产生机理作为目标问题,将其他部门和子部件作为关联因素展开分析。重点在于识别事故链中的 UA 和产生 UA 的 EFC,剖析 EFC 形成的原因和构成 EFC 的要素。

步骤 3:定义系统级事故。

由本次事故中偏、冲出跑道事故展开分析,定义该类事故可能形成的系统级事故见表 7.5。

表 7.5　系统级事故分类

序号	系统级事故
L-1	飞机实施备降,影响后续航班计划
L-2	飞机轻度受损,人员无伤亡
L-3	飞机严重受损,部分人员受伤
L-4	飞机严重受损,人员有伤亡

步骤 4:系统级危险的确定。

事故分析过程中,系统级危险的确定需限定在本次冲出跑道事故的分析边界之内,危险因素主要识别系统运行中的人为因素。从事故描述中提取各个环节可能导致安全事故的危险致因,见表 7.6。

表 7.6　事故中的系统级危险

序号	系统级危险	可能引发的系统级损失
D-1	航行情报部门未及时更新公告	ALL
D-2	机组人员决定改航备降	L-1
D-3	机组人员使用反推系统过早	L-2、L-3、L-4
D-4	机组人员操控反推系统推力过大	L-2、L-3、L-4
D-5	监控失效	L-2、L-3、L-4
D-6	方向控制失败	L-2、L-3、L-4

步骤 5:系统控制模型的构建。

从事故描述中可知,机组在巡航和着陆过程中与其发生信息交互的部门主要为管制部门和航行情报部门。机场的天气实况对机组的决策和操控行为的品质均产生一定的影响。机场的地理环境对机组的决策也形成了扰动。此外,在事故航空器进近着陆过程中,其他着陆航空器在无线电中的报告也会影响机组的心理状况和决策。由此构建系统控制模型如图 7.10 所示。

图 7.10 中航行情报部门发布的信息通过 NOTAM、ATIS 及管制部门传达给飞行员,飞行员基于航行情报信息和自主的观察做出是否进近的决策。飞行员对航空器姿态的判断主要基于仪表系统显示的参数及对周边环境的观察,通过观测到的信息做出飞机状态是否异常的判断。随后根据觉察到的异常情况做出修正的控制行为。在飞行员着陆滑行过程中,减速控制和方向控制之间会有较强的耦合作用,相互影响操控效果。在本次事故中,飞行员主要是通过刹车系统、反推装置及方向舵控制飞机的航向与速度。

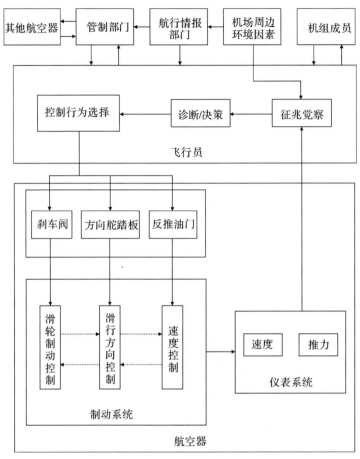

图 7.10 事故航空器控制结构图

步骤 6:识别各类情景下的 UA。

从事故描述中可知,不安全控制行为主要来自两个部件,一是航行情报部门未及时发布实时的航行公告,二是飞行员在进近和着陆过程中由一系列错误的决策引发的 UA。识别的 UA 见表 7.7。

表 7.7　偏出跑道事故中的 UA

编号	发生部件	类别	描述
UA₁	航行情报部门	未提供所需的控制行为	事故机组在航行过程中多次关注航行公告的更新情况,但始终未更新,增加机组对跑道道面情况的研判难度
UA₂	机组	做出了错误的决策	机组所掌握的航行公告信息显示机场道面会有积雪,可能不具备着陆条件,但先前着陆的航空器却反映制动效果良好,促使机组做出错误决策
UA₃	机组	反推系统使用过早	按照达美航空公司的操作手册规定,在未被彻底清理的道面上着陆时,反推系统应当在前起落架接地后再打开,但机长在主起落架接地时便打开了

续　表

编　号	发生部件	类　别	描　述
UA$_4$	机组	反推系统使用时序错误	在反推系统加力过程中,右推力加速显著大于左推力,导致了飞机航向的左偏
UA$_5$	机组	反推系统加力持续过长	按照达美航空公司的操作手册规定,在未被彻底清理的道面上着陆时,反推系统的推力应控制在 1.3 之内,但机组的左右发推力却达到了 2.07 和 1.91,导致了偏航行为

步骤 7:挖掘导致人因失效事件的 EFC。

根据识别的 UA,逐一对照绩效因子对照检查表,查找引发 UA 的原因,比对正常情况下的操作程序,识别 EFC。关联的绩效因子见表 7.8。

表 7.8　绩效因子关联识别

UA 序号	关联的绩效因子序号	UA 原因描述
UA$_1$	PSF-2	美国联邦航空局虽规定航行情报部门必须及时更新航行情报,但对最小更新间隔并没有做出明确;降落机场航行情报部门工作人员因跑道除雪工作耽误了最新道面信息的发布
UA$_2$	PSF-3、PSF-5、PSF-16	自然环境的复杂性和航行情报的缺失加大了机长的心理压力;在是否继续进近的决策上,飞行员通常都更倾向于完成任务;其他飞行员的道面情况报告促使机场做出继续进近的决定
UA$_3$～UA$_5$	PSF-3、PSF-5、PSF-8、PSF-11、PSF-16	跑道道面的实际情况比机长的预判情况要差,进一步加剧了机长的心理压力;在未被清理的道面上使用反推装置,飞行员普遍有使用推力略大于标准数值的习惯;着陆滑行期间的操控动作时效性极强,极易错过偏差最佳的修正窗口期;湿滑并覆盖有积雪的道面降低了制动效果,方向控制更为困难;在复杂环境的作用下,机组的注意力集中在方向的修正上,其他参数的监控能力下降

将 UA 和绩效因子进行充分关联后,得出三个 EFC,描述如下:

EFC$_1$:拉瓜迪亚机场的航行情报部门未及时更新跑道道面信息的原因主要来自于两方面。一是美国联邦航空局有关航行情报更新频率的制度缺陷,规定中并没有明确的最小更新时间间隔规定。二是事发当日纽约正遭受持续性降雪影响,需要定时进行道面清理维护。纽约终端区管制部门联系机场时,航行情报部门人员正好不在位,导致了航行情报的缺失。两方面因素共同作用下,正好形成了事故航班飞行期间的情报更新空白期。

EFC$_2$:机组若及时进行备降,则可有效降低事故的损失等级。机组做出 UA$_2$ 的原因即来源于其本身希望尽快完成任务的心理倾向,还来源于航行情报的缺失与反复。在航行情报长时间未更新的情况下,其他飞行员的道面报告变得更为可信,机组由此做出道面制动效果良好,可以进近的决定。

EFC$_3$:由于道面实况与前期飞行员的报告存在较大差距,对飞行员心理形成了极大冲击。机场临水而建,且 13 号跑道端紧邻水面的地理环境给机长造成了巨大压力,加剧了机长使用大推力减速的倾向。道面的积雪降低了摩擦因数,使得航空器的方向控制更为困难,在复杂的环境下,机组对数据的监控能力降低,忽视了左右反推装置推力不一致的状况,采取了错误的方向修正方案。

在上述三类情景之下,极易产生相应的不安全控制行为,可通过对 EFC 的管控降低 UA 的发生概率。

步骤 8:评价 UA 和 EFC 的触发概率。

以 UA_2 为例展开触发概率评价方法的应用分析。此时 $P(EFC_2)$ 主要指复杂天气下航行情报信息更新中断的发生概率;$P(UA_2|EFC_2)$ 是指在 EFC_2 之下机组仍然决定继续进近的概率;$P(UNREC_2)$ 则是指机组未中断进近,持续实施备降的概率。则可得出该类情景之下人为差错发生的概率为

$$P(HFE_2) = P(EFC_2) \times P(UA_2|EFC_2) \times P(UNREC_2) \tag{7.2}$$

其他场景下的人为差错触发概率评价方法类似。由于先验数据的缺失,本文不开展进一步量化的评价,但这不影响管控措施的制定与最终结论的形成。

步骤 9:形成最终结论。

根据识别的 UA 和 EFC,可以形成新的事故链,如图 7.11 所示。

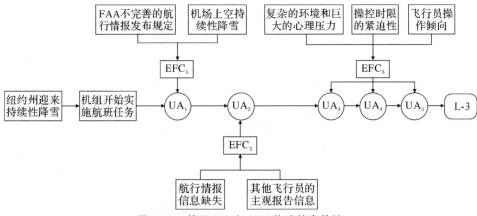

图 7.11 基于 UA 和 EFC 构建的事故链

结合识别的 EFC,制定 UA 管控措施,对事故链的多个环节进行风险管控,见表 7.9。

表 7.9 风险管控措施

EFC	序号	管控措施
EFC_1	C-1	规定 NOTAM 和 ATIS 的最低更新频率。在复杂天气条件下应当有更高的更新频率
	C-2	航行情报部门必须时刻有人值守,确保与管制部门的通信畅通
EFC_2	C-3	当飞行员观测到的机场信息与发布的航行情报信息存在不一致时,应当遵循航行情报部门发布的信息
EFC_3	C-4	当机组中有人出现负面情绪或紧张心理时,机组之间应当相互提醒,避免采取一些高风险的操作行为
	C-5	反推系统的开启应当设置自动阀,避免在前机轮接地前打开而造成方向控制不稳
	C-6	反推系统使用过程中,推力值显示应当位于更显著的位置,当推力值过大时,应当进行自动告警,吸引机组人员的注意
	C-7	通过模拟训练,纠正飞行员普遍存在的使用过大推力减速的倾向性问题

7.4　小　　结

本章主要介绍第二代 HRA 技术中的经典分析模型——ATHEANA 方法。首先介绍了 HRA 技术的发展历史及 ATHEANA 方法的由来,并对 ATHEANA 方法的分析步骤和优缺点进行了介绍。以一起航空事故的人为因素分析作为案例,对 ATHEANA 方法的应用进行了讲解。更进一步地,针对 ATHEANA 方法的技术缺陷,对 ATHEANA 的拓展应用方法进行了研究,提出了一种 ATHEANA-STPA 混合分析模型,并对一起由人为因素引发的典型航空安全事故展开分析,验证了混合分析方法的有效性。

参 考 文 献

[1] 张峤.煤矿作业人因可靠性分析与评价方法研究[D].大连:大连理工大学,2017.

[2] 王黎静,王彦龙.人的可靠性分析:人因差错风险评估与控制[M].北京:航空工业出版社,2015.

[3] 谢红卫,孙志强,李欣欣,等.典型人因可靠性分析方法评述[J].国防科技大学学报,2007,29(2):101-107.

[4] 张悦涵.基于 ATHEANA 的地铁站应急管理中的人因失误研究[D].北京:首都经贸大学,2017.

[5] EMRE AKYUZA,METIN CELIK. Computer-Based Human Reliability Analysis Onboard Ships [J]. Procedia Social and Behavioral Science,2015(195):1823-1832.

[6] KHAN F I,AMYOTTE P R,DIMATTIA D G. HEPI:A New Tool for Human Error Probability Calculation for Offshore Operation[J]. Safety Science,2006,44(4):313-334.

[7] 刘雪阳.操控任务持续快速变化下操纵员作业行为研究[D].衡阳:南华大学,2019.

[8] FORESTER J,BLEY D,COOPER S,et al. Expert Elicitation Approach for Performing ATHEANA Quantification[J]. Reliability Engineering System Safety,2004,83(2):207-220.

[9] 陈苗芳.STPA 中危害分析和安全性需求捕获的自动化技术研究[D].南京:南京航空航天大学,2019.

第8章 成功似然指数法

在安全生产或事故分析过程中,分析者往往会面临基础数据不足,无法对不安全行为展开有效定量分析的困境。由于各行各业的操作行为都有其特定的情景环境和约束条件,人为差错行为基础数据难以兼容,给一些基础数据建设薄弱的行业带来了巨大的风险管控难题。管理者往往难以采取最优的风险管控措施,只能基于经验或个人主观判断制定方案,风险的管控效率有限。本章将介绍一种安全分析方法,通过对专家知识的处理,可在数据缺乏的困境下开展有效的定量分析,为风险管控提供数据支撑。

8.1 SLIM 模型介绍

8.1.1 SLIM 简介

成功似然指数法(Success Likelihood Index Methodology,SLIM)是由美国核管理委员会提出,用于在缺乏相关数据的情况下,依托专家知识开展定量分析的一种方法[1-2]。该方法的分析目标主要是人的可靠性,其核心思想是人完成某项任务的可靠性是一系列绩效形成因子(Performance Shaping Factors,PSFs)的函数。通过专家评判各类绩效条件对行为的影响程度,可以综合计算出人在特定情景下的可靠性。

SLIM 方法的核心计算公式主要有两个,可表示为[2]

$$\varphi_s = \sum_{i=1}^{n} \omega_i \times \delta_{ij} \tag{8.1}$$

$$\lg P_s = a\varphi_s + b \tag{8.2}$$

式中:φ_s 为成功似然指数;ω_i 为第 i 种绩效形成因子的影响权重,且有 $\sum_{i=1}^{n}\omega_i = 1$;$\delta_{ij}$ 为第 j 项任务在第 i 种绩效形成因子影响下操作的可靠性;P_s 为操作人员完成某项任务成功的概率;a 与 b 为待定的常数。相应的人为差错概率计算方法相同,可表示为

$$\log P_f = c\varphi_f + d \tag{8.3}$$

在式(8.2)和式(8.3)的计算过程中,通常需要先得到概率的端点范围和似然指数的端点范围,通过联立方程最终求解常数值。由于缺乏基础数据,SLIM 方法的数据来自于专家知识,PSF 的影响权重和任务操作的可靠性均需通过专家讨论和打分得到。PSF 的影响权重计算公式可表示为

$$\omega_i = \frac{\sigma_i}{\sum\limits_{i=1}^{n} \sigma_i} \tag{8.4}$$

式中：σ_i 第 i 种绩效形成因子的重要度，通过专家打分得到。通常将对某任务影响最大的 PSF 记为 PSF_m，并赋值为 100，其余 PSF 重要度在区间 $[0,90]$ 之间赋值。PSF_m 只有一个，其余数值可以重复。δ_{ij} 的赋值同样在区间 $[0,100]$ 之间，根据各类 PSF 对第 j 项任务的影响程度，对 δ_{ij} 进行赋值，分值越高，越有利于完成任务。

8.1.2　SLIM 分析流程

SLIM 分析流程一共可以归纳为六步[3-4]，如图 8.1 所示。

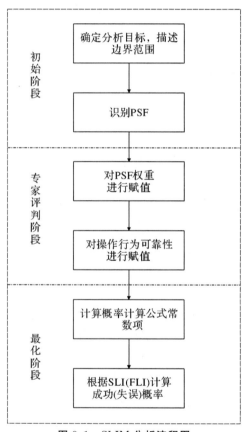

图 8.1　SLIM 分析流程图

步骤 1：确定分析目标，明确边界范围，对人为差错事件情景进行充分描述。

分析目标和分析边界范围的确定非常重要，这直接关系到 PSF 数量的多少和最终概率值的大小。问题边界定义不够清晰也会使得问题的规模无限制的扩大，影响分析工作的开展。

步骤 2：进行 PSF 的识别。

根据定义的分析目标，对人为差错行为会产生显著影响的 PSF 进行识别。这些 PSF 的识别与确定有专家来完成，但 SLIM 并没有对如何识别 PSF 给出具体的方法指引。Swain 提出将 PSFs 划分为两大类,内在形成因子和外部形成因子,见表 8.1[5]。但以该原则识别 PSF 会受到专家主观性与知识结构的影响,分析结果具有一定局限性。

表 8.1　SLIM 行为形成因子分类

诱发人为差错的内在因素	个体因素	年龄、技术、应变能力、经验、训练程度等
	心理因素	情绪、性格气质、记忆、压力、心理疲劳等
	生理因素	体力、体质、耐力、疲劳、视觉、听觉等
诱发人为差错的外在因素	人-人接口	班组结构、操作规程、培训、企业文化等
	人-机接口	显示系统、控制系统、信息系统、报警系统等
	人-环境接口	照明、空气质量、环境、作业空间、振动等

步骤 3:对 PSF 进行赋值,计算权重。

通过专家打分的方法,对每一个识别的 PSF 进行赋值,并计算其权重,计算公式同式(8.4)。

步骤 4:对 PSF 影响下的操作行为可靠性进行赋值。

通过专家打分的方式,对各类 PSF 影响下每一项操作行为 δ_{ij} 的可靠性进行赋值。

步骤 5:计算成功似然指数。

根据得到的 PSF 影响权重和操作行为可靠性,计算成功似然指数或失败似然指数。计算公式如式(8.1)。

步骤 6:计算操作行为成功概率。

评估操作行为的成功或失败概率范围,利用成功似然指数的最大值和最小值联立方程,求出式(8.2)或式(8.3)的常数值。操作行为的成功或失误概率范围可基于历史数据,也可基于专家知识得出,例如 AHP 法和 Delphi 法均可形成所需数据[6-7]。

8.1.3　SLIM 缺陷分析

采用 SLIM 方法对人为差错行为概率进行预测既有优势,也有弊端。SLIM 方法的原理较为简单,计算量小,因此能够很快应用于多个领域,不需要做过多的修正。SLIM 还是一种定量分析方法,能够对基础数据不足的情况展开量化分析,在风险评估领域具有较大的意义。但 SLIM 方法的弊端也是显而易见的,由于其定量分析所使用的数据均来自于专家知识,因此分析结果会在很大程度上受专家主观性影响。PSF 的识别缺乏有效的参考标准,若专家意见不够统一,会使识别的 PSF 数量过多。人为差错行为的概率范围数据同样缺乏,需要依托专家知识确定,有可能与真实值存在较大偏差,且无有效验证方法。PSF 影响权重和操作行为可靠性数值的形成方法过于简单,缺乏数据修正的手段,会影响预测值的准确性。

8.2　改进 SLIM 分析方法

为提高 SLIM 方法概率预测的准确性,改进原有数据处理方法中的缺陷,需要结合科学成熟的分析方法,对专家的评判数据进行进一步的融合和检验,从而提升概率预测的准确性。本节提出的 SLIM 改进方法主要从三个方面改进原有 SLIM 方法的缺陷,一是利用 CREAM 方法中较为系统的 PSF 对照表格辅助专家识别特定情景下的 PSF;二是基于 CREAM 基本法中的概率数据确定概率端点范围;三是基于 AHP 方法和三角模糊函数理论处理专家评判数据,提升概率预测的准确性。

8.2.1　PSFs 的识别

SLIM 方法对 PSFs 的识别需要专家根据事故情景开展排查,逐一确定对操作员会产生负面影响的绩效条件。若专家的经历和知识结构存在较大差异,专家意见会存在较大分歧,对 PSFs 的识别带来不利影响。即使使用 Delphi 法收拢专家意见也会需要较长时间,在意见的收敛过程中还有可能筛选掉一些有影响的 PSFs。CREAM 方法在对人为差错行为的预测过程中同样需要识别 PSFs,且给出了较为全面的共同绩效条件,可充分借鉴 CREAM 方法的 CPC 对照表(见表 8.2)开展 PSFs 的识别。

表 8.2　CREAM 方法中的共同绩效条件

CPC 名字	水 平	对效绩可靠性的期望效应	认知功能对应的权重因子			
			观察	解释	计划	执行
组织的完善性	非常有效	改进	1.0	1.0	0.8	0.8
	有效	不显著	1.0	1.0	1.0	1.0
	无效	降低	1.0	1.0	1.2	1.2
	效果差	降低	1.0	1.0	2.0	2.0
工作条件	优越	改进	0.8	0.8	1.0	0.8
	匹配	不显著	1.0	1.0	1.0	1.0
	不匹配	降低	2.0	2.0	1.0	2.0
人机界面与与运行支持的完善性	支持	改进	0.5	1.0	1.0	0.5
	充分	不显著	1.0	1.0	1.0	1.0
	可容忍	不显著	1.0	1.0	1.0	1.0
	不适当	降低	5.0	1.0	1.0	5.0
规程/计划的可用性	适当	改进	0.8	1.0	0.5	0.8
	可接受	不显著	1.0	1.0	1.0	1.0
	不适当	降低	2.0	1.0	5.0	2.0
同时出现的目标数量	能力之内的	改进	1.0	1.0	1.0	1.0
	与能力相符的	不显著	1.0	1.0	1.0	1.0
	超出能力之外	降低	2.0	2.0	5.0	2.0
可用时间	充分	改进	0.5	0.5	0.5	0.5
	暂时不充分	不显著	1.0	1.0	1.0	1.0
	连续不充分	降低	5.0	5.0	5.0	5.0

续 表

CPC 名字	水 平	对效绩可靠性的期望效应	认知功能对应的权重因子			
			观察	解释	计划	执行
工作时间	白天(可调整)	不显著	1.0	1.0	1.0	1.0
	夜晚(未调整)	降低	1.2	1.2	1.2	1.2
培训和经验的充分性	充分,经验丰富	改进	0.8	0.5	0.5	0.8
	充分,经验有限	不显著	1.0	1.0	1.0	1.0
	不充分	降低	2.0	5.0	5.0	2.0
班组成员的合作质量	非常有效	改进	0.5	0.5	0.5	0.5
	有效	不显著	1.0	1.0	1.0	1.0
	无效	不显著	1.0	1.0	1.0	1.0
	效果差	降低	2.0	2.0	2.0	5.0

在 PSF 的识别过程中,需要根据应用领域的不同对表格做出修正,并根据工作情景的不同识别对操作行为产生负面影响的 PSF 因子,具体过程在介绍 CREAM 方法(第 10 章)中将进行详细的论述。

8.2.2　AHP 方法介绍

层次分析方法(Analytic Hierarchy Process,AHP)的主旨是把一个复杂问题分解成各个不同的构成因素,然后把这些构成因素按照相互支配关系分组,形成了一个有序的层次化结构。通过专家评判,将各个因素的重要度进行比较,形成判断矩阵,最终形成重要度的排序[8~9]。层次分析法同样是一种能够在缺乏基础数据的情况下开展定量分析的方法,原理简单,在安全分析领域被广泛应用。单层次 AHP 的模型如图 8.2 所示。

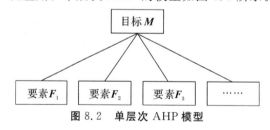

图 8.2　单层次 AHP 模型

专家需要对分析目标的各个要素进行重要度的两两比较,形成判断矩阵,见表 8.3。

表 8.3　AHP 判断矩阵

目标 M	F_1	F_2	...	F_n
F_1	f_{11}	f_{12}	...	f_{1n}
F_2	f_{21}	f_{22}	...	f_{2n}
...	...	...	...	...
F_n	f_{n1}	f_{n2}	...	f_{nn}

矩阵中 f_{11} 的含义为相对重要度,具体见表 8.4。

表 8.4　AHP 判断矩阵要素含义

重要度	含　义
1	两要素同等重要
3	行要素比列要素稍微重要
5	行要素比列要素明显重要
7	行要素比列要素强烈重要
9	行要素比列要素极端重要
2,4,6,8	表示重要度间的中间值

判断矩阵的元素存在三个限制条件,分别为

$$\left.\begin{array}{l} f_{ij} > 0 \\ f_{ij} = \dfrac{1}{f_{ji}} \\ f_{ii} = 1 \end{array}\right\} \tag{8.5}$$

计算判断矩阵的最大特征根 $\lambda_{\max}$,并计算其对应特征向量,归一化处理后为

$$W = (\omega_1, \omega_2, \cdots, \omega_n)^{\mathrm{T}} \tag{8.6}$$

该向量即为评价对象的权重向量。判断矩阵必须要经过一致性检验才可被认为是有效的,检验步骤如下。

步骤 1:计算一致性指标,计算公式为

$$\mathrm{C.\,I.} = \frac{\lambda_{\max} - n}{n - 1} \tag{8.7}$$

式中:n 为判断矩阵的阶数。

步骤 2:计算平均随机一致性指标 R. I. 。

R. I. 是通过重复计算随机判断矩阵特征值后,取算术平均数得到,通常可以直接查表得到,R. I. 部分取值见表 8.5。

表 8.5　平均随机一致性指标

阶数	3	4	5	6	7	8	9	10	11	12	13	14
R. I.	0.52	0.89	1.12	1.26	1.36	1.41	1.46	1.49	1.52	1.54	1.56	1.58

步骤 3:计算一致性比例 C. R. 。

$$\mathrm{C.\,R.} = \frac{\mathrm{C.\,I.}}{\mathrm{R.\,I.}} \tag{8.8}$$

当 C. R. 小于 0.1 时,认为判断矩阵一致性是可接受的,判断矩阵有效。层次分析法对确定分析目标多个因素之间的权重排序关系非常有效,可帮助确定 PSFs 对操作行为的影响权重。

8.2.3　三角模糊数分析方法介绍

在工程应用领域,会存在很多无法用具体数据来衡量的指标,这时候用模糊数来表示是一种较好的解决方法。三角模糊数原理简单,运算量小,应用也最为广泛,可用三角模糊数来实现专家评判结论的量化。三角模糊数可表示为 (u, v, w),其中 w 为两元素比较的较大值,v 为中值,u 为较小值,因此有 $u \leqslant v \leqslant w$。设有两个三角模糊数,分别为 $C_1 = (u_1, v_1, w_1)$ 和 $C_2 =$

(u_2,v_2,w_2)，则 $C_2 \leqslant C_1$ 的可能性可表示为[10-11]

$$P_t = \begin{cases} 1, & v_1 \geqslant v_2 \\ \dfrac{u_1 - w_1}{(v_1 - w_2) - (v_2 - u_1)}, & v_1 < v_2, w_1 \geqslant w_2 \\ 0, & \text{其他} \end{cases} \tag{8.9}$$

三角模糊判断矩阵 $\boldsymbol{M} = (f_{ij})_{n \times n}$ 样式见表 8.6。

表 8.6　三角模糊判断矩阵样式

目标 $\boldsymbol{M}$	$\boldsymbol{F}_1$	$\boldsymbol{F}_2$	…	$\boldsymbol{F}_n$
$\boldsymbol{F}_1$	$(1,1,1)$	(u_{12},v_{12},w_{12})	…	f_{1n}
$\boldsymbol{F}_2$	(u_{21},v_{21},w_{21})	$(1,1,1)$	…	f_{2n}
…	…	…	…	…
$\boldsymbol{F}_n$	f_{n1}	f_{n2}	…	$(1,1,1)$

三角模糊判断矩阵同样需要符合式(8.1)约束条件，但一致性检验的过程要比 AHP 方法复杂，本章将用其他方法替代，故暂不做介绍。为构造符合约束条件的判断矩阵，需要先做模糊互补判断矩阵的介绍[10-12]。

定义 1：设有判断矩阵 $\boldsymbol{R} = (r_{ij})_{n \times n}$，其中，$r_{ij} = (u_{ij},v_{ij},w_{ij})$，$r_{ii} = (u_{ii},v_{ii},w_{ii})$，$r_{ij} = (u_{ji},v_{ji},w_{ji})$，当 $u_{ij} + w_{ji} = v_{ij} + v_{ji} = w_{ij} + u_{ji} = 1$ 时，则有 $u_{ii} = v_{ii} = w_{ii} = 0.5$，$u_{ij} \geqslant v_{ij} \geqslant w_{ij} \geqslant 0$。其中，$u_{ij},v_{ij},w_{ij}$ 分别代表两元素相互比较重要性的最大值、中值和最小值，则称 $\boldsymbol{R}$ 为三角模糊互补判断矩阵。三角模糊数有如下运算规则：

设 $s = (u_1,v_1,w_1)$，$t = (u_2,v_2,w_2)$ 则有

$$s \oplus t = (u_1 + u_2, v_1 + v_2, w_1 + w_2) \tag{8.10}$$

$$\mu \otimes s = (\mu u_1, \mu v_1, \mu w_1), \mu \geqslant 0 \tag{8.11}$$

定义 2：设有三角模糊数 $s = (u_1,v_1,w_1)$，则称 $E(s) = [(1-\theta)u_1 + v_1 + \theta w_1]/2$ 为其评判期望值，其中 θ 代表专家的风险倾向，若 $\theta > 0.5$ 则表示专家倾向于追求风险，$\theta = 0.5$ 则表示中性，$\theta < 0.5$ 则表示专家倾向于保守。

定义 3：设映射 $F:D^n = D$，当 $F(a_1,a_2,\ldots,a_n) = \omega_1 \otimes b_1 \oplus \omega_2 \otimes b_2 \oplus \ldots \oplus \omega_n \otimes b_n$，其中 $\boldsymbol{\omega} = (\omega_1,\omega_1,\ldots,\omega_n)^T$ 是与专家评判相关联的权重向量，且有 $\omega_i \in [0,1]$，$\sum\limits_{i=1}^{n} \omega_i = 1$。$b_j$ 是按照期望对 a_i 进行排序后得到的第 j 个大的元素，那么函数 F 就被称为 n 维模糊有序加权平均算子(Fuzzy Ordered Weighted Averaging Operator，FOWA)。

ω_i 可通过下式计算得到：

$$\omega_i = Q(i/n) - Q((i-1)/n) \quad i = 1,2,\cdots,n \tag{8.12}$$

$$Q(r) = \begin{cases} 0, r < a, & r < a \\ \dfrac{r-a}{b-a}, & a \leqslant r \leqslant b \\ 1, & r > b \end{cases} \tag{8.13}$$

式中：参数 (a,b) 对应的三角模糊语义为"大多数""半数""尽可能多"，对应的取值分别为$(0.3,0.8)$，$(0,0.5)$，$(0.5,1)$。

三角模糊互补判断矩阵的赋值方法与 AHP 不同,需要进一步做出规范,比较权重的赋值见表 8.7。

表 8.7　三角模糊互补判断矩阵重要度赋值含义

重要度标度	三角模糊数	含义
$\overset{\frown}{0.1}$	$(0.1,0.1,0.2)$	列要素比行要素极端重要
$\overset{\frown}{0.3}$	$(0.2,0.3,0.4)$	列要素比行要素明显重要
$\overset{\frown}{0.5}$	$(0.4,0.5,0.6)$	两要素同等重要
$\overset{\frown}{0.7}$	$(0.6,0.7,0.8)$	行要素比列要素明显重要
$\overset{\frown}{0.9}$	$(0.8,0.9,0.9)$	行要素比列要素极端重要
$\overset{\frown}{0.2}、\overset{\frown}{0.4}、\overset{\frown}{0.6}、\overset{\frown}{0.8}$	$(x-1,x,x+1)$	表示重要度间的中间值

基于 FOWA 的模糊三角互补判断矩阵的权重向量计算步骤如下[13]。

步骤 1:确定评价目标的影响因素集。

步骤 2:建立三角模糊互补判断矩阵 $\boldsymbol{R}=(r_{ij})_{n\times n}$,并按照表 8.6 的评判赋值法对每一个要素比较赋值。

步骤 3:按照式(8.12)和式(8.13)计算加权向量 $\boldsymbol{\omega}$,其中(a,b)取$(0.3,0.8)$。

步骤 4:按照定义 2 计算各三角模糊数的期望 $\boldsymbol{E}(r_{ij})$,并根据计算出的期望值对 $\boldsymbol{R}$ 的每一行元素进行排序,得到新的矩阵 $\boldsymbol{B}=(b_{ij})_{n\times n}$。

步骤 5:按照定义 3 计算各影响因素相比于其他影响因素的影响度,影响度计算公式为

$$d_i=F(r_{i1},r_{i2},\ldots,r_{in})=\omega_1\otimes b_{i1}\oplus\cdots\oplus\omega_n\otimes b_{in}=(u_i^d,v_i^d,w_i^d) \tag{8.14}$$

步骤 6:根据定义 2 计算影响度 d_i 的期望值,如下式所示:

$$E(d_i)=[(1-\theta)u_i^d+v_i^d+\theta w_i^d]/2 \tag{8.15}$$

步骤 7:对上式计算得到的影响度期望值进行归一化处理后,即可得到各影响因素的权重向量 $W^*=(\omega_1^*,\omega_2^*,\cdots,\omega_n^*)$,计算公式如下式所示:

$$\omega_1^*=E(d_i)/\sum_{i=1}^{n}E(d_i) \tag{8.16}$$

8.2.4　改进方法分析流程

在本章第一节的内容中,已经介绍了基本 SLIM 概率预测方法,在获取专家知识和数据处理过程中,都存在过于粗糙的现象,导致概率预测结果误差过大,对实际工作指导性不强的问题。为有效改善基本 SLIM 方法中 PSFs 识别缺乏参考的缺陷,进一步提取关键的行为影响因素,借鉴了 CREAM 方法中的 CPC 对照表,提升专家的评判效率,并基于 CREAM 基本法中的人为差错行为概率区间计算式(8.2)中的常数。基于 AHP 方法计算各个 PSFs 的权重向量,通过构造三角模糊互补判断矩阵和 FOWA 方法计算多种 PSF 影响下的行为可靠性,从而提升专家评判结论的一致性和可靠性。具体分析流程如图 8.3 所示。

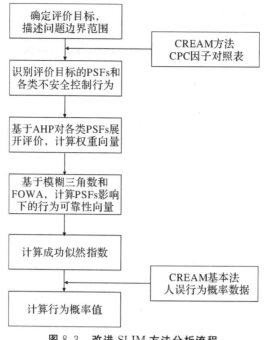

图 8.3　改进 SLIM 方法分析流程

8.3　基于改进 SLIM 方法的管制移交人为差错概率预测

本节以管制部门日常运行中的管制移交行为为例,对改进 SLIM 方法的应用方法进行介绍。管制移交是管制员日常管制指挥中必不可少的环节,是确保航空器管制指挥连续性的重要手段。在管制移交过程中,管制员需要将航空器的动态信息和管制指挥权交接给下一管制责任区的管制员。管制员需要核对飞行进程单和航空器的实时动态,确保动态信息的正确性,一旦发生信息移交错误,就有可能影响下一管制区管制员的指挥决策,发生不安全事件。因此,有必要对管制移交这一行为展开定量的分析,识别具有负面作用的绩效因子和典型的不安全行为,计算其人为差错概率,为风险的管控提供数据支撑和方法依据。

根据改进 SLIM 方法的分析步骤,开始对管制员的管制移交行为展开分析。

步骤 1:确定分析目标,定义问题边界。

使用 SLIM 方法分析的为管制员在管制指挥过程中的管制移交行为。通常在航空器即将飞出当前所在管制区前,管制员需要将航空器当前的飞行高度、位置、速度、航向、二次雷达应答机代码、机号、预达时刻等信息通报下一管制责任区的管制员。下一管制责任区的管制员则需要在飞行进程单上准确记录各类移交信息,并与实时动态进行核对,及时纠正错误的信息。当管制员之间完成信息确认,航空器飞入下一管制区边界后,管制移交行为结束。

步骤 2:按照 CREAM 方法的 CPC 因子对照表,识别对管制员绩效产生负面影响的 PSFs。此处主要识别对管制员的管制移交行为会产生抑制作用的影子。由于不同的管制中心各 PSFs

会存在差异,因此需要选取某一较为典型的运行单位开展分析。本书以衢州机场民航站为分析对象,开展管制移交人为差错行为的分析。

1)工作条件。衢州机场地处东南沿海地区,相对西部地区基础设施建设较为完善,但该机场属于小型支线机场,并没有配备二次雷达,无法与大型国际机场的管制中心相比。且该地区军民航飞行活动均比较繁忙,空域使用矛盾突出,因此该管制中心的工作条件对管制员会有一定的抑制作用,但并不显著。

2)同时出现的目标数量。衢州机场虽然航班量较少,但机场空域内航空器数量较多,特别是在当地有军事飞行活动时,管制员的监控负荷会显著增加。但该机场的航班数量较少,工作难度通常仍在管制员的能力范围之内,因此影响不显著。

3)工作时间。工作时间对管制员的行为可靠性会产生一定影响,特别是在后半夜工作时段,管制员会有显著的疲劳感,人为差错发生概率增加。

4)可用时间。由于管制指挥工作具有极强的实时性,若预留的反应时间较长,管制员就能够更为充分地进行决策判断和信息核对,降低人为差错概率。若预留时间过短,管制员就可能来不及核对移交的信息,无法及时调配管制区内的冲突,引发不安全事件。

5)培训和经验的充分性。管制员的能力水平对管制移交的效率和正确性影响显著。对于新员来说,信息的核对需要耗费更多的时间,对一些差错的征兆也缺乏应对的经验。因此,对班组的整体受教育经历和工作经验状况需要进行一定的考察。

6)班组成员的合作质量。班组成员的合作质量对管制移交的正确性影响较大。通常主管制员在实施管制移交的过程中,副管制员同样需要进行监听和监控,对主管制员忽视的错误进行及时纠正。若班组之间合作不够紧密会增加人为差错的触发概率。班组的合作质量既受管理者管理方法、组织的文化氛围和操作规程的影响,也受管制员个人的身心状况和人际关系的影响。假设该单位对管制员的身心状况都实施了严密的监测制度,因此在调研过程中,主要对该机场管制部门的管理制度和实际运行状况进行评估。

在识别了主要的 PSFs 之后,还应当对管制移交过程中常见的人因失误行为展开识别。根据专家的经验知识和充分的实地调研后,对管制移交过程中的主要人为差错行为归结见表8.8。

表 8.8　管制移交主要人为差错行为

序 号	名 称	描 述
EA_1	信息辨识错误	管制员将航空器动态信息或进程单信息看错
EA_2	目标观察错误	管制移交过程中匹配了错误的目标
EA_3	信息遗漏	管制移交过程中遗漏了部分信息
EA_4	目标遗忘	忘记移交空中航空器
EA_5	移交时序错误	移交航空器过早或过晚
EA_6	动作执行错误	报错或记错移交信息

步骤 3:使用 AHP 方法计算 PSFs 的影响权重向量。

记分析目标"管制移交"为事件 M,根据表 8.3 的要素含义,对判断矩阵进行赋值,见表8.9。

表 8.9　PSFs 判断矩阵

事件 M	PSF_1	PSF_2	PSF_3	PSF_4	PSF_5	PSF_6
PSF_1	1	1/7	3	1/3	1/5	1/4
PSF_2	7	1	8	3	2	3
PSF_3	1/3	1/8	1	1/4	1/7	1/5
PSF_4	3	1/3	4	1	1/2	2
PSF_5	5	1/2	7	2	1	4
PSF_6	4	1/3	5	1/2	1/4	1

根据形成的判断矩阵,进行一致性检验:

1)计算判断矩阵 M 的最大特征根和对应的特征向量。

经计算,矩阵 M 的最大特征根为

$$\lambda_{\max} = 6.288\ 8$$

其对应的特征向量为

$$W = (0.105\ 3,\ 0.739\ 9,\ 0.061\ 7,\ 0.294\ 4,\ 0.542\ 5,\ 0.238\ 1)$$

对其进行归一化处理,得到权重向量为

$$W_1 = (0.053\ 1,\ 0.373\ 3,\ 0.031\ 1,\ 0.148\ 5,\ 0.273\ 8,\ 0.120\ 1)$$

2)按公式(8.7)计算平均一致性指标

$$C.I. = 0.057\ 7$$

3)通过查表 8.4 得到 $n = 6$ 时的一致性指标 R.I.

$$R.I. = 1.26$$

4)根据式(8.8)计算一致性比例 C.R.

$$C.R. = 0.045\ 8 < 0.1$$

可认为判断矩阵一致性是可接受的,判断矩阵有效。因此,可将 W_1 作为 PSFs 的影响权重向量。

步骤 4:使用 FOWA 方法计算每一种 PSF 影响下,管制员各类人为差错行为的触发可能性。

基于专家经验,对"PSF_1:工作条件"影响下的各类人为差错行为触发可能性构造三角模糊互补判断矩阵,此时表 8.6 中的分值含义应当由重要度修正为可能性,分值越高,可能性越大,见表 8.10。

表 8.10　PSF_1 影响下的人为差错行为三角模糊互补判断矩阵 M_1

PSF_1	EA_1	EA_2	EA_3	EA_4	EA_5	EA_6
EA_1	(0.5,0.5,0.5)	(0.6,0.7,0.8)	(0.2,0.3,0.4)	(0.5,0.6,0.7)	(0.7,0.8,0.9)	(0.3,0.4,0.5)
EA_2	(0.2,0.3,0.4)	(0.5,0.5,0.5)	(0.3,0.4,0.5)	(0.5,0.6,0.7)	(0.6,0.7,0.8)	(0.3,0.4,0.5)
EA_3	(0.6,0.7,0.8)	(0.5,0.6,0.7)	(0.5,0.5,0.5)	(0.7,0.8,0.9)	(0.8,0.9,0.9)	(0.5,0.6,0.7)
EA_4	(0.3,0.4,0.5)	(0.3,0.4,0.5)	(0.1,0.2,0.3)	(0.5,0.5,0.5)	(0.3,0.4,0.5)	(0.1,0.2,0.3)
EA_5	(0.1,0.2,0.3)	(0.2,0.3,0.4)	(0.1,0.1,0.2)	(0.5,0.6,0.7)	(0.5,0.5,0.5)	(0.1,0.2,0.3)
EA_6	(0.5,0.6,0.7)	(0.5,0.6,0.7)	(0.3,0.4,0.5)	(0.7,0.8,0.9)	(0.7,0.8,0.9)	(0.5,0.5,0.5)

按照式(8.8)～式(8.13)计算权重向量 $\boldsymbol{W}_f$：

$$\boldsymbol{W}_f = (0, 0.067\,7, 0.333\,3, 0.333\,3, 0.266\,7, 0)$$

按照期望值对的矩阵 $\boldsymbol{M}_1$ 每一行进行排序,由于专家风险倾向略微偏向保守,取 $\theta = 0.4$ 得到矩阵 $\boldsymbol{B}_1$,再根据式(8.14)计算影响度 d 为

$$d = \begin{bmatrix} (0.513\,3\,,\,0.58,\,0.646\,7) \\ (0.42,\,0.486\,7,\,0.553\,3) \\ (0.586\,7,\,0.686\,7,\,0.786\,7) \\ (0.286\,7,\,0.386\,7,\,0.486\,7) \\ (0.24,\,0.313\,3,\,0.386\,7) \\ (0.553\,3,\,0.646\,7,\,0.74) \end{bmatrix}^{\mathrm{T}}$$

根据式(8.15)计算影响度 d 的期望值：

$$E_d = (0.573\,3,\,0.48,\,0.676\,7,\,0.376\,7,\,0.306\,0,\,0.637\,3)$$

归一化后得到影响权重向量

$$\boldsymbol{W}_{1*} = (0.188\,0,\,0.157\,4,\,0.221\,9,\,0.123\,5,\,0.100\,3,\,0.209\,0)$$

重复 STEP4 的流程,求出 $\mathrm{PSF}_2 \sim \mathrm{PSF}_6$ 影响下的权重向量,各判断矩阵见表 8.11～表 8.15。

表 8.11　PSF_2 影响下的人为差错行为三角模糊互补判断矩阵 $\boldsymbol{M}_2$

PSF_2	EA_1	EA_2	EA_3	EA_4	EA_5	EA_6
EA_1	(0.5,0.5,0.5)	(0.5,0.6,0.7)	(0.1,0.2,0.3)	(0.2,0.3,0.4)	(0.3,0.4,0.5)	(0.6,0.7,0.8)
EA_2	(0.3,0.4,0.5)	(0.5,0.5,0.5)	(0.2,0.3,0.4)	(0.1,0.2,0.3)	(0.2,0.3,0.4)	(0.1,0.1,0.2)
EA_3	(0.7,0.8,0.9)	(0.6,0.7,0.8)	(0.5,0.5,0.5)	(0.6,0.7,0.8)	(0.5,0.6,0.7)	(0.6,0.7,0.8)
EA_4	(0.6,0.7,0.8)	(0.7,0.8,0.9)	(0.2,0.3,0.4)	(0.5,0.5,0.5)	(0.5,0.6,0.7)	(0.2,0.3,0.4)
EA_5	(0.5,0.6,0.7)	(0.6,0.7,0.8)	(0.3,0.4,0.5)	(0.3,0.4,0.5)	(0.5,0.5,0.5)	(0.2,0.3,0.4)
EA_6	(0.2,0.3,0.4)	(0.8,0.9,0.9)	(0.2,0.3,0.4)	(0.6,0.7,0.8)	(0.6,0.7,0.8)	(0.5,0.5,0.5)

表 8.12　PSF_3 影响下的人为差错行为三角模糊互补判断矩阵 $\boldsymbol{M}_3$

PSF_3	EA_1	EA_2	EA_3	EA_4	EA_5	EA_6
EA_1	(0.5,0.5,0.5)	(0.7,0.8,0.9)	(0.5,0.6,0.7)	(0.6,0.7,0.8)	(0.7,0.8,0.9)	(0.3,0.4,0.5)
EA_2	(0.1,0.2,0.3)	(0.5,0.5,0.5)	(0.1,0.2,0.3)	(0.5,0.6,0.7)	(0.5,0.6,0.7)	(0.2,0.3,0.4)
EA_3	(0.3,0.4,0.5)	(0.7,0.8,0.9)	(0.5,0.5,0.5)	(0.7,0.8,0.9)	(0.8,0.9,0.9)	(0.5,0.6,0.7)
EA_4	(0.2,0.3,0.4)	(0.3,0.4,0.5)	(0.1,0.2,0.3)	(0.5,0.5,0.5)	(0.5,0.6,0.7)	(0.2,0.3,0.4)
EA_5	(0.1,0.2,0.3)	(0.3,0.4,0.5)	(0.1,0.1,0.2)	(0.3,0.4,0.5)	(0.5,0.5,0.5)	(0.1,0.2,0.3)
EA_6	(0.5,0.6,0.7)	(0.6,0.7,0.8)	(0.3,0.4,0.5)	(0.6,0.7,0.8)	(0.7,0.8,0.9)	(0.5,0.5,0.5)

表 8.13　PSF_4 影响下的人为差错行为三角模糊互补判断矩阵 $\boldsymbol{M}_4$

PSF_4	EA_1	EA_2	EA_3	EA_4	EA_5	EA_6
EA_1	(0.5,0.5,0.5)	(0.7,0.8,0.9)	(0.6,0.7,0.8)	(0.7,0.8,0.9)	(0.5,0.6,0.7)	(0.2,0.3,0.4)
EA_2	(0.1,0.2,0.3)	(0.5,0.5,0.5)	(0.2,0.3,0.4)	(0.5,0.6,0.7)	(0.3,0.4,0.5)	(0.7,0.8,0.9)

续 表

PSF$_4$	EA$_1$	EA$_2$	EA$_3$	EA$_4$	EA$_5$	EA$_6$
EA$_3$	(0.2,0.3,0.4)	(0.6,0.7,0.8)	(0.5,0.5,0.5)	(0.7,0.8,0.9)	(0.6,0.7,0.8)	(0.5,0.6,0.7)
EA$_4$	(0.1,0.2,0.3)	(0.3,0.4,0.5)	(0.1,0.2,0.3)	(0.5,0.5,0.5)	(0.2,0.3,0.4)	(0.3,0.4,0.5)
EA$_5$	(0.3,0.4,0.5)	(0.5,0.6,0.7)	(0.2,0.3,0.4)	(0.6,0.7,0.8)	(0.5,0.5,0.5)	(0.5,0.6,0.7)
EA$_6$	(0.6,0.7,0.8)	(0.1,0.2,0.3)	(0.3,0.4,0.5)	(0.5,0.6,0.7)	(0.3,0.4,0.5)	(0.5,0.5,0.5)

表 8.14 PSF$_5$ 影响下的人为差错行为三角模糊互补判断矩阵 M_5

PSF$_5$	EA$_1$	EA$_2$	EA$_3$	EA$_4$	EA$_5$	EA$_6$
EA$_1$	(0.5,0.5,0.5)	(0.6,0.7,0.8)	(0.3,0.4,0.5)	(0.2,0.3,0.4)	(0.3,0.4,0.5)	(0.5,0.6,0.7)
EA$_2$	(0.2,0.3,0.4)	(0.5,0.5,0.5)	(0.1,0.2,0.3)	(0.1,0.1,0.2)	(0.2,0.3,0.4)	(0.3,0.4,0.5)
EA$_3$	(0.5,0.6,0.7)	(0.7,0.8,0.9)	(0.5,0.5,0.5)	(0.5,0.6,0.7)	(0.6,0.7,0.8)	(0.5,0.6,0.7)
EA$_4$	(0.6,0.7,0.8)	(0.8,0.9,0.9)	(0.3,0.4,0.5)	(0.5,0.5,0.5)	(0.6,0.7,0.8)	(0.5,0.6,0.7)
EA$_5$	(0.5,0.6,0.7)	(0.6,0.7,0.8)	(0.2,0.3,0.4)	(0.2,0.3,0.4)	(0.5,0.5,0.5)	(0.3,0.4,0.5)
EA$_6$	(0.3,0.4,0.5)	(0.5,0.6,0.7)	(0.3,0.4,0.5)	(0.3,0.4,0.5)	(0.5,0.6,0.7)	(0.5,0.5,0.5)

表 8.15 PSF$_6$ 影响下的人为差错行为三角模糊互补判断矩阵 M_6

PSF$_5$	EA$_1$	EA$_2$	EA$_3$	EA$_4$	EA$_5$	EA$_6$
EA$_1$	(0.5,0.5,0.5)	(0.7,0.8,0.9)	(0.2,0.3,0.4)	(0.1,0.2,0.3)	(0.6,0.7,0.8)	(0.3,0.4,0.5)
EA$_2$	(0.1,0.2,0.3)	(0.5,0.5,0.5)	(0.1,0.2,0.3)	(0.1,0.1,0.2)	(0.5,0.6,0.7)	(0.1,0.2,0.3)
EA$_3$	(0.6,0.7,0.8)	(0.7,0.8,0.9)	(0.5,0.5,0.5)	(0.6,0.7,0.8)	(0.8,0.9,0.9)	(0.5,0.6,0.7)
EA$_4$	(0.7,0.8,0.9)	(0.8,0.9,0.9)	(0.2,0.3,0.4)	(0.5,0.5,0.5)	(0.5,0.6,0.7)	(0.3,0.4,0.5)
EA$_5$	(0.2,0.3,0.4)	(0.3,0.4,0.5)	(0.1,0.1,0.2)	(0.3,0.4,0.5)	(0.5,0.5,0.5)	(0.2,0.3,0.4)
EA$_6$	(0.5,0.6,0.7)	(0.7,0.8,0.9)	(0.3,0.4,0.5)	(0.5,0.6,0.7)	(0.6,0.7,0.8)	(0.5,0.5,0.5)

求出最终的影响权重向量：

$$W_{2*} = (0.152\ 0, 0.099\ 6, 0.219\ 5, 0.182\ 0, 0.154\ 2, 0.192\ 7)$$
$$W_{3*} = (0.213\ 5, 0.137\ 9, 0.224\ 1, 0.120\ 8, 0.098\ 7, 0.205\ 0)$$
$$W_{4*} = (0.212\ 4, 0.149\ 9, 0.203\ 9, 0.108\ 7, 0.173\ 1, 0.152\ 0)$$
$$W_{5*} = (0.159\ 8, 0.103\ 2, 0.205\ 3, 0.214\ 4, 0.157\ 6, 0.159\ 8)$$
$$W_{6*} = (0.164\ 3, 0.089\ 6, 0.233\ 3, 0.197\ 2, 0.115\ 0, 0.200\ 7)$$

形成人为差错行为可能性矩阵 W^*：

$$W^* = \begin{bmatrix} 0.188\ 0 & 0.157\ 4 & 0.221\ 9 & 0.123\ 5 & 0.100\ 3 & 0.209\ 0 \\ 0.152\ 0 & 0.099\ 6 & 0.219\ 5 & 0.182\ 0 & 0.154\ 2 & 0.192\ 7 \\ 0.213\ 5 & 0.137\ 9 & 0.224\ 1 & 0.120\ 8 & 0.098\ 7 & 0.205\ 0 \\ 0.212\ 4 & 0.149\ 9 & 0.203\ 9 & 0.108\ 7 & 0.173\ 1 & 0.152\ 0 \\ 0.159\ 8 & 0.103\ 2 & 0.205\ 3 & 0.214\ 4 & 0.157\ 6 & 0.159\ 8 \\ 0.164\ 3 & 0.089\ 6 & 0.233\ 3 & 0.197\ 2 & 0.115\ 0 & 0.200\ 7 \end{bmatrix}$$

步骤 5：计算失误似然指数 φ_f。

由于专家评判的是管制员的人为差错行为可能性,因此最终形成的是失败似然指数,计算得到的数值为

$$\varphi_f = (0.333\ 8,\ 0.220\ 2,\ 0.426\ 6,\ 0.350\ 4,\ 0.294\ 6,\ 0.356\ 5)$$

其中,$\varphi_{fmax} = 0.426\ 6$,$\varphi_{fmin} = 0.220\ 2$。

步骤 6:计算人为差错行为概率值。

对照 CREAM 基本法中人为差错行为的基本概率表,管制员的管制移交行为属于战术型行为,概率区间为 $[0.001, 0.1]$。但该概率区间仍然过于宽泛,对管制移交行为欠缺针对性,因此使用 Delphi 法对端点概率值进行赋值。问卷调查以百分制打分的方式进行,100 分代表人为差错概率为 0.1,1 分代表概率为 0.001,经过两轮的问卷调查,并对最终分值进行平均,得到的最终概率区间为 $[0.015, 0.037\ 5]$。

根据式(8.3)计算常数 c,d 值可得管制移交行为的概率计算公式为

$$\lg P_f = 1.927\ 8\varphi_f - 2.248\ 4 \tag{8.17}$$

由上式可计算出管制移交过程中的五类典型人为差错行为概率为

$$P_f = (0.024\ 8,\ 0.015\ 0,\ 0.037\ 5,\ 0.026\ 7,\ 0.020\ 9,\ 0.027\ 5)$$

从概率计算结果中可以看出在管制移交过程中,信息遗漏是最为常见的人为差错行为,触发概率最高,目标辨识错误发生概率最低。通过与该机场一线管制员的交流可知,这一概率值与现实状况近似,具有可信性。但在管制移交过程中发生的信息遗漏或差错并不一定会引发安全事故,事故的引发往往是多个不安全因素共同作用的结果。管制移交过程中的差错有可能在运行中的其他环节被纠正,但若要维持空域运行的整体安全性,仍不可忽视对高概率人为差错行为的预防和管控。

8.4 小 结

SLIM 方法是一种在缺乏基础概率数据情况下,借助专家知识,对人为差错行为展开定量分析的有效方法。通过专家的问卷打分,能够对各类情景因素的权重和行为的可靠性展开有效的排序。但 SLIM 基本方法对数据的处理过于简单,易发生个别因素影响度评判失真的现象,因此需要借助更为系统的方法,对各因素之间的关联性展开充分的分析,提升结论的准确性。本章以管制员的管制移交行为为例,对 SLIM 的应用方法进行了介绍,同时还结合 AHP 和 FOWA 方法对 SLIM 进行了改进,在分析问题本身的同时可有助于读者掌握更多的安全分析方法。

参 考 文 献

[1] 薛鲁宁,樊建春,张来斌.利用 SLIM 方法计算海上关井作业中人的可靠性[J].中国安全生产科学技术,2012,8(12):99-101.

[2] KHAN F I,AMYOTTE P R,DIMATTIA D G. HEPI:a New Tool for Human Error Proba-

bility Calculation for Off-shore Operation[J]. Safety Science,2006,44（4）:313 - 334.

［3］ DIMATTIA D G,FAISAL I K,AAYOTTE P R. Determination of Human Error Proba-bilities for Offshore Platform Musters[J]. Journal of Loss Prevention in the Process In-dustries,2005,18(4 - 6):488 - 501.

［4］ 刘福鳌.基于改进 SLIM 的民航维修中人因失误概率研究[D].天津:中国民航大学,2015.

［5］ SWAIN A D,GUTTMANN H E. Handbook of Human Reliability Analysis with Em-phasis on Nuclear Power Plant Applications: Draft Report for Interim Use and Comment [R]. The Commission,1980.

［6］ 杨蕾.群体决策理论与应用－群体决策中的个体偏好集结方法研究[M].北京:经济科学出版社,2004.

［7］ 贾敏娜,宋光兴.群决策中专家权重确定方法研究综述[J].时代金融,2008(1):24 - 25.

［8］ YOO K E,CHOI Y C,Analytic Hierarchy Process Approach for Identifying Relative Im-portance of Factors to Improve Passenger Security Checks at Airports [J]. Journal of Air Transport Management,2006,12(3): 135 - 142.

［9］ 郭金玉,张忠彬,孙庆云.层次分析法的研究与应用[J].中国安全科学学报,2008,18(5):148 - 153.

［10］ 范英,李辰,晋民杰,等.三角模糊数和层次分析法在风险评价中的应用研究[J].中国安全科学学报,2014,24(7):70 - 74.

［11］ 张孝远,陈凯华.基于三角模糊数的综合评价体系的研究[J].中国科技论文在线,2006,(5):317 - 324.

［12］ 徐泽水.基于 FOWA 算子的三角模糊数互补判断矩阵排序法[J].系统工程程理论与实践,2003(10):86 - 89.

［13］ 孙光裕,江泽标,康向涛,等.基于 FOWA 模糊综合评价法的煤矿瓦斯爆炸危险性评价研究[J].数学的实践与认识,2019,49(7):261 - 269.

第三篇 认知分析

随着 HRA 理论的发展,人们逐渐认识到引发人不安全行为的因素既有外部因素,也有内部因素,这些因素之间具有一定的耦合特性,必须从内外两个方面开展预防,才能起到较为显著的效果。人因分析从外部分析走向内部分析是一次理论发展上的飞越,在这个过程中,人们开始关注认知领域的工作机理变化,发现内部因素的状态直接决定人的绩效水平,间接影响人为差错行为的触发概率。对此,一些专用的人因分析模型或框架式分析模型都开始加入人的认知过程分析板块,用以提升人因分析的准确性。本章介绍的模型中既有框架式分析模型,也有行为分析模型,但都是在传统分析方式上进行拓展延伸,加入了认知领域的分析流程,相对于第二篇内容,本篇内容介绍的方法分析更为系统和全面。另外,还对 Wickens 模型的定量分析方法进行了研究,构建了人的认知过程动力学模型,并进行了应用举例和仿真分析。

第 9 章　认知差错的回溯性分析技术

人为差错研究的重点主要包括差错的分类、形成的机制以及通过设计容错系统来阻止差错的发生。尽管这些评估人为差错的技术已经存在了几十年,在铁路运输、核电和医学等领域被广泛应用,但由于不同的行业有不同的发展过程,所以每种技术往往只与各自的行业特点相匹配,并不是在每个领域内都通用的。同时空中交通管理与铁路运输等其他领域有很大的不同,有必要开发一种专业性的人为差错分析工具,提高分析的准确性。于是,认知差错回溯和预测技术(Technique for Ret-rospective and Predictive Analysis of Cognitive Errors,TRACEr)在1999 年由英国国家空中交通服务中心提出,以提高空中交通网络运行的安全性[1-2]。本章将为读者介绍这一种具有空管专业性的分析工具。

9.1　TRACEr 模型介绍

9.1.1　Wickens 信息处理认知模型

2000 年,Wickens 首次提出了"信息处理认知"模型,是当前最具有代表性的认知模型[3]。在该模型中,将人的大脑作为处理器。在工作中,人需要主动地获取信息或被动地接收信息,而后对得到的信息进行处理,进一步作出决策,并执行决策指令。Wickens 在传统信息加工模型中加入了注意力环节,即在信息加工过程的感知、短时记忆、决策与响应选择和响应执行等环节都分配了注意力,构造了一种不同结构的人类信息加工模型,用于研究认知过程中的内部心理机制,能够准确刻画人类将外界信息和需求加工成为行为的过程和各项心理功能的交互关系,如图 9.1 所示。而航空管制工作以空中交通的安全、有序和高效为目标,管制员对空中交通的管控过程与这个信息加工过程相符,完全可以抽象为 Wickens 信息处理认知模型(以下简称 Wickens 模型),其各处理环节的相关信息见表 9.1。首先,管制员对机组报告信息和雷达监测信息进行感觉加工;然后,调用长时记忆中存储的知识和短时记忆存储的信息感知空中交通态势;之后,根据存储的规则和经验进行决策与响应选择;最后,对当前态势执行响应管控,并反馈回接收与感觉处理环节。在此过程中,长时记忆功能决定短时记忆的长短和内容;而通过耗用注意力短时记忆的信息经反复也可转入长时记忆。该模型反映了管制员的认知过程,能够对管制员差错进行分类,还能找出认知错差的影响因素。

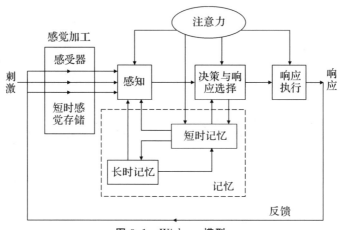

图 9.1 Wickens 模型

表 9.1 各处理环节的相关信息

处理环节	功 能	典型差错	是否分配注意力
接收与 感觉处理	对外界信息(雷达数据变化)和自身信息(发话 开关的感觉)的初始接收与感觉处理	没看见、没听见	否
感知过程	对感官接收的信息进行识别的过程	看错、听错	是
长时记忆	存储程序、规则、培训、经验等信息	专业知识错误	否
短时记忆	保存与飞行员的通话内容,寄存心算和打算要 做的事项	忘记、记错	是
决策与 响应选择	从记忆库中的经验和规则中找出应对办法	判断错误、计划错误、 决策错误	是
响应执行	管制员执行所选调配方案,发出指令	口误、输入错误	是

9.1.2 TRACEr 分析方法原理特性

TRACEr 模型是在 Wickens 模型基础上构建的一种框架式人为差错分析方法。它建立在人类信息处理范式模型的基础上,广泛地借鉴一系列人为因素和误差因果模型,既可以调查、回顾不安全事件,对已发生的差错进行分类和定义并识别,也可以识别预期性的差错,帮助分析人员确定可能发生的人为差错、发生的原因以及相对恢复的可能性,在空中交通管理(Air Traffic Management,ATM)和预测分析认知差错领域被广泛应用。TRACEr 的主要优点如下:

(1)它对可能发生的差错及其分类提供了一种更加有效且实用的分析方法。

(2)它提供了与缺陷的感知功能和相关机制有关的具体信息。

(3)它从心理学方面来解释了差错发生的原因。

(4)它记录了对差错发生起作用的环境和背景。

(5)它通过关键问题来检验并识别各种错误。

TRACEr 模型将空管领域内的人为差错视为人类信息处理中出现的差错。人类的感知过程被划分为四个阶段:感知、记忆、决策和行动响应。由于管制员的注意力有限,又要将有限的注意力分散到感知、记忆、决策和行动响应各个阶段,这就可能出现某阶段分配的注意力过多,导致其他阶段表现变差。该信息处理模型专门用于分析那些注意力分配不合理导致的人为差错,涵盖了整个管制员的操作过程,对信息加工阶段中的认知差错进行有效的分类,如感觉、知觉、工作记忆、长期记忆、决策、选择反应和执行反应等。

借鉴 Wickens 模型,TRACEr 模型的分析思路可以用一系列流程图来概括,包括外部差错模式、内部差错模式、心理学人为差错机制、任务差错、信息/设备、管制员行为塑造因素、差错检测和恢复,如图 9.2 所示[4]。

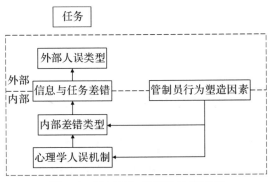

图 9.2　TRACEr 模型的分析原理

(1)外部差错模式。它是指实际或潜在差错的外在表现形式,通常指人为差错出现时管制员的动作或反应。外部差错类型借鉴了 Swain 和 Guttmann 的分类,将人为差错可分为三类:行动顺序和时间差错、行动选择差错、通信传输差错。

(2)内部差错模式。它是指管制员在认知领域中发生人为差错的内在表现,用来分析与认知功能和认知方法失效有关的具体原因。内部差错是管制员在认知领域中发生人为差错的内在表现。在此步骤中,需要确定差错属于感知、记忆、决策以及行动响应之中的哪一类。四类区域的具体描述为:

1)感知。感知阶段是指先通过各种方式与设备从外部环境感知到与飞行有关的信息,然后与长期记忆进行对比,识别出有用的信息。比如,管制员通过目视观察到周围有飞机,之后通过航向等信息来识别此飞机。

2)短期记忆和长期记忆。短期记忆又被称为工作记忆,其作用是对信息进行暂时的加工和容量有限的贮存。比如,管制员利用短期记忆暂时性地记住飞行员的语音消息,从而记住了下一步要做的动作。而长期记忆是能够保持几天到几年的记忆,由短期记忆通过巩固和重复形成。

3)判断和决策。判断和决策阶段是指管制员在工作中的判断、预测以及决策。比如,管制员利用已知信息,"判断"出了飞机需要改变的航向和高度。

4)行动响应。行动响应是在判断与决策之后,对所做出的决定采取行动。行动响应往往是影响任务好坏的最直接的因素。

(3)心理学人为差错机制。它是指认知领域中发生人为差错的心理学机制原因。外部差错类型和内部差错类型可通过案例分析或事故报告得到,而心理学机制相关数据却很难获得。

(4)任务差错。它是指管制员发生人为差错时正在执行的任务。管制员往往不会仅执行一个任务,而是执行多个任务,所以,要求将发生人为差错时管制员正在进行的其他任务一起记录下来。这些管制员已执行的不令人满意的任务,为后续人为差错分析提供了充足的信息补充。

(5)信息/设备。用来记录和补充与发生人为差错有关的重要信息和设备。必要的信息描述为深入进行人为差错分析提供了依据,便于对人为差错原因进行整体分析。

(6)管制员行为塑造因素。它是指影响或可能影响管制员行为表现的、与不安全事件联系密切的因素。

(7)差错检测和恢复。找出哪些差错可以识别,哪些差错可以恢复,从而提出缓解人为差错的相应举措。

9.1.3 TRACEr 方法分析流程

TRACEr 模型正是以倒置的顺序,从人为差错的外部失效入手,由表及里,逐层深入至内部致因,并结合人为差错发生时特定的空管环境及相关影响因素,形成了一套系统完整的分类分析方法。TRACEr 模型的具体使用流程,如图 9.3 所示。

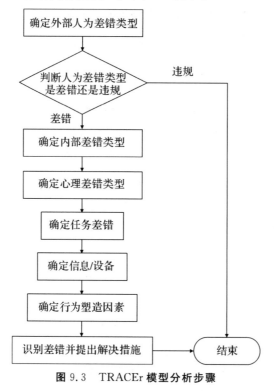

图 9.3 TRACEr 模型分析步骤

其具体步骤如下。

(1)执行外部差错模式,确定外部人为差错类型。

(2)依据差错和违规的标准,判断外部人为差错类型属于差错还是违规。

(3)执行内部差错模式,对差错进一步的内部分析,确定差错所属的认知区域,进而确定内部差错类型。

(4)执行心理学人为差错机制,在内部差错的基础上,从心理学角度得出导致人为差错发生的原因。

(5)执行任务差错模式,记录管制员所进行的任务。

(6)记录与人为差错发生有关的重要信息以及涉及的重要因素。

(7)确定管制员行为塑造因素。

(8)识别差错并提出解决措施。

9.2　空中危险接近事例分析应用

9.2.1　案例经过描述

2001 年 1 月 31 日,一架从日本东京国际机场飞往日本那霸机场的波音 747 航班(机号 907),与一架从韩国釜山国际机场飞往日本成田国际机场的麦道 DC-10 航班(机号 958),在日本静冈县烧津市骏河湾上空,发生了危险接近。尽管飞行员紧急避障,但仍造成 907 号客机的 100 多人受伤。

2001 年 1 月 31 日 15 时 36 分,907 号班机从东京国际机场起飞,在途经日本成田机场时,管制员同意其上升至 37 000 ft。而与此同时,958 号班机已进入成田国际机场空域,并已做好降落准备。当时,东京空管中心当班的有两名管制员,一名是值主班的实习管制员;另一名是负责监督的管制教员。在机载 TCAS 告警前,两位管制员已通过雷达屏幕信息,察觉到 907 号与 958 号有相撞的危险。但是实习管制员正忙于处理其他几个航班,注意力分散不当,忘记对两机做出适当的间隔调配;另一方面,管制教员严重渎职,没有认真监控飞行动态,也没有对实习管制员进行提醒和帮助。

15 时 55 分,机载 TCAS 突然告警,此时正确的指令应是让 958 号班机下降,但实习管制员因错误理解了雷达信息,搞混了两机的机号,导致指令错误,在命令 907 号下降的同时,却没有令 958 号上升。指挥一度混乱,当管制教员代替指挥时,原本打算下达"907 号上升"和"958 号下降"的指令,但由于口误,却把"907 号"说成了"957 号",且当时空中根本就不存在 957 号。而在此情况下,两机的机长分别听从了不同的指令,907 号机长按照管制员指令,下降高度;而 958 号机长也按照 TCAS 指令,下降高度,致使两机空中危险接近。幸运的是,两机机长最后通过目视发现了险情,907 号加大下降坡度,958 号开始爬升,最终两机在航路交汇处的垂直间隔仅为 40 m,两机没有空中相撞,实属侥幸。两机最后空中态势如图 9.4 所示。

图 9.4 907 号与 958 号班机空中危险接近态势图

9.2.2 基于 TRACEr 模型的案例分析

1. 人为差错类型的外部分析

(1)确定外部人为差错类型。外部差错是人为差错的外在表现形式,通过分析外部差错模式,可以确定外部人为差错类型。根据描述,可筛选该案例中四个明显的人为差错:

人为差错 1:在两机的机载 TCAS 告警前,实习管制员正在处理几个经过管制区的航班,分散了注意力,没有及时调配两机的飞行间隔。

人为差错 2:管制教员有监督实习管制员进行指挥、监控空中飞行动态的职责,且已经在雷达屏幕上发现两机有相撞危险,但没有提醒实习管制员注意两机的飞行冲突。

人为差错 3:当发现两机存在飞行冲突时,实习管制员正确的做法应该是向 958 号发出下降指令,却指令 907 号下降,同时也没有指示 958 号上升。

人为差错 4:管制教员接替实习管制员后,本应下达"907 号上升"和"958 号下降"的指令,但结果将"907 号班机"误说成"957 号班机"。

TRACEr 模型的外部差错可分为行动选择和执行错误、行动时间和次序错误、信息传输错误三个类型,各类型又细分为几种详细的外部人为差错表现,其具体分类情况见表 9.2。

表 9.2 外部差错分类表

	管制员忘记做
	管制员动作太多
	管制员动作太少
行动选择执行错误	管制员采取错误的行动
	管制员采取多余、无关的动作
	管制员发出错误的指令

续　表

	管制员动作太快
	管制员动作太慢
行动时间次序错误	管制员动作太早
	管制员动作太晚
	管制员重复动作
	管制员按照错误的顺序行动
	管制员发送信息不清楚
	管制员记录信息不清楚
	管制员未能接收信息
	管制员未能成功发送信息
信息传输错误	管制员未能成功记录信息
	管制员记录信息不完整
	管制员发送信息不完整
	管制员记录信息不正确
	管制员发送信息不正确

根据表 9.2,可对人为差错进行以下分类:

1)人为差错 1:外部差错类型为行动选择和执行错误-管制员（值主班的实习管制员）忘记做。解析过程:实习管制员当时正处理几个经过的航班,分散了注意力,没有及时调配开907 号和 958 号的间隔。

2)人为差错 2:外部差错类型为行动选择和执行错误-管制员（负责监督的管制教员）忘记做。解析过程:早在两机的 TCAS 告警前,管制教员已在雷达屏幕上发现两机有相撞的危险,但管制教员没有对实习管制员进行提醒,没有起到监督飞行动态作用。

3)人为差错 3:外部差错类型为行动选择和执行错误-管制员（值主班的实习管制员）发出错误的指令。解析过程:当发现两机存在飞行冲突时,实习管制员的指令错误,本应向 958号发出下降指令,却指示 907 号下降,也没有同时指示 958 号上升。

4)人为差错 4:外部差错类型属于:①信息传输错误-管制员（负责监督的管制教员）发送信息不正确;②行动选择和执行错误-管制员（负责监督的管制教员）发出错误的指令。解析过程:管制教员接过管制权后,对存在飞行冲突的 907 号与 958 号的意图和指令是正确的,但是错误地将"907 号"误说成"957 号"(当时附近空域并没有 957 号)。结果 958 号收到指示后,增加下降度,与 907 号越来越接近。因此,人为差错 4 类型应确定为管制员发送信息不正确。

(2)分辨违规与差错。在外部人为差错类型确定后,还需要分辨出人为差错背后的行为意图,即违规与差错。差错是管制员在环境因素或各类扰动作用下出现的无意偏差;而违规则是管制员有意地去违反某种规则与常理,与一般的认知错误存在巨大差异,本章不做深入分析。为便于区分,图 9.5 给出了分辨违规与差错的流程图。

对人为差错 1 的分析流程可表述为:实习管制员是否故意破坏规定? 否→实习管制员是

否意识到破坏规定？否→大部分管制员是否这么做？否→培训与经历中是否出现类似问题？否→有疏忽导致差错的可能性→对差错进行认知分析。

　　按上述流程,对人为差错 2、人为差错 3 和人为差错 4 进行分析,也可判断出都是差错。确定了外部人为差错类型,并判断出都是差错之后,就可进行相关认知分析,以得出人为差错内部差错类型以及心理方面的原因。

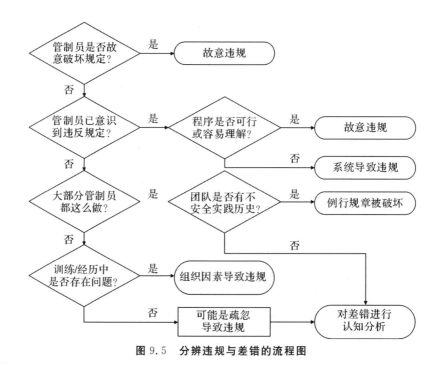

图 9.5　分辨违规与差错的流程图

2. 人为差错类型的内部分析

　　(1)认知区域分类。对认知差错的分类,需要先确定人为差错所处的认知区域,TRACEr 将人类的认知区域划分为感知、短期记忆和长期记忆、判断和决策、行动响应。

　　根据 3.1.2 节对认知区域属性的描述,可对筛选出的四个人为差错进行认知区域分类:

　　1)人为差错 1 中,实习管制员没有及时调配两机的间隔,属于记忆区域的差错。同时,忘记接下来要做的事情,属于短期记忆和长期记忆区域的差错。

　　2)人为差错 2 中,管制教员虽然发现两机有相撞的危险,但忘记提醒实习管制员,也属于记忆区域的差错。同时,由于忘记了接下来要做的事情,也属于短期记忆和长期记忆区域的差错。

　　3)人为差错 3 中,当发现两机存在飞行冲突时,实习管制员的正确做法应向 958 号发出下降指令,却指令 907 号下降,但没有同时指示 958 号上升,属于判断、计划和决策区域的差错。

　　4)人为差错 4 中,管制教员将"907 号"误说成"957 号",且该指令已经响应,容易确定属于行动响应区域的差错。

　　(2)确定内部差错类型和心理学人为差错机制。为便于对空管工作中的人为差错进行分类、汇总内部差错和心理学人为差错类型见表 9.3。

表 9.3　内部差错类型和心理学人为差错类型

认知区域	感知	短期记忆和长期记忆	判断和决策	行动响应
内部差错模式	没有视觉探测 视觉探测过晚 读错 看错 识别错误 没有识别 视觉识别过晚 无听觉探测 听觉探测过晚 监听错误 听错 听觉识别过晚	忘记监控 预期记忆故障 忘记早先的行为 忘记临时信息 获取的错误信息 忘记已储存的信息 已储存错误信息 忘记执行任务	推测差错 不合理的决策 过晚的决策 没有决策 不合理的计划 过晚的计划 没有计划	选择差错 定位差错 定时差错 信息传输不清楚 错误的信息传输 没有信息传输 信息记录不清楚 错误的信息记录 没有信息记录
心理差错模式	期望倾向 关联差错 知觉混淆 空间混淆 区分失效 分心/入神 次级超载 警觉差错	记忆容量超载 类似事件的干扰 分心/专注 小计转换 不正确的学习 学习不充分 记忆故障 低频倾向 不正确的知识	忽视长期 负面影响 缺少知识 整合失效 对信息的错误解读 认知固定 错误的设想 次序优化故障 风险识别错误 决策冻结	人工操作的变异性 空间混淆 习惯侵扰 知觉混淆 功能混淆 语言障碍 发音错误 语调不恰当 思想影响 环境侵扰 环境干扰 分心/入神 类似事件的干扰

根据该表格,对案例中的内部差错及心理学人为差错进行分类。

1)内部差错。

人为差错 1:实习管制员没有及时为存在冲突的 907 号和 958 号调配间隔,其内部差错为短期记忆与长期记忆——忘记临时信息。

人为差错 2:管制教员虽在雷达屏幕上已发现两机有相撞危险,但未及时提醒实习管制员,其内部差错为短期记忆与长期记忆——忘记执行任务。

人为差错 3:实习管制员的正确做法应是,向 958 号发出下降指令,同时指示 907 上升。但却指示 907 号下降,也没同时指示 958 号上升,其内部差错为判断、计划和决策——不合理的决策。

人为差错 4:管制教员接过管制权后,原打算下达"907 号上升"和"958 号下降"的指令,但将"907 号"误说成"957 号",且当时附近空域并无 957 号,其内部差错为响应执行——错误的信息传输。

2)心理学人为差错机制。

人为差错 1:实习管制员由于精力分配不合理,当时正处理几个经过的航班,没有来得及/忘记调整两机的间隔,分散了注意力,心理学人为差错机制为分心/专注。

人为差错 2：管制教员严重失职，在 TCAS 告警前，已从雷达屏幕发现两机存在相撞危险，但仍没有提醒实习管制员注意飞行动态，心理学人为差错机制为决策冻结。

人为差错 3：实习管制员对雷达屏幕等信息的解读出现问题，混淆/看错了两机的航班编号，从而下达了错误的指令，导致后续的一系列问题，心理学人为差错机制为对信息的解读错误。

人为差错 4：管制教员因为数字相似误将"907 号"说成"957 号"，而当时附近空域并无 957 号，因此，心理学人为差错机制界定为类似事件的干扰。

3. 确定任务差错

任务差错用于描述那些已执行的却出现差错的任务，可为深入研究提供依据。为便于确定任务差错，表 9.4 给出了任务类型及其定义。

表 9.4 任务分类及定义

任务类型	定 义
1.协调	
（1）在同一部门内	
（2）在同一区域/位置内	与相邻管制部门或同单位内其他管制员协同（口头或协议）
（3）在不同部门内	
2.塔台观测	可视化地收集关于交通或天气活动的信息
3.R/T 通信和指令	
（1）指令/许可	
（2）确认	
（3）复诵	飞行员与管制员之间的信息交互
（4）报告任务	
（5）请求	
（6）礼貌用语	
4.管制室通信	
（1）部门内通信	与管制室其他管制员实施信息协同
（2）部门间通信/同设施	
5.进程单任务	
（1）准备	
（2）标记	
（3）递交	有关进程单的系列操作行为
（4）检查	
（5）抄写	
6.资料核查	积极地从文档中寻找或确认信息
7.动态监视	掌握、检查来自雷达的动态信息
8.人机交互	与管制值班设备之间进行的信息交互行为
9.态势掌控	管制员对空中态势的掌控情况

续　表

任务类型	定　义
10.管制交接	管制员与管制员之间进行的信息或权责交接
11.训练	管制员进行的训练活动
12.监督	带班领导进行的监督活动
13.检查/考核	检查或考核过程中开展的相关活动

结合表 9.4 和案例分析,可得出:

人为差错 1 中,实习管制员没有及时向两机组下达指令,使得机组人员与管制员之间缺少必要的无线电交流,与人为差错 1 相关的任务错误属于 R/T 通信和指令中的指令/许可。

人为差错 2 中,管制教员负有监督飞行动态、提醒实习管制员的责任,但此次事件中,管制教员并没有对实习管制员进行及时提醒,与人为差错 2 相关的任务错误属于监督。

人为差错 3 中,实习管制员的正确做法应是向 958 号发出下降指令,却指令 907 号班机下降,同时也没有指示 958 号班机上升,管制员的指令下达错误,与人为差错 3 相关的任务错误也属于指令/许可。

人为差错 4 中,管制教员将"907 号"误说成"957 号",且当时附近空域内并没有 957 号,与人为差错 4 相关的任务错误属于指令/许可。

4. 确定信息/设备

信息/设备因素描述了人为差错发生时的环境。信息是指发生差错的问题信息是什么,例如:管制员忘记了什么?错误判断了什么?设备是指发生人为差错时涉及哪些设备。表 9.5 给出了空中交通管制活动和航空信息、空域以及其他信息。

表 9.5　信息与设备的分类列表

空中交通管制活动和航空信息	空域和其他信息
1.航管业务相关材料 　(1)程序 　(2)汇报材料 　(3)飞行进度条(FPS) 　(4)跟踪数据块(TDB) 　(5)冲突警戒 　(6)禁区(天气、军事等) 　(7)ATS 设备-状态	1.时间和地点 　(1)时间 　(2)距离 　(3)地理位置 　(4)空域类型 　(5)空域的限制 　(6)目的地 　(7)有关部门 　(8)冲突 　(9)天气
2.管制员活动 　(1)飞机瞄准(塔台) 　(2)飞机识别(塔台) 　(3)指明 　(4)交接 　(5)分离 　(6)转移 　(7)协调 　(8)空中交通服务类型	2.机场 　(1)机场(名称、代号) 　(2)机场监控设备 　(3)塔台 　(4)跑道 　(5)地面车辆 　(6)地形 　(7)人员

续 表

空中交通管制活动和航空信息	空域和其他信息
3.航空器可变信息 　(1)爬升 　(2)下降 　(3)飞行高度层 　(4)高度 　(5)航线 　(6)航向 　(7)速度 　(8)飞机性能 　(9)净空 　(10)频率 　(11)特殊指令 　(12)避撞机动 　(13)紧急情况 　(14)无线电交流	3.飞行规则 　(1)仪表飞行规则(IFR) 　(2)目视飞行规则(VFR) 4.导航设备 　(1)甚高频全向信标(VOR) 　(2)无方向信标态(NDB) 　(3)测距仪(DME) 　(4)全球卫星导航(GNSS) 5.监视设备 　(1)一次雷达 　(2)二次雷达 　(3)飞机位置显示 　(4)精密进近雷达 6.视觉着陆导航设备
4.航空器固定信息 　(1)飞机名称 　(2)航空公司 　(3)呼号 　(4)飞机类型 　(5)交通类型 　(6)QNH/QFE 　(7)TCAS	7.机场辅助设备控制机构 8.通信设备 　(1)无线电 　(2)电话 　(3)航空导航通信网 　(4)数据链 　(5)扩音器 　(6)光信号设备

结合案例与表9.5可得：

人为差错1中,实习管制员没有调配两机的间隔,涉及的信息/设备-避撞行动/无线电。

人为差错2中,管制教员没有监督飞行动态,也没有对实习管制员进行提醒,涉及的信息/设备-紧急情况/监视设备。

人为差错3中,实习管制员应指示907号班机下降,却指示其爬升,同时没有指示958号班机上升,涉及的信息/设备-爬升或下降/无线电。

人为差错4中,管制教员虽然指挥意图正确,但错误地将"907号"误说成"957号",涉及的信息/设备-呼号/无线电。

5.行为塑造因素

管制员行为塑造因素会很大程度上影响管制员的实际工作表现,并在TRACEr模型中地位十分重要。而确定管制员行为塑造因素,往往需要根据管制员自身情况,以及所处的背景和环境等方面来确定。表9.6列出了管制员行为塑造因素。

表 9.6　管制员行为塑造因素

行为塑造因素

1.飞行员-管制员通信：
　1)飞行员发音困难
　2)飞行员/管制员的无线电标准和措辞存在缺陷
　3)ATC 传送的复杂性、无线电干扰
　4)飞行员/管制员高强度的无线电工作负荷

2.飞行员行为：
　1)响应 TCAS 警报
　2)ATC 指令响应时间
　3)飞行员正确的复诵和不正确的行为
　4)转弯、上升、下降、变速

3.交通和空域

4.天气

5.文件和程序

6.训练和经验：
　1)岗位知识不足
　2)工作经验不足
　3)日常操作中不熟悉任务
　4)过度训练
　5)不充分的指导
　6)在职培训与应急培训不足
　7)复发性/延续性培训不足
　8)管制员在培训
　9)管制员在检查

7.工作场所设计和人机界面

8.环境

9.人为因素：
　1)被个人思想分散了注意力
　2)疾病、损伤和疲劳
　3)异常压力症状、情感压力
　4)生活方式问题
　5)道德动机
　6)无聊
　7)自满与自我信心
　8)相信自动化

10.团队因素

11.组织因素

考虑到本案例提供的信息有限,根据以表9.6可大致确定塑造因素:

人为差错1实习管制员:训练和经验——工作经验不足;飞行员/管制员通信——飞行员/管制员高强度的无线电工作负荷。

人为差错2管制教员:人为因素——被个人思想分散了注意力;团队因素。

人为差错3实习管制员:训练和经验——在职培训与应急培训不足;训练和经验——日常操作中不熟悉任务。

人为差错4管制教员:人为因素——异常压力症状、情感压力。

6. 分析结果整合

把上述各步分析结果整合,见表9.7。

表9.7　TRACEr 分析结果整合

分类	人为差错1	人为差错2	人为差错3	人为差错4
外部差错类型	管制员忘记做	管制员忘记做	管制员发出错误指令	管制员发送信息不正确
认知区域	短期记忆和长期记忆区域	短期记忆和长期记忆区域	判断和决策	行动响应
内部差错类型	忘记临时信息	忘记临时信息	不合理的决策	错误的信息传输
心理学人为差错机制	分心/专注	决策冻结	对信息的解读错误	类似事件的干扰
任务差错	指令/许可	监督	指令/许可	指令/许可
信息/设备	避撞行动/无线电	紧急情况/监视设备	爬升或下降/无线电	呼号/无线电
管制员行为塑造因素	飞行员/管制员高度的无线电工作负担	被个人思想分散了注意力(团队因素)	在职培训与应急培训不足;异常压力症状、情感压力	异常压力症状、情感压力

通过以上汇总,即可因地制宜地提出解决措施。需要指出的是,心理学人为差错机制指出了管制员出现人为差错的心理方面的原因,而心理方面的异常不是短时间养成的,往往很难去消除,需要管制员自身加强平日的心理素质培养,同时要经常给管制员组织专项的培训和心理疏导,缓解管制员的心理压力。

综上所述,TRACEr 模型可以与管制员的人为差错进行整体分析,也可以进行更深层分析。它构造了完整的任务分类系统,可从不同角度科学地解释出现人为差错的原因,便于对人为差错条件进行整理总结,从而为航管部门制定由内而外的举措提供了科学依据。当然,个案分析是不具说服力的,也不能就此给出降低人为差错影响的举措,还应基于此种分类进行数据统计与整理,筛选出负面影响、出现频率最大的人为差错类型,就能有针对性地提出的预防措施。

9.2.3　与传统人因分析方法的差异分析

第一代人因可靠性分析方法的核心是通过对收集、统计数据以及专家的判断从而得出差错发生的概率。但是仅仅掌握差错发生的概率,却没有从认知和心理方面,以及结合相关的环境、背景等因素对人这一主体进行更深层的研究,这样得到的结果难以为缓解人为差错举措的决定提供依据。比如,只知道管制员忘记监视的概率是多少,却不知道为何忘记监视,管制员在执行什么任务时忘记监视,在什么环境下忘记监视,以及忘记监视了什么,错过了什么。无法搞清楚以上信息,就无法确定以后如何避免减少相关的差错。通过以上步骤的分析,可以看出 TRACEr 模型结合了认知学和心理学,对管制员的内在行为过程进行了分析研究,又记录了特定的情景环境和不安全事件相关因素的概况。因此,TRACEr 模型在分析差错、探究差错的内在机理以及相关因素的发展趋势的同时,又涵盖了不安全事件的各种任务、信息、涉及的设备,从而为缓解人为差错问题、降低人为差错对飞行的影响提供了更好的计划。

第二代人因可靠性分析方法突破了第一代分析方法中相对孤立的人因失误分析视角,开始挖掘不安全行为形成的环境因素与各系统子部件之间的关联性,但在认知领域的分析并不深入。TRACEr 模型则从内部与外围两方面展开研究,不但识别人因失误产生的深层次原因,还充分挖掘其触发情景,从而能够制定更灵活和完善的风险管控措施。

但从案例分析中,也能看出 TRACEr 模型存在一定的缺陷:一是分析流程较为复杂,随着事例情景复杂度的增加,分析工作量也会急剧增加,这也在一定程度上影响了结论的系统性和准确性,结论难免会受分析者主观判断的影响存在片面性。二是对分析者的知识结构有一定要求,否则同样会影响原因回溯的准确性。三是不具备定量分析的能力,这使得结论的可信度受限。因此,读者在实际使用该分析工具的时候应当根据具体问题作出适当修正,以提高分析结论的科学性。

9.3　改进的 TRACEr 模型应用介绍

9.3.1　TRACEr lite 方法介绍

TRACEr 被设计初期的服务对象是人为因素(Human Factor,HF)专家,渐渐地也被其他的空中交通管理专业人员所使用。但大量的应用结果反馈显示,TRACEr 过于专业,就导致分析过程略显复杂且有些问题比较耗时。于是,为了能够方便这种技术的推广,一种针对空中交通管制操作人员的差错分析和分类的新方法“TRACEr lite”就被提出。TRACEr lite 结合TRACEr 应用中出现的问题和 ATC 工作人员的实际需求,强调了资源的实用性和灵活性、培训要求和前后联系的有效性。TRACEr lite 分为回顾使用的“RETRO”和预测使用的“PRE-DICT”两个版本,其中,TRACEr lite 的“RETRO”(回顾使用版本)包含任务差错、内部差错模式和机制、信息以及行为塑造因素四个步骤;TRACER lite 的“PREDICT”(预测使用版本)包含行为塑造因素、外部差错、内部差错模式和机制、恢复四个步骤。相对原有 TRACEr 模型，TRACEr lite 做出的改动描述如下。

（1）任务差错。任务差错描述了已执行却没有令人满意的任务的差错。但此分类仅适用于差错的回顾，因为在预测差错的过程中，相应的任务描述将包含在任务分析的步骤中。

（2）外部差错。外部差错描述了实际或潜在差错的可见表现形式，基于差错行为的逻辑效果，分为行动选择和执行、行动时间和次序、信息传输。外部差错与前后联系无关，与认知过程和操作意图无关，仅作为提示用于差错的预测。

（3）内部差错模式和心理学人为差错机制。差错模式描述了认知功能失效或可能失效的原因，以及认知失效的内在形式。其中，心理学人为差错机制描述了内部差错模式的心理本质。众所周知，认知偏见会影响工作表现。这些分类法既可用于回顾，也可用于预测。而少数的心理学人为差错机制是不可预测的，因此在预测版本"PREDICT"中省略了。

（4）信息。信息的关键字描述了差错的主题，并与内部差错模式关系十分密切。此分类仅适用于差错的回顾，因为对于差错的预测，相关的信息将包含在任务分析的步骤中。

（5）绩效形成因子（PSFs）。PSFs 描述了影响或可能影响管制员行为、加剧人为差错的严重程度，或者可能有助于差错恢复的因素。这种分类法既适用于回顾使用，也适用于预测使用。

（6）恢复——差错检测和纠正只考虑用于预测目的，因为它们与事件调查更为无关，另外在差错的回顾阶段的增加实施方法的复杂性。

所以 TRACEr lite 简化了 TRACER 的框架，其中的一个关键就是简化 TRACEr 的"内部误差模式（Interior Error Modes，IEMs）"和"心理学人为差错机制（Psychology Error Modes，PEMs）"为 TRACEr lite 的"内部误差（模式和机制）"。

9.3.2　基于 TRACEr lite(RETRO)的事故分析

为便于方法对比，本节基于 TRACEr lite(RETRO)方法对危险接近事件再次展开分析。

1. 任务差错

任务差错用来记录人为差错发生时管制员正在执行的任务，由于管制员通常不会只进行一个任务，所以把其他任务一并记录下来对于后续的人为差错分析是十分必要的，任务差错汇总见表 9.8。

表 9.8　任务差错

管制员的任务差错	飞行员的任务差错
间隔差错	航空器操作差错
飞行员和管制员之间的无线电交流和指令传输差错	飞行员和管制员之间的无线电交流和指令传输差错
动态监控差错	视觉观察差错
飞机瞄准/识别差错	飞行甲板协调/通信差错
协调差错	资料核查差错
管制室通信差错	训练、监督或简称差错
交接班前的信息汇总	人机界面输入和功能差错

续表

管制员的任务差错	飞行员的任务差错
管制移交差错 飞行进程单使用差错 资料核查差错 训练、监督或检查差错 人机界面输入和功能差错 其他管制员的任务差错	与其他飞行员间的协同差错

根据表9.8,可将任务差错识别如下。

人为差错1中,实习管制员没有对航空器进行指令调节,所以属于飞行员和管制员之间的无线电交流和指令传输差错。

人为差错2中,管制教员没有对实习管制员进行飞行动态监督和提醒训练、监督或检查差错。

人为差错3中,实习管制员对航空器发的指令错误,属于飞行员和管制员之间的无线电交流和指令传输差错。

人为差错4中,管制教员误读航空器的机号,飞行员和管制员之间的无线电交流和指令传输差错。

2. 内部差错模式和机制

内部差错模式和机制更详细地描述了差错是如何发生的。模式和机制是围绕四个认知区域构建的。

(1)感知——管制员/飞行员是否看错了、听错了或感知错了,未能看到、听到或感知到什么。

(2)记忆——管制员/飞行员是否忘记或误记信息,忘记已经做的事或将要做的事。

(3)决策制定——管制员/飞行员是否出现预测所需间隔的差错,或出现计划或决策制定的差错。

(4)行动——管制员/飞行员是否以非预期的方式来执行动作,或无意中说了不正确或不清楚的话。

内部差错模式提供了更进一层的差错细节,解释了管制员/飞行员的行为为何没能达到预期的结果。对于不安全事件报告中标示的每个人为差错,都需要使用一个差错模式来描述。

内部差错机制更深入地描述了差错的心理基础。一旦一种内部差错模式被选择,就有一个相关的内部差错机制被确定,见表9.9。

表9.9　内部差错模式和机制

差错模式	差错机制
感　知	
听错	期望倾向
看错	知觉混乱
无视觉探测	分心/入神
无听觉探测	外界信息超载

续 表

差错模式	差错机制
	联系偏差
	意识差错
记 忆	
动作遗漏或延迟	记忆混乱
忘记当前信息	记忆容量过载
回忆了不正确的信息	学习不充足
	记忆障碍
	分心专注
制定决策	
判断差错	信息的错误理解
不恰当的决策和计划	没考虑侧面或长期的影响
迟的决策和计划	拘泥固有的认知
没有决策和计划	知识的缺乏
	决策停滞
行 动	
选择差错	手动操作可变性
不清楚的信息传递/记录	空间混乱
不正确的信息传递/记录	习惯干扰
	分心/入神

根据表9.9,人为差错行为对应的差错模式和机制如下。

人为差错1:记忆——动作遗漏或延迟——分心/专注。

人为差错2:记忆——动作遗漏或延迟——决策停滞。

人为差错3:制定决策——不恰当的决策和计划——信息的错误理解。

人为差错4:行动——不正确的信息传递/记录——其他因素(发音错误)。

3. 信息

信息分类法描述了差错的主题和主体。比如,管制员到底错误地接收、忘记、判断或传达了什么信息,信息分类具体涉及哪种内部差错模式。信息分类见表9.10。

表 9.10 信息分类

信 息
管制员/飞行员的活动和航空器的信息
航管业务相关材料(例如:简报、飞行进程单)
飞行员业务相关材料(例如:飞行计划、图表)
管制员的活动(例如:管制移交、协同)
可变的飞机信息及飞行员的活动(例如:航行计划)
其他

续 表

空域及其他关键词
时间及地点(例如:航段、目的地)
机场(例如:跑道、着陆方向)
其他

相关人为差错的信息分类可表述为:

人为差错 1:可变的飞机资料及飞行员的活动(高度)。

人为差错 2:管制员的活动(监督)。

人为差错 3:可变的飞机资料及飞行员的活动(高度)。

人为差错 4:可变的飞机资料及飞行员的活动(飞机呼号)。

4. 绩效形成因子

PSFs 是那些直接或间接加剧差错的因素,这些因素可能是管制员内部的因素,也可能是飞行员内部的因素,也可能是与任务和操作环境相关的因素。PSFs 通常可以根据内部差错模式和机制的来确定见表 9.11。

表 9.11 绩效形成因子

序号	要素名称
1	交通与空域(例如:交通负荷、扇区设计)
2	管制员与飞行员的通信(例如:无线电清晰度、管制员语言或口音)
3	程序(例如:复杂性、合理性)
4	培训和经验
5	工作场所布局、人机界面和设备因素
6	环境(例如:噪声、光线明暗)
7	个人状态(例如:紧张、疲劳、自信)
8	团队因素(例如:团队关系、协同质量)

各人为差错因素的行为塑造因素可描述为:

人为差错 1:培训和经验(对任务不熟练)。

人为差错 2:个人因素(自满、无聊)。

人为差错 3:培训和经验(应急训练不足)。

人为差错 4:培训和经验(应急训练不足)、管制员与飞行员的通信(管制员发音错误)。

5. 结果汇总与分析

进行各步分析后,将 TRACER lite 的所有的分析结果汇总,见表 9.12。

表 9.12 结果汇总

分类	人为差错 1	人为差错 2	人为差错 3	人为差错 4
TASK	飞行员和管制员之间的无线电交流和指令传输差错	训练、监督或检查差错	飞行员和管制员之间的无线电交流和指令传输差错	飞行员和管制员之间的无线电交流和指令传输差错
内部差错模式和机制	①记忆②动作遗漏或延迟③分心/专注	①记忆②动作遗漏或延迟③决策停滞	①制定决策②不恰当的决策③信息的错误理解	①行动②不正确的信息传递③发音错误
信息	高度	监督	高度	飞机呼号
PSFs	对任务不熟练	自满、无聊	应急训练不足	管制员发音错误

9.3.3 TRACER lite 优势概括

由上述结果的对比可以看出,TRACEr lite 简化了 TRACEr 的框架,特别是简化 TRACEr 的"内部误差模式(IEMs)"和"心理学人为差错机制(PEMs)",并合并为 TRACEr lite 的"内部误差(模式和机制)"。与 TRACEr 相比,TRACEr lite 能够缩短人为差错分析的工作量,节省了时间,强调了实用性,降低了对使用人员的要求和培训时长。TRACEr lite 作为 TRACEr 模型的衍生版,也保留了 TRACEr 模型自身准确性高、分析深度大的特点,能够实现 TRACEr 模型的应用推广。

9.4 小 结

我国人为因素分析研究起步较晚,尤其是对认知领域的探索仍停留在较浅层次,这也导致了我国学者在对人为因素成因的挖掘中存在不全面、不确切的现象。TRACEr 模型的分析方法能够在一定程度上改善认知领域剖析不透彻的短板,但在另一方面也对分析者的知识水平提出一定要求。显然对人的认知系统工作原理一无所知的话也会影响分析结论的准确性。本章以一起空中危险接近事件为例对 TRACEr 模型的应用方法进行了介绍,同时也结合 Wickens 模型为大家简要说明了人的认知系统工作过程。读者通过本章的学习,可以在今后的安全分析工作中对人因形成机理有更为深入的理解,同时也丰富了大家安全分析的方法手段。

参 考 文 献

[1] BAYSARIM T,CAPONECCHIA C,MCINTOSH A S. A Reliability and Usability Study of TRACEr-RAV:the Technique for the Retrospective Analysis of Cognitive Errors——for Rail,Australian Version[J]. Applied Ergonomics,2011,42(6):852-859.

［2］BAYSARI M T,MCINTOSH A S,WILSON J R. Analysis of Australian and UK Rail Incidents and Accidents Using Retrospective TRACEr Lite for Train Drivers［J］. Human Factors and Ergonomics Society Annual Meeting Proceedings,2008,52(21):1761-1765.

［3］WICKENS C D,HOLLANDS J G. Engineering Psychology and Human Performance ［M］. 3rd Edition. Prentice Hall Press. Upper Saddle River,New Jersey,2000.

［4］YAN SHAOHUA. Classification and Analysis of Air Traffic Controllers' Errors Based on Information Processing Model［J］. China Safety Science Journal,2009,19(8):121-125.

［5］滕晓毕,王健,陆燕玉.基于 TRACEr 失误辨识方法的电网调度人因风险认知分析［J］.微型电脑应用,2020.36(1):4-44.

第 10 章　认知可靠性和失误分析方法

在早期的人为差错分析研究中,分析目标常局限于外在行为差错,忽略了人内在因素的变化规律,这使得很多风险隐患无法被识别和管控。随着神经科学的发展,人们开始关注内在认知演变规律,认为人的内部因素对差错行为的影响同样显著,由此,以认知可靠性和失误分析方法(Cognitive Reliability and Error Analysis Method,CREAM)为代表的一系列方法被提出。本章以 CREAM 方法为例,用定性和定量两种分析方法,从内部和外部两方面对人为差错行为展开分析,可为读者提供一套较为系统的事故分析路线。

10.1　CREAM 模型介绍

10.1.1　CREAM 情景控制模型

早在 20 世纪 50 年代初,美国 SANDIA 国家实验室率先采用常规硬件可靠性分析方法估算复杂系统中的人因失效概率,开启了人因可靠性分析(Human Reliability Analysis,HRA)的先河。1964 年,首届 HRA 国际学术会议召开,标志着 HRA 理论进入开创性的发展阶段。Hollenagel 于 1998 年提出了 CREAM 方法[1],属于第二代 HRA 方法,其显著特点是把对人的行为的描述置于一个环境背景中,并在分析早期阶段就考虑环境背景对人的绩效的影响。而在过去的基于人因模型或信息处理模型的 HRA 中,对环境背景及其相关性考虑不够。另一特点在于它是一个双向的分析方法,既可以对人为差错事故根本原因进行回溯性分析,又可对人为差错概率进行预测性分析。

CREAM 方法的理论基础是情景控制模型(Contextual Control Model,COCOM),如图10.1 所示,是一种循环式的人的行为模型。

该模型把人的行为按认知功能分为 4 个基本的类,即观察,解释,计划和执行。人的行为是在现实的环境背景下按照一定的预期目的和计划进行的,但是人又根据环境背景的反馈信息随时调整自己的行为,这是一个多次交互的循环过程。

在 COCOM 模型中,环境背景用控制模式来描述,可分为 4 种控制模式,即混乱型、机会型、战术型和战略型。

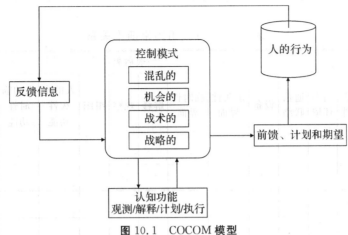

图 10.1 COCOM 模型

（1）混乱型。在这种控制模式下，人在要采取何种动作时的思考和判断能力基本丧失了，而是盲目地进行"尝试—失误—尝试"的循环性活动。只有在高应急的状态下，这种控制模式才会出现。

（2）机会型。在这种控制模式下，一个人的计划或期望性判断是非常有限的，有限的原因可能是由于现场混乱或是在做这项任务之前人没有充分理解任务所处的情景环境，并且对事故场景的突出特征的感知或者经验是决定每个人的下一步动作基础。这种控制模式的产生常常是由于缺乏知识或面对少发的系统异常事故。

（3）战术型。在这种控制模式下，人的绩效活动是基于计划的，所以他们多少都会遵循已知的规程或者规则。如果经常使用这个计划，那么人就有可能作为一种倾向性选择，但实际上，我们对情境环境没有深刻的理解。

（4）战略型。在这种控制模式下，人们可以有更多的时间来审视当前的情况，并且可以预先看到更高层次的任务目标，因此行动的选择受到当前事故情况的主导特征的影响和限制较小。与其他控制模式相比，战略控制模式具有更稳定、可靠的输出绩效。

10.1.2 CREAM 追溯分析方法

CREAM 方法可用于具体安全事故案例的分析，也可用于一般人因失误事件的分析。在具体案例的分析中，一般用追溯分析的方法，是开展定性分析的主要方法，由最终的事故结果出发，不断挖掘人因失误的诱因，识别事故的根原因。CREAM 方法将失误分为可观察性失误和不可观察性失误。可观察性失误是指具有外在表现形式的失误；不可观察性失误指不具备外在表现形式的失误，即人思维过程中的失误，包括诊断、评价、决策和计划等行为中的失误。

CREAM 方法将引起人的失误的原因称为"前因"，并归纳为三方面，分别为"人""技术"和"组织"，而每一方面的诱因又可被细分为多个前因组。分类组的前因之间相互间存在因果关系，每一个前因作为后果可以分析引起该后果的前因，由此构成"前因—后果"分析链。CREAM 方法给出了与分类组对应的 14 种"前因—后果"链表[1]，因果前推关系见表 10.1，但该表仅给出了一种因果前推的一般性框架，根据具体案例需要进行修正、拓展或补充。分类组如图 10.2 所示[2-3]。

表 10.1 分类组因果前推关系

一般前因	一般后果													
	工作条件	周围环境	通信联络	设备	永久性界面	临时性界面	解释	观察	组织	人的永久性功能	人的临时性功能	计划	规程	培训
周围环境														
通信联络				✓				✓	✓	✓		✓		
设备								✓						
永久性界面								✓						
临时性界面			✓					✓				✓		
解释			✓		✓		✓	✓	✓	✓		✓		
观察	✓	✓	✓			✓		✓	✓	✓				
组织														
人的永久性功能														
人的临时性功能	✓	✓	✓										✓	✓
计划		✓				✓				✓				✓
规程								✓						
培训								✓						
工作条件	✓	✓						✓						

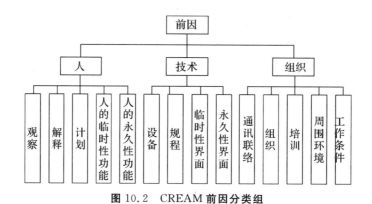

图 10.2 CREAM 前因分类组

CREAM 将失误的外在表现形式称为失误模式,并将其分为 8 类,如图 10.3 所示。失误模式又可划分为四大类,包括在错误时间的动作、错误方式的动作、对错误对象的动作、在错误地点的动作。

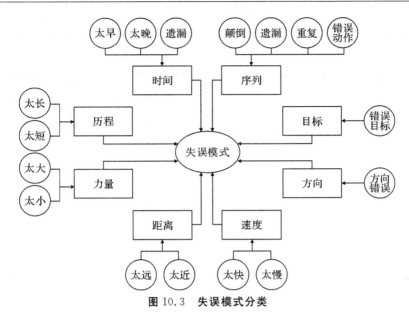

图 10.3　失误模式分类

CREAM 方法将八类失误的一般前因和具体前因进行了归纳,见表 10.2。

表 10.2　失误模式前因表[2]

失误模式	一般前因		具体前因
时间/历程	通信失效	不完善的规程	先前的疏忽
	诊断失败	不注意	俘获错误
	不合理的计划	错过观察	
序列	"获取"限制	不完善的规程	俘获错误
	通信失效	不注意	
	诊断失败	记忆失效	
	不合理的计划	识别错误	
力量	通信失效	不合理的计划	模糊的标签
	设备失效	不完善的规程	习惯冲突
	诊断失败	错过观察	错误的标签
距离	通信失效	不合理的计划	模糊的标签
	设备失效	不完善的规程	习惯冲突
	诊断失败	错过观察	错误的标签
速度	通信失效	不合理的计划	无定义
	诊断失败	不完善的规程	
	不合理的计划	错过观察	
	分心	绩效波动	

续 表

失误模式	一般前因		具体前因
方向	通信失效	不完善的规程	模糊的标签
	诊断失败	不注意	习惯冲突
	不合理的计划	错过观察	错误的标签
对象	"获取"问题	不完善的规程	模糊的标签
	通信失效	不注意	错误的标签
	识别错误	错过观察	
	不合理的计划	绩效波动	

表 10.3　分类组之间主要前推关系

一般前因	一般后果							
	时间	历程	力量	距离	速度	方向	对象	序列
错过观察	√	√	√	√	√	√	√	
错误识别							√	√
诊断失败	√	√	√	√	√	√		√
不适当的计划	√	√	√	√	√	√		√
分心					√			
不注意	√	√				√	√	√
绩效波动					√	√		
设备失效			√	√	√			
不完善的规程	√	√	√	√	√	√	√	
通信联络失败	√	√	√	√	√	√	√	√

CREAM 追溯分析可分为以下四个步骤。

1)步骤 1:描述情景环境。

根据情景环境,描述各 CPC 因子的水平。

2)步骤 2:描述失效模式。

对各种可能的失效模式进行解释,通过专家问卷调查的方式筛选不可能的失效模式,但对一些可能性较高的失效模式应当进行保留。

3)步骤 3:原因追溯。

根据 CPC 因子的水平,找出对绩效可靠性表现效果为降低的因子,并参照图 8.1.2 找出相对应的前因。

4)步骤 4:识别根原因。

为了确定主要任务步骤失效的具体原因,还需要展开更为详细的分析。以失误模式为起点,通过表 10.2 和表 10.3 识别一般前因和具体原因。前因可能会有多个,需要专家根据经验和知识以问卷的形式进行一定的筛选。再将选定的前因作为下一轮分析的后果,根据表 10.1~表 10.3 继续进行追溯分析,直至找到最终的根原因。分析有两个终止原则,一是后果不包含一般前因或没有合适前因;二是某一般后果指向某具体原因作为最可能的候选原因。在形成的多条"后果—前因"链上,末端的具体原因或一般前因就是最终的根原因。追溯分析流程如图 10.4 所示。

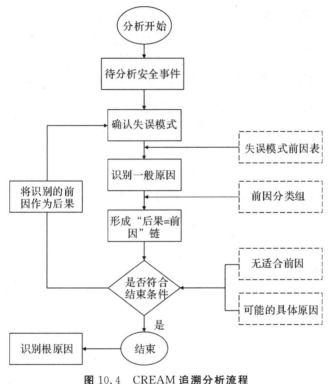

图 10.4　CREAM 追溯分析流程

10.1.3　CREAM 预测分析步骤

CREAM 预测分析方法可分为基本法和拓展法,主要用于开展定量分析,对人为差错概率进行预测[5]。

(1)基本法的分析步骤可分为以下四步。

1)步骤 1:建立任务序列。

2)步骤 2:根据事故情景环境,对 CPC 因子进行评价。

3)步骤 3:根据 CPC 因子评价情况,对照 COMOS 模型确定人的控制模式。CPC 因子与控制模式的对照关系如图 10.5 所示。

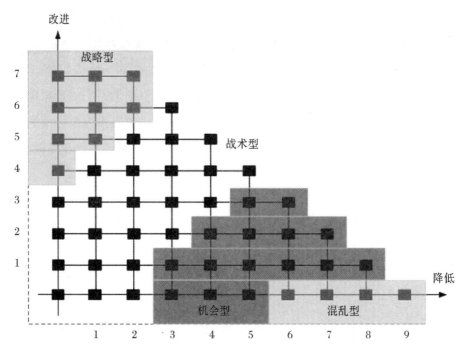

图 10.5　控制模式与 CPC 因子对应关系

4)步骤 4:预测失误概率。根据表 10.4,获得人的失误概率区间。

表 10.4　控制模式与失效概率区间

控制模式	失效概率区间
战略型	$0.000\,05 < P < 0.01$
战术型	$0.001 < P < 0.1$
机会型	$0.01 < P < 0.5$
混乱型	$0.1 < P < 1.0$

(2)拓展法分析步骤如下。

1)步骤 1:任务分析,建立认知需求剖面。对事故认知行为过程进行分析,从而构建事件序列,同时层次化描述事故过程的发展进程,重点识别并确认该过程中任务的细节,其中包括人执行任务的整个操作过程以及相应的情境环境条件。观察、解释、计划和执行四个认知功能是 CREAM 的四大类,而每类功能包含有若干个失效模式。然后按认知活动和认知功能对照表(见表 10.5),确定每项步骤中的认知活动所对应的认知功能。

表 10.5　认知行为与认知功能关系

行为类型	认知功能			
	观察	解释	计划	执行
协调			√	√
通信				√
比较		√		

续　表

行为类型	认知功能			
	观察	解释	计划	执行
诊断		√	√	
评估		√	√	
执行				√
识别		√		
保持			√	√
监视	√	√		
观察	√			
计划			√	
记录		√		√
调节	√			√
扫描	√			

2)步骤2:评价共同绩效条件(CPC)。根据人执行任务时的情景环境条件,评价CREAM方法中的9种CPC因子的水平,从而确定这9种CPC因子对人的绩效可靠性的期望效应。每个CPC因子都有多个水平以及对应的认知功能权重,见表10.6。

表 10.6　CPC 因子与绩效可靠性及权重因子

CPC 名字	水　平	对效绩可靠性的期望效应	认知功能对应的权重因子			
			观察	解释	计划	执行
组织的完善性	非常有效	改进	1.0	1.0	0.8	0.8
	有效	不显著	1.0	1.0	1.0	1.0
	无效	降低	1.0	1.0	1.2	1.2
	效果差	降低	1.0	1.0	2.0	2.0
工作条件	优越	改进	0.8	0.8	1.0	0.8
	匹配	不显著	1.0	1.0	1.0	1.0
	不匹配	降低	2.0	2.0	1.0	2.0
人机界面与运行支持的完善性	支持	改进	0.5	1.0	1.0	0.5
	充分	不显著	1.0	1.0	1.0	1.0
	可容忍	不显著	1.0	1.0	1.0	1.0
	不适当	降低	5.0	1.0	1.0	5.0
规程/计划的可用性	适当	改进	0.8	1.0	0.5	0.8
	可接受	不显著	1.0	1.0	1.0	1.0
	不适当	降低	2.0	1.0	5.0	2.0

续 表

CPC 名字	水 平	对效绩可靠性的期望效应	认知功能对应的权重因子			
			观察	解释	计划	执行
同时出现的目标数量	能力之内的	改进	1.0	1.0	1.0	1.0
	与能力相符的	不显著	1.0	1.0	1.0	1.0
	超出能力之外	降低	2.0	2.0	5.0	2.0
可用时间	充分	改进	0.5	0.5	0.5	0.5
	暂时不充分	不显著	1.0	1.0	1.0	1.0
	连续不充分	降低	5.0	5.0	5.0	5.0
工作时间	白天(可调整)	不显著	1.0	1.0	1.0	1.0
	夜晚(未调整)	降低	1.2	1.2	1.2	1.2
培训和经验的充分性	充分,经验丰富	改进	0.8	0.5	0.5	0.8
	充分,经验有限	不显著	1.0	1.0	1.0	1.0
	不充分	降低	2.0	5.0	5.0	2.0
班组成员的合作质量	非常有效	改进	0.5	0.5	0.5	0.5
	有效	不显著	1.0	1.0	1.0	1.0
	无效	不显著	1.0	1.0	1.0	1.0
	效果差	降低	2.0	2.0	2.0	5.0

3)步骤 3:识别最可能的认知功能失效。根据 CPC 因子的水平,可以找出各项认知活动最可能的认知功能失效模式,见表 10.7。

表 10.7 认知功能失效模式与失效概率基本值

认知功能	失效模式	基本值
观察	O1 观察目标错误	0.001 0
	O2 错误辨识	0.070 0
	O3 观察没有进行	0.070 0
解释	I1 诊断失败	0.200 0
	I2 决策失误	0.010 0
	I3 延迟解释	0.010 0
计划	P1 优先权错误	0.010 0
	P2 不适当的计划	0.010 0
执行	E1 动作方式错误	0.003 0
	E2 动作时间错误	0.003 0
	E3 动作目标错误	0.000 5
	E4 动作顺序错误	0.003 0
	E5 动作遗漏	0.030 0

4)步骤 4:预测失效概率。CFP 为 CREAM 的认知功能失效概率。按照任务的操作步骤对失效概率进行预测,基本实现过程如下。

①依据表 10.7 中的 CFP,可得出各认知活动中最可能的认知功能失效模式的 CFP,即可得到该认知活动的标定 CFP 值,记为 CFP 标定。

②评价 CPC 对 CFP 的影响。由表 10.6 可确定各 CPC 因子对应各认知活动的权重因子,进而可计算出各认知活动下所有 CPC 因子的权重因子的乘积(即总权重因子),那么,修正后的 CFP = CFP 标定×总权重因子。

③各认知活动按①和②计算出修正后的 CFP 后,即可根据所有认知活动的逻辑关系计算总 CFP。

10.2　应 用 实 例

本节基于 CREAM 模型,选取一起危险接近案例,分别用追溯法和拓展法对事故展开定性和定量的分析。

10.2.1　案例简述

事故经过:事故发生于 2010 年 5 月 21 日,卢森堡货运航空公司一架波音 747 运输机(注册号为 LX-TCV)执行 CV-658 航班任务,从美国阿拉斯加州的安克雷奇市飞往伊利诺伊州芝加哥奥黑尔国际机场,机上有 2 名机组成员,在当地时间的午夜 12 点过后不久,波音 747 运输机从安克雷奇机场 25 号右跑道起飞。与此同时,美国航空公司的一架 A319 运输机(注册号为 N810AW)执行 S-140 航班任务,从亚利桑那州菲尼克斯飞往阿拉斯加州安克雷奇,飞机上承载有 138 名乘客,在飞机最后进近准备降落在安克雷奇机场的 14 号跑道时,紧接着该飞机在低高度时进行复飞。在复飞过程中,两架飞机发生危险接近,垂直间隔最小的时候仅只仅有100 ft,水平间隔仅为 0.3 n mile。

当天夜间 12 点左右,美国航空公司的 A319 运输机准备在安克雷奇机场降落,在进近下降过程中,塔台管制员察觉到了一些问题,并且及时询问了进近管制员是否忘记移交该架A319 运输机之后,进近管制员要求 A319 运输机将无线电频率转换到塔台的频率上,但机组接到指令后却没有转换,仍保持在进近频率上。在向 14 号跑道目视进近下降至距离地面高度有 600 ft 时,机组突然收到了此时有风切变的告警,于是 A319 运输机中断了进近程序,并立马开始执行复飞程序。紧接着进近管制员指挥 A319 运输机爬升至 2 000 ft,然后右转至航向190°(此时 A319 运输机距离着陆机场跑道只有约 5 n mile)。

与此同时,卢森堡货运航空公司一架波音 747 运输机从 25 号右跑道起飞,塔台看到 A319运输机复飞爬升后立即询问进近管制员,并指令进近管制员指挥 A319 运输机转入 160°航向,以避免与离场的波音 747 运输机产生冲突。但进近管制员却没有听取塔台管制员的指令,反而指挥 A319 运输机右转至 300°航向,并要求机组看见离场的波音 747 运输机后报告。因为根据他的经验，他认为飞机可以在 25 号右跑道北侧范围内转至 300°。

塔台管制员一直在密切关注着这起潜在的飞行冲突，于是他指挥波音 747 运输机向左转入 190°航向，保持 2 000 ft 高度，但是却没有得到机组回复。之后塔台管制员又发布了两次指令但都没有得到回复（因为波音 747 运输机早在塔台指令发布前就已经将无线电频率转到了离场频率）。

波音 747 运输机进入离场管制频率后报告自己正从 800 ft 继续爬升至最初指定的 4 000 ft 高度，但由于离场管制员正在忙于区域内其他飞机的指挥任务，也就没有立即回复。就在这一时刻，A319 运输机机组向进近管制员报告说看见了波音 747 运输机。进近管制员立即指示 A319 运输机保持目视间隔，保持 3 000 ft 高度，转入 320°航向。A319 运输机机组答复确认了 3 000 ft 和 320°航向但没有提到目视间隔。

A319 运输机从波音 747 运输机上方飞过，转向 300°航向，这时波音 747 运输机报告已经离场。A319 运输机机组在 270°航向时停止右转，因为当时负责飞行的副驾驶认为飞机如果向右转入 300°航向，将与波音 747 运输机产生冲突，此时 A319 运输机航向 270°、3 000 ft 高度，而波音 747 运输机航向 250°、从 3 000 ft 爬升至 4 000 ft，两架飞机几乎保持平行位置。

随后，当 A319 运输机开始转向进近管制员指定的 320°航向时，两架飞机的飞行航线开始交汇，很快 A319 运输机机载 TCAS 系统发出"注意垂直速度"告警，机组听从了 TCAS 系统发出的建议，并遵照指令下降。下降过程中，A319 运输机机组失去了对波音 747 运输机的目视观察。下降到约 1 700 ft 时，A319 运输机机载 TCAS 系统发出"冲突解除"信息。由于进近管制员和塔台管制员的协调失误，以及机组与管制员的通信失误，造成了一起空中危险接近事件。

10.2.2 追溯分析

根据 CREAM 方法追溯分析的步骤，对危险接近事件展开定性分析，构建事故链。

（1）步骤 1：描述情景环境。根据情景环境，描述各 CPC 因子的水平，对 9 种 CPC 因子的分析如下：

1）组织的完善性。一般来说，机场单位在飞行安全方面是非常重视的，但在具体的实施过程中仍有制度落实不到位，监管不充分的现象，可以看出飞行安全的保障方面还存在一定问题的，可认定为"有效"。

2）工作条件。事发机场和进近管制部门均担负着大流量的管制任务，基础设施建设完善，并不存在工作条件上的缺陷，所以说工作条件认定为"优越"。

3）人机界面与运行支持的完善性。从事故描述中可以发现，该起事故中并不存在人机交互中的人为差错行为，且该机场基础设施建设完善，也并不存在管制运行设备老旧落后的问题，因此认定为"支持"。

4）规程/计划的可用性。调查结果显示，此次事件的两个任务可以在不冲突的情况下完成。因此，此处评定为"适当"。

5）同时出现的目标数量。事发机场虽为飞行量较大的机场，但当时并没有过于繁忙的现象。但从进近管制员的指挥工作中可以看出,对波音 747 运输机上升高度的请求并没有及时做出回应,这也就导致了垂直高度丢失的现象。因此,目标数量可认定为"超出能力外"。

6)可用时间。但在这些事件中,A319 运输机的临时复飞和指挥联络不畅缩短了正常的可用时间余度,塔台管制员需要通过进近管制员才能间接指挥 A319 运输机和波音 747 运输机,但进近管制员仍有数次机会消除冲突,所以可用时间认定为"暂时不充分"。

7)工作时间。从事发时间可以判定。工作时间为"夜间"。

8)培训和经验的充分性。事故当值管制员均为资质合格,有一定经验的管制员,因此可认定为"充分,经验有限"。

9)班组成员的合作质量。从事故描述中可以看出,塔台管制员与进近管制员之间的协同存在较大问题,一是管制责任移交不正规,导致塔台管制员无法及时指挥飞机;二是指令协同和执行不严谨,导致潜在冲突无法被消除。因此,可将班组成员合作质量认定为"效果差"。

经分析后可发现,"同时出现的目标数量"和"班组成员的合作质量"对管制员的绩效水平影响较大,也是人为差错行为的主要诱因,"夜间"对各类人员的绩效也会形成一定影响。

(2)步骤 2:描述失效模式。从事故描述中可看出,危险接近的人为差错行为主要发生在进近管制员、A319 运输机机组和波音 747 运输机机组上。A319 运输机在进近过程中并没有严格执行管制移交程序,导致了通信联络上与塔台管制员之间的失效。进近管制员并没有规范执行与塔台管制员之间的协同结果,对波音 747 运输机下达了不一样的避让指令。对于波音 747 运输机机组继续上升高度的报告,进近管制员发生了疏忽,导致冲突没有被及早发现。波音 747 运输机机组没有规范执行管制交接程序,提前将波道转换至进近离场波道,导致管制部门指令下达中的不畅。因此,可归纳出以下 4 个人为差错事件。

1)事件 1:A319 运输机机组未严格执行频率转换指令,导致塔台管制部门无法对进港和离港航空器实施统一指挥。

2)事件 2:进近管制员未执行协同结果,做出了错误的冲突解脱决策。

3)事件 3:进近管制员疏忽了波音 747 运输机机组继续上升高度的报告,没有及时发现潜在的飞行冲突。

4)事件 4:波音 747 运输机机组在离场过程中前将波道转换至进近波道,导致塔台管制员无法及时下达冲突解脱指令。

根据事件对失误模式展开识别。事件 1 中,A319 运输机机组在收到频率转换的指令后没有执行,属于失误模式"序列"中的遗漏行为,通过查表 10.2 可知其一般前因为"不注意"。

同理可识别各个事件的失效模式,见表 10.8。

表 10.8　人为差错事件失效模式识别

序　号	失效模式	解　释
事件 1	序列	遗漏
事件 2	距离	太近
事件 3	序列	遗漏
事件 4	时间	太早

(3)步骤3：原因追溯。根据事故因果前推关系开展原因追溯。由于空中交通管制运行中的因果前推关系与 CREAM 方法的一般因果前推关系存在差异，因此需要对表 10.2 和表 10.3 进行修正，以便于原因的追溯。修正后的前因分类见表 10.9[2-4]。

表 10.9　管制运行前因分类表

序　号	类别名称	解　释
A1	错过观察	雷达标识、计划信息或一些度量值被错过，没有观测到
A2	错误辨识	错误或片面地识别了一些雷达、计划或指令信息
B1	诊断失败	对于空中态势或潜在冲突的诊断不正确或不完整
B2	推理错误	对于未来态势或情景的推断或预测不正确
B3	决策错误	对潜在飞行冲突下达了错误的或不完整的调配指令
B4	延迟解释	对接收到的信息不能做出及时的解释或判断，无法及时响应
C1	不适当的计划	计划不完整或错误
D1	记忆错误	信息被遗忘、部分想起或不正确地回忆起来
D2	分心	注意力被其他事物吸引，任务的执行被中断而未完成
D3	绩效波动	态势判断或操控动作的精确性下降，没有取得预期目的
D4	不注意	因为不注意，一条指令信息或目标被错过
D5	紧张	因为压力，产生动作迟滞、不响应等效应
E1	功能性缺陷	生理或心理上的缺陷
E2	认知偏好	以主观的偏见、倾向、错觉或假设去认知信息或数据
F1	设备失效	硬件或软件设备因故障而性能下降或失效
G1	不完善的规程	执行程序条文规定模糊、不完整、不正确或与实际情景不匹配
H1	操作受限制	由于部件的位置或标签不合适，难以被找到或够到
H2	信息模糊或缺失	进程单、交互界面的标识信息不完整或不清楚
I1	操作不可行	部件被遮盖、界面有变动无法被找到或部件不可用
I2	标记错误	标签或识别标记不明晰、不正确或有错误
J1	通信失效	无线电指令信息或雷达信息中断或被错误理解
J2	信息丢失或错误	被请求的信息未被发送、信息不完整或信息错误
K1	维修失败	由于没维修或不正确的维修导致运行设备性能下降或失效
K2	不完善的质量控制	不充分的质量或后备资源缺乏，造成设备功能不完善
K3	管理问题	席位分工不明确，管制职责分配不清楚，命令含义模糊
K4	设计失败	系统设计有缺陷，人－机－环境之间匹配效果不佳
L1	技能培训不充分	缺乏技能或实践经验，不能完成任务
L2	知识培训不充分	因缺乏知识而对情景的认识不足
M1	不良的周围环境	温度、声音、湿度、振动、照明等不良的环境因素
N1	过分需求	管制工作强度过高或工作量过大
N2	不充分的班组协同	班组之间缺乏协同和理解，分工不明确，没有凝聚力
N3	不规律的工作时间	工作时间不规律会导致工作人员的生理节奏效应

表 10.9 根据管制工作的具体实际对 14 类前因下的 44 类具体前因进行了修正,并对重复和不适用的前因进行了合并和删除,剩余前因追溯关系一共 32 个。失效模式基本前因关系见表 10.10。

表 10.10　管制运行失误模式基本前因表

失效模式	一般前因
时间/历程	A1 错过观察、A2 错误辨识、B1 诊断失败、B3 决策错误、B4 延迟解释、C1 不适当的计划、D2 分心、D3 绩效波动、D4 不注意、D5 紧张、H2 信息模糊或缺失、J1 通信失效、J2 信息丢失或错误、K3 管理问题、N2 不充分的班组协同
力量	B1 诊断失败、D3 绩效波动、D5 紧张、H2 信息模糊或缺失、I2 标记错误、J1 通信失效
距离	A1 错过观察、A2 错误辨识、B1 诊断失败、B2 推理错误、B3 决策错误、B4 延迟解释、D5 紧张、F1 设备失效、H2 信息模糊或缺失、I2 标记错误、J1 通信失效、J2 信息丢失或错误
速度	A2 错误辨识、B1 诊断失败、B3 决策错误、B4 延迟解释、D5 紧张、F1 设备失效、H2 信息模糊或缺失、I2 标记错误、J1 通信失效、J2 信息丢失或错误
方向	A1 错过观察、A2 错误辨识、B1 诊断失败、B3 决策错误
目标	A1 错过观察、A2 错误辨识、D1 记忆错误、H2 信息模糊或缺失、I2 标记错误
序列	A1 错过观察、A2 错误辨识、B1 诊断失败、B3 决策错误、D2 分心、D4 不注意、H2 信息模糊或缺失、J1 通信失效、J2 信息丢失或错误、K3 管理问题、L1 技能培训不充分

失误模式前因表主要通过事故调查和专家问卷调查的方式形成,主要汇集的是各类失误模式的最主要直接前因,对于事故根原因的追溯则要基于"前因—后果"追溯表,根据管制值班运行实际,修正后的追溯表见表 10.11。

表 10.11　"前因—后果"追溯表

后果	一般前因	具体前因
A1 错过观察	B1、C1、D4、E1、F1	管制负荷过载、信号干扰
A2 错误辨识	B1、D2、H2、I2、J2	信号或标记模糊、负荷过载、错误信息
B1 诊断失败	A2、G1、L2	错误信息、信号干扰、新的状况
B2 推理错误	A2、E2	分析错误、模型错误、预判错误
B3 决策错误	A2、D2、D5	知识缺乏、模型错误、工作超载
B4 延迟解释	D5、F1、G1	信号显示系统失效、响应减慢
C1 不适当的计划	B2、D1、D2、L2、N1	目标错误、培训不充分、模型错误、计划不全面
D1 记忆错误	N1	记忆力差、学过很久了、遗忘
D2 分心	F1、N2、J1	班组成员干扰、电话或无线电干扰、其他任务干扰
D3 绩效波动	F1、L1、N1	系统改变、缺乏培训、个性、疾病
D4 不注意	M1、H1	临时性任务、不能胜任工作
D5 紧张	L2、M1、M1、N4	先前有失误、疲劳、惧怕、过度刺激
F1 设备失效	K1、K2	电源中断、硬件损伤、软件缺陷、外界扰动

续 表

后　果	一般前因	具体前因
G1 不完善的规程	K2、K3、K4	态势情景超出规程设计范围
H1 操作受限制	F1、K4	设计不合理、距离远、有阻挡物
H2 信息模糊或缺失	K4、G1	传感器失效、显示器失效、遭受扰动或污染、显示不充分
I1 操作不可行	C2	设计缺陷
I2 标记错误	K1	不正确的标示、误贴标签
J1 通信失效	D2、D4、E1	噪声扰动、系统故障
J2 信息丢失或错误	G1、I2、K4	用于不规范、表达不清楚、噪声扰动
L1 技能培训不充分	K2、K3	培训时间不够
L2 知识培训不充分	K2、K3	培训内容陈旧
N1 过分需求	K5、M1	发生异特情、流量增长过快
N2 不充分的班组协同	K3	班组人员不协调
N3 不规律的工作时间	K3	临时轮班、长期夜班、夜班时间过长

　　(4)步骤 4:识别根原因。在事件 1 中,A319 运输机机组疏忽了管制部门的通信频率切换指令,失效模式为"序列"的遗漏行为,根据表 10.10 识别前因为"D2 分心"。一方面,机组当时注意力被风切变的告警和着陆姿态的改变控制所吸引,遗漏了频率转换操作,因此 D2 的具体前因为"其他任务干扰"。另一方面,A319 运输机机组遗漏行为的发生也有可能是"D4 不注意"造成,其一般前因为"不能胜任工作"。但结合事发当日的绩效因子水平可以认为前因为 D2 的可能性更大,事故前因追溯如图 10.6 所示。

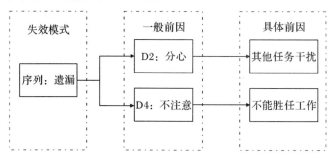

图 10.6　事件 1 前因追溯过程

　　事件 1 前因追溯形成的具体原因即为人为差错事件的根原因,经过专家的剔除筛选,可将"其他任务干扰"作为根原因。同理,事件 2 的追溯过程如图 10.7 所示。

　　对于事件 2 同样有多种可能的"前因—后果"追溯链,但从绩效水平来看,班组之间的协同问题最突出,属于管理上的问题,因此将 K3 作为根原因。事件 3 与事件 4 的根原因追溯方法与事件 1 和事件 2 类似,在此不再赘述。

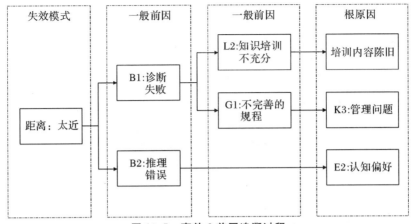

图 10.7　事件 2 前因追溯过程

10.2.3　概率预测

对危险接近事件中的事件 1 进行人为差错行为概率预测，具体步骤如下。

（1）步骤 1：构建事故序列，确定认知功能。在前文的追溯分析中已经对危险接近事件 1 的事故序列进行描述，如图 10.6 所示。在事件 1 序列中，认知活动为"执行"，认知功能同样为"执行"。

（2）步骤 2：评价共同绩效条件（CPC）。在 10.2 节的追溯分析中已经对事故发生时的 CPC 水平进行描述，现汇总见表 10.12。

表 10.12　危险接近事件 CPC 因子水平

CPC 名字	水 平	对效绩可靠性的期望效应	认知功能对应的权重因子			
			观察	解释	计划	执行
组织的完善性	有效	不显著	1.0	1.0	1.0	1.0
工作条件	优越	改进	0.8	0.8	1.0	0.8
人机界面与运行支持的完善性	支持	不显著	1.0	1.0	1.0	1.0
规程/计划的可用性	适当	不显著	1.0	1.0	1.0	1.0
同时出现的目标数量	超出能力外	降低	2.0	2.0	5.0	2.0
可用时间	暂时不充分	不显著	1.0	1.0	1.0	1.0
工作时间	夜间	降低	1.2	1.2	1.2	1.2
培训和经验的充分性	充分,经验有限	不显著	1.0	1.0	1.0	1.0
班组成员的合作质量	效果差	降低	2.0	2.0	2.0	5.0

（3）步骤 3：识别最可能的认知功能失效。对比表 10.7 可知失误类型为"E5 动作遗漏"，基本失误概率值为 0.03。

（4）步骤 4：预测失效概率。在飞行员处置风切变预警的同时，对管制员的指令执行发生

遗漏的概率计算可表示为

$$\text{CFP}_x = \text{CFP}_0 \prod_i w_i = 0.03 \times 0.8 \times 2 \times 1.2 \times 2 = 0.115\ 2$$

其他事件的人为差错概率均可以相同方法得出。

10.3 基于不确定性理论的防相撞 人因失效 CREAM 分析

10.3.1 不确定性理论的基本概念

当样本空间非常小,想评估事件发生的概率分布时,必须邀请专家来评估事件可能发生的主观信度。由于人们常常高估不太可能发生的事件,对可能发生事件的信心可能与实际情况下发生的频率大不相同。可能有人认为这种自信是主观概率,然而,此时概率理论可能会造成违反直觉的结果,这是不适宜的或者有害的。为有别于随机性,通常将此现象称为"不确定性",也将阐述这种"不确定性"的理论称为不确定性理论[6]。

在该理论中,不确定性变量常采用不确定性分布来描述。设 ξ 为不确定性变量,对任意实数 χ,函数

$$\Phi(\chi) = M\{\xi \leqslant \chi\} \tag{10.1}$$

称为 ξ 的不确定性分布。

在获得专家经验数据后,运用经验不确定性分布来分析不确定性变量,假设得到的专家经验数据为 $(x_1, \alpha_1), (x_2, \alpha_2), \cdots, (x_n, \alpha_n)$,且上述数据满足 $x_1 < x_2 < \cdots < x_n, 0 < \alpha_1 < \alpha_2 < \cdots < \alpha_n < 1$,那么,可有如下经验不确定性分布公式:

$$\Phi(x) = \begin{cases} 0, & x < x_1 \\ \alpha_i + \dfrac{(\alpha_i+1)(x-x_i)}{x_{i+1}-x_i}, & x_i \leqslant x \leqslant x_{i+1}, 1 \leqslant i \leqslant n \\ 1, & x > x_n \end{cases} \tag{10.2}$$

而式(10.2)的期望值为

$$E[\xi] = \frac{\alpha_1+\alpha_2}{2}x_1 + \sum_{i=2}^{n-1}\frac{\alpha_{i+1}-\alpha_{i-1}}{2}x_i + (1 - \frac{\alpha_{n-1}+\alpha_n}{2})x_n \tag{10.3}$$

10.3.2 基于改进 CREAM 方法的空中相撞事故分析

本节基于所提出模型,选取两起空中相撞事故案例(见表 10.13),结合具体情景环境对管制员差错进行系统分析。

表 10.13　事故列表

序　号	事故案例
1	美国海军 C-130H 运输机与 AH-1W 攻击型直升机空中相撞
2	美国空军 C-141 运输机与德国空军图-154M 运输机空中相撞

事故案例 1：2009 年 10 月 29 日，美国海军陆战队一架 C-130H 运输机与美国海岸警卫队一架 AH-1W 攻击型直升机于圣克莱门特岛以东 24 km 处发生空中相撞事故，两架飞机上 9 人全部死亡。

当日，美国海岸警卫队一架 C-130H 运输机，承载 7 名人员，自麦克莱伦机场起飞，前往圣克莱门特岛附近海域执行搜救任务。为提高搜索效率，C-130H 运输机需要在 900～1 000 ft 低空飞行，并不断进出 W-291 警告空域。与此同时，美国海军陆战队两架载满陆战队员的 CH-53E 运输直升机，在夜幕下由两架 AH-1W 攻击型直升机护航，向演习训练 W-291 空域飞去。由于协调不充分，管制员没有向该空域的两批飞机提供飞行情报信息，使双方都不了解空域中的其他飞行活动。管制员对该空域飞行动态掌握不足，当时两架 AH-1W 攻击型直升机位于 CH-53E 运输直升机的 6 点和 7 点钟方向，高度 300 ft。但随后两架 AH-1W 攻击型直升机接到指令，要求从 300 ft 迅速爬升。为了与空域内其他飞行活动保持间隔，直升机编队在爬升至大约 1 000 ft 时做了一个右转弯，进入 C-130H 运输机的航线。由于管制员对搜救飞机未按规定提供优先权，导致直升机编队未提前避让，造成空域使用重叠。在执行海上夜航任务时，能见度明显过低，尽管直升机编队机组人员戴有夜视镜，却都没有观察舱外飞行动态，尤其是管制员未及时提醒机组按规定打开"防撞灯"与"敌我识别应答机"，最终导致一架 AH-1W 攻击型直升机与 C-130H 运输机空中相撞，酿成机毁人亡惨剧。

事故案例 2：1997 年 9 月 13 日，德国空军一架图-154M 运输机（24 人）与美国空军一架 C-141B运输机（9 人），在距纳米比亚西海岸 65 n mile 处发生空中相撞。两机所载 33 人全部遇难。

当地时间 10 时 35 分，德国空军一架-154M 运输机从尼日尔首都尼亚美的迪奥里·哈马尼国际机场起飞，经加油后继续飞往下一个燃料补充点—纳米比亚首都温得和克，管制许可飞行高度为 39 000 ft。但是罗安达管制中心向图-154M 运输机提供的飞行高度层是错误的。按照飞行规则，根据图-154M 运输机的磁航向，其巡航高度层应为 29 000 ft、33 000 ft、37 000 ft、41 000 ft等，而不应该是 39 000 ft 高度层。当地时间 14 时 11 分，美国空军一架 C-141B 运输机按飞行计划，在许可高度 35 000 ft 训练飞行。

温得和克管制中心负责 C-141B 运输机管制指挥，并在 VHF124.7 频率与 C-141B 运输机保持无线电通信联系，但却不掌握图-154M 运输机情况。同时，罗安达管制中心负责图-154M 运输机管制指挥，并在 VHF8903 频率与图-154M 运输机保持无线电联系，但却没有与 C-141B 运输机保持无线电联系。虽然罗安达管制中心确实接收到了两架飞机的飞行计划，但起飞信息里只有 C-141B 运输机。最终两架飞机在高度 35 000 ft 发生空中相撞，两架飞机上的人员全部遇难。

选择这两个案例，其原因是它们都包含两种失效模式：E_5 动作遗漏与 O_3 未进行观察，因此，可将这两种 CFP 作为未知数，列出一个方程组进行求解。根据客观规律和认知行为上的特性,可知人在认知活动上具有相同 CFP,所以,从事航空系统中的人为因素方面的 CFP 大体是相同的,可得到更接近真实值的 CFP。

1. 构建事件序列

以管制员为主体,从事故发生前到事故发生这个过程分析管制员的认知情况。对于案例1,通过简化机组的操作,可构建如下事件序列:

(1)管制员协调不充分。

(2)对空域飞行动态掌握不足。

(3)未按规定向搜救飞机提供优先权。

(4)未及时提醒直升机机组人员按规定打开"防撞灯"与"敌我识别应答机"。

对以上事件序列进行认知行为的分类和认知功能的分配,见表 10.14,其中,各序列标号代表对应的事件序列。

表 10.14　案例 1 认知行为及认知功能表

序　号	认知行为	观　察	解　释	计　划	执　行
1	协调			$\checkmark$	$\checkmark$
2	观察	$\checkmark$			
3	计划			$\checkmark$	
4	执行				$\checkmark$

同样,可构建案例 2 的事件序列及其标号,并给出认知行为及认知功能,见表 10.15。

(1)管制员没有了解起飞情况。

(2)对空域飞行动态掌握不足。

(3)管制员未提供正确飞行高度。

表 10.15　案例 2 认知行为及认知功能表

序　号	认知行为	观　察	解　释	计　划	执　行
1	执行				$\checkmark$
2	观察	$\checkmark$			
3	评估		$\checkmark$	$\checkmark$	

2. 评价共同效绩条件

根据事故报告及相关资料的研究,对 9 种 CPC 因子的分析如下。

(1)组织完善性。是指美军相关单位执行此次任务时,给予组织管理、制度、保障以及安全的支持。通常机场单位在飞行安全方面是非常重视的,具体到这起事件,可看出飞行安全保障存在一定问题,但是基本有效。

(2)工作条件。在塔台上,指挥员与飞行员的沟通顺畅,通信频道正常,工作条件是相匹配的。

(3)人机界面与运行支持完善性。管制员对指挥系统非常了解,结合管制员对两批飞机的指挥和在此次事件的表现,处于"可容忍"水平。

(4)规程/计划可用性。调查显示,此次事件的两个任务是可以在不冲突情况下完成的,可评定为"可接受"。

（5）同时出现目标数量。在此次事件中，只有两批 5 架飞机，需要观察的目标都是单独指挥的，瞬间指挥的目标数量与管制指挥能力相匹配。

（6）可用时间。两批飞机从任务开始到相撞的时间间隔很长，管制员完全有时间发现，并解决问题，因此，可评为"暂时不充分"。

（7）工作时间。飞行计划都是提前报批好的，管制员是非常清楚的，也都是充分做好准备的，而调查也表明事件发生和工作时间没有关系。

（8）培训和经验充分性。尽管管制员大都具有丰富的飞行指挥经验，但在此次事件中，从管制员的表现可看出，在培训和经验方面还是存在诸多不足。应该评为"不充分"。

（9）班组成员合作质量。管制员未察觉空域中的飞行冲突，说明管制员和两批飞机机组人员的沟通交流还是不够好，而且管制机构中没有人发现问题，这说明指挥机构内部的合作质量不是很好，可评估为"效果差"。

通过以上分析，表 10.16 列出了 CPC 与绩效可靠性及权重因子。

表 10.16　CPC 与绩效可靠性及权重因子

CPC 名字	水　平	对效绩可靠性的期望效应	认知功能对应的权重因子			
			观察	解释	计划	执行
组织完善性	有效	不显著	1.0	1.0	1.0	1.0
工作条件	匹配	不显著	1.0	1.0	1.0	1.0
人机界面与运行支持完善性	可容忍	不显著	1.0	1.0	1.0	1.0
规程/计划可用性	可接受	不显著	1.0	1.0	1.0	1.0
同时出现目标数量	与能力相符的	不显著	1.0	1.0	1.0	1.0
可用时间	暂时不充分	不显著	1.0	1.0	1.0	1.0
工作时间	可调整	不显著	1.0	1.0	1.0	1.0
培训和经验充分性	不充分	降低	2.0	5.0	5.0	2.0
班组成员合作质量	效果差	降低	2.0	2.0	2.0	5.0

3. 识别认知功能失效模式

根据表 10.17 确定 4 个事件序列中最可能出现的失效模式。

（1）管制员协调不充分，属于协调行为，包括计划和执行两个认知功能，共包含 7 种失效模式，根据报告可看出，管制员未进行协调，最可能与"动作遗漏"有关。

（2）对空域飞行动态掌握不足，属于观察行为，共包含 3 种失效模式，分别是观察目标错误、错误辨识以及没有进行观察，管制员对空域内飞机不清楚，最可能与"未进行观察"有关。

（3）未按规定向搜救飞机提供优先权，属于计划行为，共包含 3 种失效模式，与认知功能最相关的选择"优先权错误"。

（4）未及时提醒直升机机组人员按规定打开"防撞灯"与"敌我识别应答机"，属于执行行为，最容易犯的错误为"动作遗漏"。

通过上述分析，表 10.17 列出了案例 1 的认知功能失效模式。

表 10.17 案例 1 认知功能失效模式

序列标号	认知行为	失效模式
1	执行	E_5 动作遗漏
2	观察	O_3 未进行观察
3	计划	P_1 优先权错误
4	执行	E_5 动作遗漏

同样,通过类似步骤,能够分析出案例 2 的认知功能失效模式,见表 10.18。

表 10.18 案例 2 认知功能失效模式

序列标号	认知行为	失效模式
1	执行	E_5 动作遗漏
2	观察	O_3 未进行观察
3	评估	I_2 决策失误

4. 根据 CREAM 模型构建方程

在案例 1 的 4 个事件序列中,与每个事件序列相关的 CPC 因子并非完全一样,有可能只与其中几项相关,但要从任务出发去分析,最后得到的总权重也不同。整理出各任务的 CPC 因子,见表 10.19。

表 10.19 任务涉及 CPC 因子表

序列标号	涉及 CPC 因子
1	1,2,3,8,9
2	1,3,5,6,7,8
3	2,3,5,6,8
4	1,3,5,7,8

设失效模式 O_3 与 E_5 的失效值分别为 X_1 与 X_2,且两种失效模式都使用基本失效值。同时,设失效模式 P_1 与 I_2 的失效值分别为 C_1 与 C_2,其中,$C_1 = 0.01$ 与 $C_2 = 0.01$。那么,根据下式:

$$1 - \prod_{i=1}^{n}(1 - X_i) = P \tag{10.4}$$

可获得两起空中相撞事故的公式为

$$1 - (1 - 10X_2)(1 - 4X_1)(1 - 5C_1)(1 - 2X_2) = P_1 \tag{10.5}$$

$$1 - (1 - 2X_2)(1 - 4X_1)(1 - 10C_2) = P_2 \tag{10.6}$$

5. 不确定性理论数据处理

考虑到历史数据资料的欠缺,还要咨询相关领域专家对该事件发生的可能性做出主观量化。为此,有必要进行一次专家问卷调查。得到了该事故的刻度值 a 和主观概率值 x,数据如表 10.20 所示。

表 10.20　案例 1 的专家数据

专家 1	刻度值	0.1	0.3	0.5	0.7	0.9	1
	主观概率值	0.1	0.2	0.6	0.8	0.9	1
专家 2	刻度值	0.1	0.3	0.5	0.7	0.9	1
	主观概率值	0.1	0.2	0.7	0.8	0.9	1

根据专家对该事故给出的经验数据,运用经验不确定性分布式(10.3)处理数据处理,得到两位专家的主观概率,取均值得到该事故的主观概率 0.535 0。使用同样过程,可计算出另一起事故的主观概率,具体见表 10.21。

表 10.21　经验不确定性理论得出的事故主观概率

事　故	主观概率
美国海军 C-130H 运输机与 AH-1W 型直升机空中相撞	0.535 0
美国空军 C-141 运输机与德国空军图-154M 运输机空中相撞	0.502 5

将上述方程组成方程组,得到修正后的两种失效模式概率值见表 10.22。

表 10.22　修正后的两种失效模式概率值

失效模式	修正后概率
O3 未进行观察	0.001 4
E5 动作遗漏	0.002 6

6. 事故中管制员的人因失效概率

通过对事故过程的分析,得到事故的操作的逻辑关系,具体如图 10.8 所示。

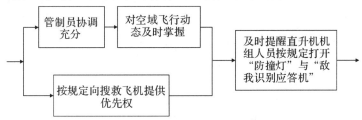

图 10.8　事故的操作逻辑关系图

由多个不同性质的独立子系统组成的,这些子系统为完成特定功能结合成的一个整体,称为系统。若系统中所有子系统对系统的功能是不可或缺的,就称其为串联系统。其计算公式为

$$R_0 = \prod_{i=1}^{n}(1-P_i) \tag{10.7}$$

式中:R_0 为系统可靠度,P_i 为子系统的失效概率。

若系统的子系统全部发生故障,这个系统才会失去完成特定功能的能力,就称其为并联系统。其可靠度计算公式:

$$R_0 = \{1-[1-(1-10X_2)(1-4X_1)](5C)\}(1-2X_2) =$$
$$\{1-[1-(1-10\times0.002\ 6)\times(1-4\times0.001\ 4)]\times$$
$$(5\times0.01)\}\times(1-2\times0.002\ 6) = 0.993\ 2$$

可得该事件的可靠度为 0.993 2,即其人因失效概率为 0.006 8,通过应用 CREAM 模型计算管

制员的人因失效概率,一般失效概率量级都在 $10^{-2} \sim 10^{-1}$,但是实际失效概率要远小于这个数量级,所以得到的结果更具有实际意义。

10.3.3 结论分析

本节提出一种基于 CREAM 与不确定性理论的人因失效数据挖掘机制,并可应用于空中相撞人为因素的分析与量化。以管制员为主体的空中相撞事故的实例分析表明,所提出方法能够定量地得到人员的可靠度,从而为人员操作培训提供参考标准,并可以定量化考核人员的操作绩效,以期为防相撞工作中预防人为差错发挥积极的作用。为提升空中相撞人因失效概率的可靠性,在以后研究中还需不断充实、丰富人因失效数据。

10.4 小 结

CREAM 方法是第二代 HRA 技术中的经典分析方法,应用领域极其广泛,效果较好。追溯分析框架能够较好地提取事故链,辅助根原因的识别。定量分析的能力可以对各类人为差错行为做出预测,且充分考虑了事发情景下的绩效水平,预测结果具有较好的可信度。但由于 CREAM 的基础数据来自于核电领域的事故分析和专家评判,在拓展应用的过程中,必须要根据应用情景,对基础数据做出一定的修正,否则会产生概率预测的较大偏差。本章结合空中交通管制的具体工作实际,对追溯法和拓展预测法都进行修正,可对空管工作的人因失误事件调查和概率预测提供一定的技术支持。

参 考 文 献

[1] HOLLENAGEL E. Cognitive Reliability and Error Analysis, Method: CREAM [M]. Oxford (UK): Elsevier Science Ltd,1998.

[2] 王遥. 核电厂操纵员认知可靠性实验分析[D]. 北京:清华大学,2003.

[3] 姜菲菲. 基于 CREAM 的船舶碰撞人因可靠性分析[D]. 武汉:武汉理工大学,2017.

[4] 刘继新,曾道宇,冯思旭,等. 基于改进 CREAM 扩展法的管制人员人因可靠性分析[J]. 安全与环境学报,2018,18(6):2246-2251.

[5] 石磊. 基于改进 CREAM 的轨道交通人因可靠性分析方法研究[D]. 北京:北京交通大学,2016.

[6] WANG P D,ZHANG J G,ZHAI H,et al. A New Structural Reliability Index Based on Uncertainty Theory[J]. Chinese Journal of Aeronautics,2017,30(4):1451-1458.

[7] 魏燕明,甘旭升,郑汇达,等. 基于不确定性理论的防相撞人因失效 CREAM 分析[J]. 安全与环境学报,2020,20(2):595-601.

第11章 Wickens-SIR 模型应用

在当前人为差错分析工具中,对人的认知过程研究主要是以定性分析为主,很少会提供动态的定量分析模型,这也导致人们对认知过程了解的概略性和模糊性。为填补这一缺陷,本章以 Wickens 的信息处理认知模型为基础,对管制值班中的注意力资源消耗过程展开建模,基于仓储模型(Susceptible Infected Recovered Model,SIR 模型)对管制员的工作负荷和注意力资源消耗过程展开定量分析,并设计了基于管制员工作负荷状态预测的扇区开合管理机制,可为管制员班组资源的高效利用提供方法参考。

11.1 模型理论基础

11.1.1 管制员信息处理与认知模型

2000 年,Wickens 首先提出了人的"信息处理认知"模型,该模型中将人的认知和决策过程划分为四个阶段,分别为信息接收、信息分析、决策与计划以及执行阶段[1-2]。在模型中,人作为信息处理器存在,它在接受外界信息的基础上开展信息的分析,并在对信息进行一定的处理和理解后作出决策和规划,最后按照决策和规划执行相关操作。人在进行这一系列信息处理过程中,注意力和记忆力资源都起到了辅助作用,信息处理的每一阶段都需要消耗一定的注意力和记忆力资源。具体原理和分析过程在第 3 章中已有过比较详细的表述,故在本章不再重复介绍,本章只对管制员在值班过程中的信息处理与认知过程进行分析。

管制员信息接收过程主要指航行情报信息的接收和空中动态信息的掌握,在信息接收基础上,管制员需要将其进行理解消化,并转化为空中态势的认知。在这一转化过程中需要及时提取一系列的关键信息,主要包括航空器的空中位置、运行趋势和潜在的飞行冲突等。在态势认知的基础上,管制员需要对飞行冲突的调配进行决策,实现冲突的解脱,同时对航空器下一时刻的飞行方法进行规划。最后,管制员按照预先构想发布一系列指令信息,按规定书写进程单,并对达到扇区边界的航空器实施管制移交。在管制指令发布后,管制员会持续监控空中动态,进入下一轮的信息处理过程。本文暂不考虑管制员记忆力资源的消耗以及记忆力资源与注意力资源之间的相关性,认为两者是相互独立的,重点对注意力资源的耗损过程展开建模分析。在工作过程中,管制员需要不断对信息进行处理、决策和执行,这一过程会不断消耗注意力资源,注意力资源的消耗与空中航空器数量有直接关系。当管制员注意力资源低于一定阈值时,人为差错产生的概率就会增大,需要及时调整管制员班组,控制管制运行的风险等级。管制员信息处理认知模型如图 11.1 所示。Wickens 的信息处理模型描述的是广义的人的信息处理过程,对信息来源的描述有缺失,单纯基于该模型很难开展具体化的分析,尤其是无法进行量化的建模分析。图 11.1 模型根据管制员的具体工作过程对模型进行了拓展和丰富,能够更为具体地描述管制员的信息接收来源、信息处理过程及操作行为,便于下一步开展更为详细的定量分析。

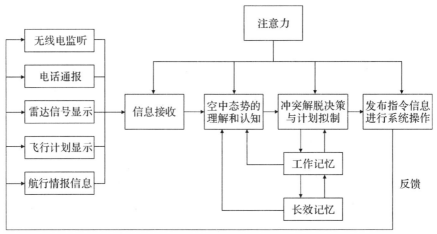

图 11.1　管制员信息处理认知模型

11.1.2　SIR 模型介绍

在有关流行病模型的研究历史中出现过的数学模型主要有以下几类:确定性模型、随机模型以及随机网络模拟模型(Networks and Stochastic Simulation Model)等[3]。本节对管制员注意力资源消耗动力学模型的构建主要基于确定性模型。确定性模型主要是指流行病动力学模型,SIR 模型及其改进模型是其中较为经典的几种模型。SIR 模型将人群分为三类:S 代表易感者类(Susceptible),I 代表感染者类(Infective),R 代表移出者类(Removed)。易感者与感染者接触后有一定概率转化为感染者,感染者经过治疗后则成为移出者。在不同的模型中,移出者的去向不同,可重回易感人群,也可成为免疫人群不再被感染,具体转化过程如图 11.2 所示。

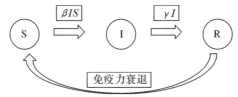

图 11.2　SIR 模型人群转化过程

假设在初始时刻 t_0,易感者数为 S,感染者数为 I,移出者数为 R,总人口数记为 N,则 $N = S + I + R$。各类人群之间转化的数量关系满足下式:

$$
\left.
\begin{aligned}
\dot{S} &= \Lambda - dS - \beta SI \\
\dot{I} &= \beta SI - (d + \gamma)I \\
\dot{R} &= \gamma I - dR
\end{aligned}
\right\}
\tag{11.1}
$$

式中:Λ 为人口出生率;d 为人群的自然死亡率;β 为感染系数;γ 为康复系数。式(11.1)中的第三式因为可通过前两式解耦,因此,研究的重点往往聚焦在易感者和感染者身上。该模型虽然简单,但能够很好地反映人群间转化的关系,通过地方性平衡点的分析能够及时预测疾病未来的发展走向,从而为定性分析和疾病的预防管控提供依据。

11.1.3 管制员工作负荷计算方式

现有研究中对管制员负荷的分类主要有通信负荷、非通信负荷及思考负荷。通信负荷主要包括无线电陆空通话和电话协同;非通信负荷包括飞行进程单的书写、飞行动态的监控和值班操作系统的操作行为;思考负荷指管制指令发布前或操作执行前的决策行为。管制员的工作负荷为三类负荷的相加值,如下式所示:

$$
\begin{cases}
\mathrm{WL} = \mathrm{WL}^{com} + \mathrm{WL}^{uncom} + \mathrm{WL}^{think} \\
\mathrm{WL}^{com} = (\sum_i k_i N_i + mN)Q \\
\mathrm{WL}^{uncom} = \sum_i l_i N_i + \mathrm{WL}^{sys} + \mathrm{WL}^{monit} \\
\mathrm{WL}^{sys} = NR \\
\mathrm{WL}^{think} = \mathrm{wl}^{heading} n_1 + \mathrm{wl}^{speed} n_2 + \mathrm{wl}^{altitude} n_3
\end{cases}
\tag{11.2}
$$

式中:WL^{com} 为通信负荷;WL^{uncom} 为非通信负荷;WL^{think} 为思考负荷;k_i 为扇区内航路 i 上程序报告点的数量;N_i 为扇区内航路 i 上单位时间段内进入的航空器数量;m 为航空器进行管制交接需要的平均指令数;N 为扇区内单位时间段内进入的航空器数量;Q 为每条指令消耗的平均负荷;l_i 为扇区内航路 i 上每架航空器书写进程单的负荷消耗;WL^{sys} 为系统操作消耗的管制负荷;R 为平均每架航空器需要的操作负荷;$\mathrm{WL}^{monit} = Nsa/N_e$ 为监控负荷,与扇区内航空器数量呈非线性关系,s 为常数,代表监控工作负荷耗损率,a 为管制员当前的注意力水平;$\mathrm{wl}^{heading}$ 为指挥飞机航向变化的工作负荷;wl^{speed} 为指挥速度变化的工作负荷;$\mathrm{wl}^{altitude}$ 为指挥高度变化的工作负荷;$n_1 \sim n_3$ 为相应的管制指令数量。但该模型仍存在一定的缺陷,一是通信指令数量与航空器数量并非呈线性关系;二是管制员的思考行为与一系列的执行行为往往并行推进,很难分离计算,模型中的工作负荷会比真实值偏大;三是管制员负荷的计算模型中只考虑了负荷与空域容量的关系,并没有考虑管制员自身精力的恢复和工作负荷的承载能力。因此需要对模型做出进一步改进。

11.2 考虑注意力恢复率的管制工作负荷模型

11.2.1 基于容量的管制员工作负荷计算方式

管制员的工作负荷与空域容量有巨大关联,而通信负荷又占据了较大部分。管制员的通信工作负荷主要来自于航空器的管制指挥,包括程序性的固定管制指令和实施飞行冲突解脱的非固定管制指令。程序性的管制指挥主要包括管制指挥移交、强制报告点的报告及按计划对航行诸元的调整。固定管制指令是每架航空器都需要执行的程序性动作,管制工作负荷与空中航空器呈简单线性关系。由于每架航空器在指挥交接时均需要进行程序性的管制协调与交接,本文将电话和陆空通话中的管制协调与移交工作均纳入固定指令的范畴之内。非固定管制指令则是因为扇区空域内航空器数量的增加,航空器间的飞行冲突增多,由此产生进行冲突解脱调配的管制指令。非固定管制指令与航空器数量并不呈简单线性关系。根据一项研究的统计信息显示[3],我国终端区内非固定指令数量的增长与飞行流量呈现三个阶段的变化关系。

起始阶段,扇区空域内航空器的数量较少,飞行冲突的产生概率较低,随着航空器数量的增加,非固定指令的增长与航空器数量呈简单线性增长关系,关系式为

$$I_1 = K_{I1}N + h \tag{11.3}$$

式中:I_1 为起始阶段非固定指令数;K_{I1} 为常数;N 为扇区内航空器的数量;h 为小于零的常数,表示航空器数量较少时,非固定指令仍然可能为零。

平稳增长阶段,扇区内航空器数量适中,此时非固定管制指令与航空器数量仍然呈一次线性关系,但斜率更小,非固定指令数量增长放缓,如下式所示:

$$I_2 = K_{I2}N + I_{f2} \tag{11.4}$$

式中:I_2 为平稳增长阶段非固定指令数;K_{I2} 为常数;I_{f2} 为起始阶段结束时非固定指令的数量。

快速增长阶段,扇区内航空器数量较多,呈现拥堵趋势,飞行冲突发生概率显著加大,且增速有加快趋势,此时管制员需要频繁地干预航空器的程序性飞行。当扇区内航空器数量达到一定数值,非固定指令数量过于庞大,超出管制员的处理能力,空中交通秩序趋于奔溃。快速增长阶段非固定指令与航空器数量变化如下式所示:

$$I_3 = K_{I3}N^2 + K_{I4}N + I_{f3} \tag{11.5}$$

式中:I_3 为快速增长阶段非固定指令数;K_{I4} 为常数;I_{f3} 为平稳增长阶段结束时非固定指令的数量。由此可得出非固定指令数与航空器数量的变化关系。由于扇区内航空器的数量与固定指令数呈线性关系,且综合指令数量为固定指令数与非固定指令数的线性叠加,因此可得出指令数与空中航空器的变化关系式为

$$I = \begin{cases} K_{I1}N + h + K_{I5}N, & (N \leqslant N_1) \\ K_{I2}N + I_{f2} + K_{I5}N, & (N_1 < N \leqslant N_2) \\ K_{I3}N^2 + K_{I4}N + I_{f3} + K_{I5}N, & (N_2 < N) \end{cases} \tag{11.6}$$

式中:K_{I5} 为固定指令的增长斜率,为常数;N_1 和 N_2 分别为第一阶段和第二阶段的航空器数量阈值。根据空域结构的不同,式(11.6)中各系数会有一定的差异。结合前文管制员工作负荷的计算方法,可以实现扇区容量、航空器数量及管制员工作负荷的相互转化。监控工作负荷较为特殊,不同于其他类型的工作负荷,其具有不可堆积的特性。无论是程序性的管制指挥指令还是飞行冲突的调配指令,或是管制协同工作,其都是可堆积累加的。但监控工作却不同,其只与空中态势的复杂度有关,即使管制员当前掌握了动态,在下一时刻仍需要继续实施监控行为,且工作负荷并不会减轻。空中动态监视的负荷不仅与空中航空器数量相关,还与管制员自身精力相关,当航空器数量大于一定阈值,监控负荷达到饱和,大量监控信息将无法被管制员接收。监控工作负荷如下式所示:

$$\mathrm{WL}^{\mathrm{monit}} = \begin{cases} \dfrac{N}{N_e}sa, & 0 \leqslant N \leqslant N_e \\ sa, & N > N_e \end{cases} \tag{11.7}$$

式中：N_e 为管制员监控负荷达到饱和时的航空器数量；s 为常数，代表监控工作负荷耗损率；a 为管制员当前的注意力水平。

本书提出，将管制工作负荷分为可堆积工作负荷和不可堆积工作负荷，可堆积工作负荷既可以累计，也可以被消耗；不可堆积工作负荷与管制员注意力状态和空中态势相关，既不会累加，也不会被消耗。新的管制工作负荷计算公式如下式所示：

$$\left. \begin{aligned} & WL = WL^{com} + WL^{uncom} \\ & WL^{com} = IQ \\ & WL^{uncom} = bIQ + WL^{sys} + WL^{monit} \\ & WL^{sys} = NR \\ & WL^{monit} = \frac{N}{N_e} sa \end{aligned} \right\} \tag{11.8}$$

式中：b 为不考虑非固定指令条件下单架航空器的飞行进程单平均工作负荷与通信负荷之比；Q 为管制指令的平均工作负荷。

思考负荷主要体现为管制员作出每一个决策指令的工作消耗，由于没有具体的行为体现，因此思考负荷的大小很难被准确地观测到，在大多情况下是基于管制员的主观经验得出。本节中对管制员思考负荷并不单独列出，而是认为其与管制指令的形成紧密结合，在观测管制指令的负荷大小的同时，按一定比例扩大了 Q 值。在管制员的具体指挥过程中，管制指令的发送需要同步进行飞行进程单的登记。例如：从管制移交的确认、高度层的改变、速度的变化、报高点的确认等，均需要在飞行进程单中体现。因此，在不考虑程序性指挥以外的空地交流工作负荷的情况下，可假设飞行进程单工作负荷与通信负荷成比例增长。程序性指挥以外的空地交流往往伴随一些特殊情况，且数量较少，很难列入一并计算，因此暂不考虑。

11.2.2　管制员工作负荷平衡点的计算

本书基于 SIR 模型[4-6] 构建管制员注意力资源与工作负荷之间的动力学方程。SIR 模型能够很好得建立起各个仓室之间转化的动力学关系，同样可被用于管制员注意力资源与管制工作负荷的转化过程研究。将管制员的注意力资源与未被执行的工作负荷视为两个隔离的仓室，管制员在刚上岗值班时注意力资源处于充沛状态。在值班工程中，信息的接收、理解、决策、执行等行为都需要消耗注意力资源。同时，管制的注意力资源具有一定的恢复能力，在工作负荷较小的情况下，管制员能够始终保持较好的精力状态。在空域内航空器数量较多，工作负荷较大的情况下，管制员的注意力资源趋于枯竭，疲劳感逐渐上升，不但指令的执行效率会降低，且人为差错发生概率增加，会影响空域的容量。管制员注意力资源和空中剩余工作负荷转化动力学方程为

$$\left. \begin{aligned} & \frac{da}{dt} = \Lambda - \frac{N}{N_e} sa - NR\beta - bIQ\beta - Q\beta I \\ & \frac{dI}{dt} = \left[I(N) - I(N - N_{flow}) \right] Q - \beta I \\ & \frac{dWL}{dt} = N_{flow} R + (1+b) \left[I(N) - I(N - N_{flow}) \right] Q - NR\beta - \beta(1+b)I \end{aligned} \right\} \tag{11.9}$$

式(11.9)中关于工作负荷的计算可通过前两式解耦，因此重点分析前两式的转化关系。

在管制扇区的运行中,通常希望将扇区内的航空器数量、管制员的注意力状态、空中剩余工作负荷维持在一个稳定的状态。当航空器数量过多时,及时发布流控预警信息,避免扇区内的拥堵;当航空器数量开始减少时,则及时解除流控,直至当日飞行计划全部实施。因此假设某时段内扇区内航空器数量维持在 N,单位时间内进出扇区的航空器数量为常数 N_{flow},单位时间间隔足够小,空中非固定指令数量未发生阶段性改变。则可将管制员注意力资源和空中剩余指令方程记为

$$\left.\begin{aligned} \frac{\mathrm{d}a}{\mathrm{d}t} &= W - ra - (b+1)\beta QI \\ \frac{\mathrm{d}I}{\mathrm{d}t} &= M - \beta I \end{aligned}\right\} \tag{11.10}$$

$$W = \Lambda - NR\beta \tag{11.11}$$

$$r = \frac{N}{N_e}s \tag{11.12}$$

$$M = \begin{cases} K_{I1}N_{\text{flow}} + K_{I5}N_{\text{flow}}, & N < N_1 \\ K_{I2}N_{\text{flow}} + K_{I5}N_{\text{flow}}, & N_1 \leqslant N < N_2 \\ 2K_{I3}NN_{\text{flow}} + K_{I4}N_{\text{flow}} + K_{I5}N_{\text{flow}}, & N_2 \leqslant N \end{cases} \tag{11.13}$$

式中:N_1 为第一阶段非固定指令阈值,N_2 为第二阶段非固定指令阈值。记 $x_1 = a, x_2 = I$,则方程可改写为

$$\left.\begin{aligned} \dot{x}_1 &= W - rx_1 - (b+1)\beta Q x_2 \\ \dot{x}_2 &= M - \beta x_2 \end{aligned}\right\} \tag{11.14}$$

方程平衡点的研究对管制员班组资源的管理非常重要,通常希望能将工作负荷和管制员注意力资源维持在适中的条件下。令 $\dot{x} = 0$,则可得到方程平衡点为

$$\left.\begin{aligned} x_{01} &= \frac{W - (b+1)QM}{r} \\ x_{02} &= \frac{M}{\beta} \end{aligned}\right\} \tag{11.15}$$

根据李雅普诺夫稳定性判定方法[7],该平衡点是大范围渐进稳定的,证明方法如下:

将坐标原点移至平衡点处,令:

$$\left.\begin{aligned} x_1^* + \frac{W - (b+1)QM}{r} &= x_1 \\ x_2^* + \frac{M}{\beta} &= x_2 \end{aligned}\right\}$$

则可得新的状态方程:

$$\dot{x}^* = \begin{bmatrix} -r & -(b+1)Q\beta \\ 0 & -\beta \end{bmatrix} x^* \tag{11.16}$$

根据式(11.16)中的系统矩阵,可构造下式:

$$A^{\mathrm{T}}P + PA = -I \tag{11.17}$$

式中:A 为(11.17)的系统矩阵;$\boldsymbol{P}$ 为构造的正定的实对称矩阵。可解得

$$\boldsymbol{P} = \begin{bmatrix} \dfrac{1}{2r} & \dfrac{-(b+1)Q\beta}{2r(\beta+r)} \\ \dfrac{-(b+1)Q\beta}{2r(\beta+r)} & \dfrac{(b+1)^2Q^2\beta^2 + r(r+\beta)}{2r(\beta+r)\beta} \end{bmatrix}$$

使用 Sylvester 定理判定其正定性：

$$p_{11} = \frac{1}{2r} > 0$$

$$\det|P| = \begin{vmatrix} \dfrac{1}{2r} & \dfrac{-(b+1)Q\beta}{2r(\beta+r)} \\ \dfrac{-(b+1)Q\beta}{2r(\beta+r)} & \dfrac{(b+1)^2Q^2\beta^2+r(r+\beta)}{2r(\beta+r)\beta} \end{vmatrix} = \frac{(\beta+r)^2+(b+1)^2Q^2\beta^2}{4r(\beta+r)^2\beta}$$

由于 $1>\beta>0$，$1>r>0$，故 $\det|P|>0$，存在这样的正定实对称矩阵使式(11.17)成立。因此系统式(11.14)的平衡点 (x_{01},x_{02}) 不但是唯一的平衡点，而且大范围渐进稳定。由于随着时间的推移，管制员的注意力资源和空中剩余工作负荷都将稳定在平衡点附近，因此，通过控制平衡点的位置和收敛速度，可对扇区容量的管控和班组资源的管理起到很大的帮助作用。

11.3　基于管制员负荷的扇区开合管理研究

管制扇区的开合主要目的在于及时分流管制工作负荷，避免因管制员工作强度过大产生人因失误。但依据人的主观判断很难基于复杂的空中态势信息作出及时、准确的扇区分合决策，一定程度上使得空域运行整体风险水平的上升。因此，需设计一种自动的扇区开合辅助决策算法，辅助管制员进行空域的管理和风险的管控。

11.3.1　扇区开合阀的设置

在扇区整体空间范围不变的情况下，分扇的管理并不能改变原有工作负荷的大小，只是将责任区域分割后，由更多的管制员分摊原有工作负荷。由于分扇面积小，程序性指挥工作减少，监控范围变小，可实现分扇内工作负荷的降低。但在交通流不变的情况下，由于分扇间需进行管制交接，因此总工作量会有所上涨。分扇后，扇区 i 的管制员注意力资源和剩余指令的动力学方程为

$$\left.\begin{aligned} \frac{\mathrm{d}a_i}{\mathrm{d}t} &= W_i - r_ia_i - (b+1)Q\beta I_i \\ \frac{\mathrm{d}I_i}{\mathrm{d}t} &= \frac{kcN_{\mathrm{flow}}}{2} + m_iM - \beta I_i \end{aligned}\quad(i=1,2,\cdots,z)\right\}\tag{11.18}$$

式中：n_i 为子扇区 i 内的航空器所占比例，占比越大，该子扇区管制员监控负荷越大；m_i 为分扇后，扇区 i 内的流量所占比例，比例越大，剩余指令生成速率越快；k 为子扇区之间需要管制交接的航路 j 上的飞行流量与扇区总流量之比；c 为管制交接所需的平均指令数。此时子扇区的平衡点为

$$r_i = n_i\frac{N}{N_e}s \tag{11.19}$$

$$k = \frac{\sum\limits_j N_{\mathrm{flow}_j}}{N_{\mathrm{flow}}} \tag{11.20}$$

$$x_{01_i} = \dfrac{W_i - (b+1)Q(m_iM + \dfrac{kcN_{\text{flow}}}{2})}{r_i}$$

$$x_{02_i} = \dfrac{m_iM + \dfrac{kcN_{\text{flow}}}{2}}{\beta}$$

$$(11.21)$$

从式(11.21)平衡点的变化可以看出,在保持原有交通流不变的情况下,分扇后子扇区内管制员班组的注意力资源将维持在更高的水平,而空中剩余工作负荷的数量会维持在更低水平,从而实现扩容的目的。扇区开合阀设置如图11.3所示。

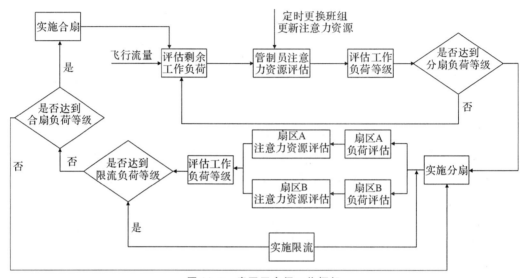

图11.3 扇区开合阀工作框架

扇区的开合标准是基于管制员的注意力资源状态制定的,而从式(11.21)中可知,注意力资源的稳定点状态与扇区流量关系巨大。当单位时间段内的流量较大时,管制员注意力资源会稳定在更低的状态,工作负荷会加重。当达到分扇阈值时,系统提出分扇建议告警。在实施分扇后,管制员仍然面临不断增大的飞行流态势,若再次达到某一子扇区的限流标准,则系统提示及时发布流控告警,控制管制员工作负荷。当飞行流量高峰期渡过,交通流量逐渐回落至合扇标准,则系统再次提示进行合扇,并解除限流措施。

11.3.2 扇区开合标准的设定

本书对扇区开合标准的设置基于管制员工作负荷的标准划分。有关管制员工作负荷的划分和实际运行标准,国际上已有相关的建议标准[8]。欧洲航行安全组织(Eurocontrol)在有关扇区空域容量评估的技术报告中给出了欧洲扇区空域运行中管制工作负荷阈值的建议,见表11.1。

表 11.1　欧洲扇区空域运行中管制工作负荷阈值建议

管制负荷阈值	负荷等级	1 h 内工作时间/min
0%～17%	超轻度负荷状态	0～10
18%～29%	轻度负荷状态	11～17
30%～53%	中度负荷状态	18～31
54%～69%	高度负荷状态	32～41
70%（含）以上	超负荷状态	42～60

　　扇区开合阀设置的目的主要在于提前对可能发生的超负荷工作状态进行预警,从而能及时对班组人员进行加强,降低单个管制员的工作强度,减小人为差错发生概率。但扇区开合阀值的设定也会影响管制员班组资源的利用率。若阀值设置过低,虽能够留有较大的安全裕度,但管制员群体的总体工作时长增加,需要更多的财力投入和设备损耗,增加了运行成本。若扇区阀值设置过高,则会使管制员过早进入到高度负荷和超负荷状态,影响空域运行的整体安全水平。但扇区开合阀值的评估又是一个较为复杂的问题,涉及设备运行成本、流量增加所产生的效益、人力运行成本及风险水平的计算。受篇幅限制,本文主要论述扇区开合阀的自动开合预警技术,不对开合阀值的评估展开研究。参考 Eurocontrol 的标准,本书将扇区的管制员工作高度负荷下限,既 32 min 作为扇区开合的阈值标准。

11.3.3　实例应用分析

1. 合扇下的管制工作负荷变化

　　通过管制员注意力资源与空中剩余指令动力学方程的构建,本书将管制员工作负荷、管制员精力状态与扇区航空器数量三者之间建立起了转化关系,通过扇区开合阀的使用可控制管制员的注意力资源消耗,使空中交通流稳定在合理范围内。算法中部分系数会随着空域结构的不同产生差异,需要根据实际情况进行统计和数据拟合后确定,特别是固定指令、非固定指令与航空器数量的线性变化关系需要根据历史数据进行拟合后确定。但部分文献已做了大量相关的工作,因此,本书参考已有文献数据统计信息展开仿真研究。在赵征[9]的研究中,对上海进近管制区航空器 15 min 内进离港的历史数据进行处理后,得到的三个阶段航空器数量和管制工作负荷变化曲线系数见表 11.2。

表 11.2　扇区内航空器数量与管制员工作负荷关联表

增长阶段	架数	工作负荷饱和值/s	关系式系数
起始阶段	1～8	393	70.43
平稳增长阶段	8～11	472	30.86
快速增长阶段	11 架以上	900	3.23

空中剩余指令工作负荷表达式为

$$I = \begin{cases} 70.43N - 170.44, & (N \leqslant 8) \\ 30.86N + 132.54, & (8 < N \leqslant 11) \\ 3.23N^2 + 23.02N - 172.05, & (11 < N) \end{cases} \quad (11.22)$$

从式(11.22)中可得出:在 15 min 内,若扇区的平均容量达到 15 架航空器,管制员工作负荷将达到饱和。基于此式可开展管制员注意力资源与空中剩余工作负荷的仿真模拟。

在假设管制员注意力恢复率恒定的情况下,通常可认为经过 30 min 的休息可完全恢复状态。区域一级管制员的班组更换时间为 2 h,因此可将注意力资源的上限设置为 7 200,每分钟恢复的数值 4,具体参数设置见表 11.3。

表 11.3　管制员注意力资源消耗模型参数设置

序　号	名　称	数　值
1	注意力初始值 a_0	7 200
2	剩余指令初始值 I_0	800
3	注意力恢复速率 Λ	4
4	飞行流量 N_{flow}	10
5	指令执行代价 Q	4
6	动态监控注意力耗损率 s	0.000 5
7	剩余指令执行率 β	0.005
8	最大监控航空器数量 N_e	14
9	进程单注意力消耗比 b	0.4
10	系统操控损耗 R	1

通过数值模拟,可得出管制员的注意力资源变化曲线如图 11.4 所示。

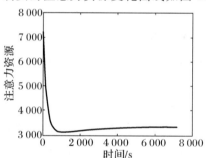

图 11.4　管制员注意力资源变化曲线

空中剩余指令工作负荷变化曲线如图 11.5 所示。

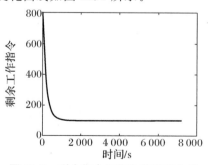

图 11.5　剩余指令工作负荷变化曲线

在该状态下,平衡点为(3 377.205 3,98),工作时间占比为 53.1%,达到中度负荷的上限值。若飞行流量继续上涨,需要及时采取分扇措施,分流工作负荷。

2. 扇区开合阀工作下的管制工作负荷变化

在飞行流量持续增大的情况下,原有扇区班组人员工作负荷持续增大,由中度负荷向高度负荷和超负荷转变,管制员疲劳感上升,需要立即实施分扇运行。假设原有扇区流量增大为 14 架次(每 15 min),瞬时容量同样达到 14 架次,显然管制员工作负荷即将达到饱和状态,在实际工作中无法运行。分扇后变为 A 扇区和 B 扇区,具体参数设置如表 11.4 所示。

表 11.4　分扇条件下管制员注意力资源消耗模型参数设置

序 号	名 称	数 值
1	注意力初始值 a_0	7 200
2	剩余指令初始值 I_0	663
3	注意力恢复速率 Λ	4
4	总飞行流量 N_{flow}	14
5	初始航空器数量 N_0	14
6	扇区 A 飞行流量占比 m_1	0.5
7	扇区 B 飞行流量占比 m_2	0.5
8	扇区 A 航空器占比 n_1	0.5
9	扇区 B 航空器占比 n_2	0.5
10	子扇区间管制交接流量比 k	0.4
11	管制交接所需指令数 c	3

其余参数设置与合扇情况下一致,当管制员注意力资源突破中度负荷阈值时,扇区实施分扇运行,分扇的阈值为 3 312。采用开合阀后的扇区管制员注意力资源变化运行曲线如图11.6 所示。

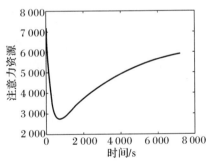

图 11.6　扇区开合阀工作下管制员注意力资源变化曲线

从图 11.6 中可以看出,在起始阶段,由于还未进行分扇运行,管制员在高强度工作状态下注意力资源迅速被消耗。在 331 秒时,扇区开合阀达到阈值,而后转换为分扇模式运行。在时间为 695 s 处,管制员注意力资源将为最低值 2 700,为高度负荷状态。分扇之后,管制员注意力资源在很快迎来拐点并呈上升趋势,但在换班前并未达到平衡态。分扇后的平衡点为 (6 895.192,81.284)。扇区开合阀工作下空中剩余工作负荷的变化趋势如图 11.7 所示。

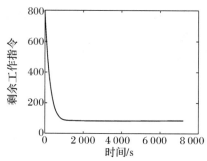

图 11.7　扇区开合阀工作下空中剩余工作指令负荷变化曲线

11.4　小　　结

本章对 Wickens-SIR 混合模型的应用方法进行了介绍。基于 SIR 模型对管制员工作负荷的消耗过程进行了建模分析,利用 SIR 模型的平衡点来预测管制员在特定流量和容量下的工作负荷状态。通过对管制员工作负荷的状态预测,可对扇区在下一个班组时段内的开合状况做出评判,从而及时调整班组力量,控制管制运行中的风险水平。从管制员工作负荷的角度来看,分扇对容量的提升是相当显著的,但在实际工作中,受空域结构和空域可用率等因素影响,分扇对扩容的作用是有限的,此时应及时采取限流或分流等措施避免管制员注意力资源过度损耗影响飞行安全。

参 考 文 献

[1] WICKENS C D, HOLLANDS J G. Engineering Psychology and Human Performance [M]. 3rd Edition. Upper Saddle River:Prentice Hall Press. 2000.

[2] 郝红勋.民航飞行员人因失误评价模型研究[D].北京:中国矿业大学,2017.

[3] 赵征.空域容量评估与预测技术研究[D].南京:南京航空航天大学,2015.

[4] 崔玉美,陈姗姗,傅新楚.几类传染病模型中基本再生数的计算[J].复杂系统与复杂性科学,2017,14(4):14 - 31.

[5] KERMACK W O,MCKENDRICK A G. Contribution to the Mathematical Theory of Epidemics[J]. Proceeding of the Royal Society A,1927,115:700 - 721.

[6] LEE J,KIM J,KWON H D. Optimal Control of an Influenza Model with Seasonal Forcing and Age-dependent Transmission Rates[J]. Journal of Theoretical Biology,2013 (317):310 - 320.

[7] 张嗣瀛,高立群.现代控制理论[M].北京:清华大学出版社,2006.

[8] 董襄宁,胡明华,苏璟.基于管制员工作负荷的终端区容量评估[J].航空计算技术,2011, 41(1):5 - 9.

第四篇 | 系统分析

　　系统理论的发展使人们以更为宽广的视角去认识与分析人为差错。在以往的分析理论中，人们虽然同样关注"人—机—环—管"各个领域的作用因子，注重剖析人的内在与外部因素作用，但是忽视了这些影响因子间的关联作用。随着系统理论的发展成熟，人因分析理论迎来又一次质的发展，基于系统理论的分析方法使得人为因素的剖析进一步深化。本篇将为大家介绍两种系统理论分析方法，通过对分析目标进行工程化、系统化的建模，充分挖掘各系统子部件之间的关联作用，从而使人们对致因因素的作用机制有更为清晰的认知。通过系统化的致因分析，人们对风险管控措施的制定也不再局限于行为人本身，开始注重各类因素耦合作用的消除，使风险管控的效果变得更为理想。

第 12 章　系统理论过程分析

进入 21 世纪以来,复杂系统理论不断发展,系统化的分析方法逐渐涌现,很快便拓展延伸至安全管理领域,系统化的分析方法更加关注各致因因素或影响因素之间的关联作用,因此对风险的识别更为深入,形成的管控措施更为有效。本章首先将对系统安全分析方法的发展历程进行简要介绍。以 STPA 方法为代表,对其分析流程进行介绍说明,通过介绍 STPA 方法在空中国交通管制 ITP 程序设计中的应用,使读者对 STPA 方法应用方式有一个更为清晰的认知。在 12.3 节的内容中,结合复杂网络理论,对 STPA 方法如何开展定量分析进行了介绍,使读者对 STPA 方法的应用能有更为深刻的理解。

12.1　STPA 方法介绍

12.1.1　系统安全性分析方法发展历程

随着科技的进步,现实生活中所使用的各类设施设备都呈现出复杂系统的特征,而系统的运行都需要考虑其所带来的安全风险。随着人们生活质量的提升,对安全的要求也在不断提升,系统安全分析工具也随着现实安全需求的提升而在不断发生更新迭代。当前部分文献将安全分析工具的发展大致分为四个层次[1-2],每一层次的分析工具都对上一层的分析技术做出了改进。但这并不代表前一层次的分析工具已被淘汰,在不同的应用领域,根据不同的安全需求,每一类别的安全分析模型都仍有一定的现实意义,可解决现实中的安全分析问题。

(1)基于事件链的安全分析方法。基于事件链的安全分析方法认为事故是由一系列具有因果关系的事件构成的,通过对事件链中每一事件的挖掘和分析,可以帮助人们理解事故,并找出事故的原因。基于这一思想,系统通常被拆解为物理组件或功能组件,通过分析各个组件的行为和因果联系来分析复杂系统,同时也能起到简化复杂系统的作用。典型的模型有REASON 模型、故障树模型(Fault Tree Analysis,FTA)、失效模型影响分析方法(Failure Mode Effect Analysis,FMEA)以及由此衍生出的一系列改进模型等方法。由于模型分析方法简单易用,在安全生产的各个领域仍有极大的适用性。这些模型以时间为线索,将离散化的事件组成事件链,认为下一事件的触发必然由上一事件的发生为前提条件。

随着系统复杂度的提升,系统的运行不再能够简单拆解为各个子部件顺序作用的结果,各个子部件之间的交互呈现显著的网状特性,以时间线索的事件序列特征不断淡化,下一事件的发生可能是多个子部件交替影响下的结果。另外,由于事件链的提取往往具有很强的主观性,与分析人的经历、技术水平和状态相关,在复杂系统的分析中易发生子部件识别的遗漏问题,从而影响安全分析结论。因此,基于事件链的分析方法在规模较大、复杂度较高的系统安全分析中适用性受到限制。

(2)基于能量转移的安全分析方法。基于能量转移的观点认为在安全生产过程中,能量受到约束和控制,并按照人们的意图进行形式的转换和流动。当能力的控制突破某种约束或失去控制,能量就会外泄或释放对外界造成损伤[3-4]。能量转移理论对安全防护措施的制定起到了巨大的作用。通过加强能量的约束、能量的控制,降低能量的损伤及外界受冲击能力等措施,实现降低系统运行风险的目的。经过长期的发展,在工程领域使用的主要安全防御措施已发展至 12 项,主要有消除系统中的危险能源、降低能量的量级、防止能量释放、降低能量释放率、控制不正确的能量输入、从空间或时间上隔离能量与目标、在能量和结构之间设置材料屏蔽、改进冲击应力集中的表面、增加目标的能量耐受力、减少能量释放造成的破坏和培训人员防止能量释放等。

基于能量转移的安全分析方法通过跟踪能量的流动路径,查找路径中的安全薄弱环节,并制定安全管控措施,在事故的预防和风险的管控方面起到了一定作用。但以能量的流动路径为线索的危险源识别方式对系统的分析是不充分的,部分不以能量形式出现的危险源难以被查找,因此适用性受到影响。

(3)基于状态的安全性分析方法。20 世纪 90 年代开始,基于集合论和数学逻辑的安全分析方法开始出现。该类方法将系统的状态以数学符号表示,并对状态的变化和迁移展开数学建模。模型直接描述了系统无故障下的运行过程,对于系统的复杂特性可以有一个较为精确的表达,对于离散系统的运行建模具有一定优势。通过对构建模型的分析可以在一定程度上识别系统可能存在的薄弱环节。由于有了较为精确的数学模型,极大推动了自动化建模技术的发展,一些自动化构建故障树的软件应运而生,较为典型的有 NuSMV 和 UPPAAL 等[5-7]。

但基于状态的分析方式需要构建准确的数学模型才能开展后续的分析工作,方法具有一定的复杂度,在适用范围上受到限制。另一方面,对于一些复杂系统会存在状态空间爆炸的问题,会影响系统的建模和分析。

(4)基于系统理论的安全分析方法。新世纪以来,系统的复杂性不断提高,系统的组成结构、运行方式、运行环境与传统都发生了巨大的变化。系统的交互复杂性、动态复杂性、分解复杂性、非线性复杂性的增加,使得人们无法通过对系统的简单拆解而获悉各个子部件的缺陷,大量扰动或耦合作用只有在特定子部件的交互作用中或特定环境下才会显现。这给系统薄弱环节的识别造成了极大的困难,也无法制定完善的风险管控措施。为解决这类问题,基于系统理论的分析方法得到发展,将机械系统、外界环境、人为因素、管理因素纳入考察范围,可对系统的危险致因和薄弱环节有更为充分的解析。

认知可靠性和差错分析技术(Cognitive Reliability and Error Analysis Method,CREAM)和系统理论事故建模和过程(Systems-Theoretic Accident Modeling and Processes,STAMP)是其中较为经典的系统安全分析方法。CREAM 方法于 1998 年由 Hollnagel 提出,属于第二代 HRA 技术,同时该方法还可开展定量分析,对任务期望的性能可靠性做出评估。但CREAM 方法的优势主要体现在人为因素的分析,对其他各系统子部件的分析并不充分。STAMP 方法由麻省理工学院的 Leveson 教授于 2004 年提出,该事故致因模型将系统视为一种分层控制结构,重视组织管理、系统组件交互(如控制、反馈等)对系统安全的影响。由于 STAMP 方法注重对系统子部件关联性的分析,对系统不安全因素的识别相对更为充分,因此 在工程领域的应用较广。基于 STAMP 方法,Leveson 还提出了因果分析(Causal Analysis based on STAMP,CAST)方法和系统理论过程分析 (Systems-Theoretic Process Analysis, STPA)方法。本章将以 STPA 方法为例,对这一类新兴的系统安全分析方法展开论述。

12.1.2 STAMP 模型

STAMP 模型是一种基于系统理论的事故分析模型,主要关注于系统组件之间的交互及 其控制机制。它认为事故不再是由于独立事件导致的,而是在系统开发、设计、运行过程中与 安全相关的约束不适当或执行不充分所造成[8]。

STAMP 模型的最基本概念是安全约束,安全约束特指系统变量间的某些关系,这些关系 有助于防止系统进入危险状态。因此,事故的发生不再被认为是简单的组件失效或人的操作 失误而造成,而是由于和安全相关的约束出现问题而造成。在 STAMP 模型中,安全被视为 系统组件之间的交互而在各层级产生的一种涌现特性,这种涌现特性通常是指多个组件构成 系统后,出现了系统构成前单个组件所不具有的性质,这种性质不存在于任何单个组件当中, 而是系统在低层次构成高层次时才表现出来,它取决于系统内的组件行为上所施加的安全约束。

STAMP 模型认为系统是动态的,并将安全视为一个控制问题,通过嵌入在系统中的控制 结构进行管理。在危险分析过程中,STAMP 模型把系统组件及其之间的联系表述为一个相 互依赖的控制结构,并通过该控制结构对系统的各控制回路的行为进行检查,识别系统内部控 制回路中各组件的控制缺陷,从系统的角度来对危险进行分析,寻找危险发生的原因,并从系 统开发、设计和运行的角度来提出改进措施。

12.1.3 STPA 分析过程介绍

传统危险分析理论将危险视为一系列事件作用的结果,所考虑事件通常涉及若干类型的 组件失效或人的失误,主要采用前向序列法(如故障模式与影响分析[9])或后向序列法(如故障 树[10])直接描述失效与影响因素间的线性关系,适于分析物理组件失效造成的危险或较为简 单的系统。然而,在现代的社会技术系统中,人员、技术或组织等方面的诸多因素都融入到一 个系统内交互运行,系统显现出繁冗复杂的非线性特性,对于这类系统,传统方法显然已无能 为力,亟待探索新的危险分析方法。实践分析表明,STPA 方法为解决上述难题提供了很好 思路。

STPA 方法是基于 STAMP 方法提出的一种危险分析方法,并已广泛用于航空、核电、铁 路和能源开采等领域。STPA 有别于传统分析方法,它在分析系统失效及其因果关系时,将系 统视为一个整体,并把安全作为一个控制问题来处理。STPA 认为,诱发系统危险的原因,除 了组件失效或人的失误之外,还应包括组件之间的非功能交互,危险就是由于缺少适当控制以 约束组件间的非功能交互而导致的。

STPA 的具体分析步骤可归纳为以下几点。

（1）定义系统危险。所谓"危险"目前尚无具体严格的定义标准,通常是指将会导致事故（损失）发生的系统状态或一系列条件,也包括一些特定的、恶劣的环境条件。在分析问题时,可根据飞机坠毁、设备损毁、人员伤亡或任务失败等具体事件来定义。

（2）绘制安全控制结构。识别了系统危险,即可着手绘制安全控制结构,广义的安全控制结构如图 12.1 所示。图 12.1 中结构主要包括 2 部分:系统开发和系统运行。每一部分又由若干层级、层级间交互、反馈控制回路以及通信信道构成。每个节点代表系统的一个组件;向下连线代表施加的控制行为,用以强化对系统的安全约束;向上连线代表提供的信息反馈,以便更好地满足约束。由于安全控制结构非常复杂,危险分析时通常取总体结构的一部分,其他部分可视为环境因素。

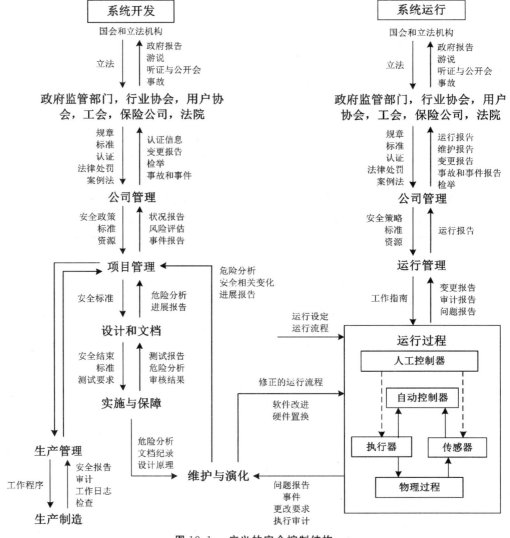

图 12.1　广义的安全控制结构

（3）识别不安全的控制行为。识别不安全的控制行为,是指在已获取的安全控制结构基础上,识别使系统处于危险状态的潜在不安全控制行为。根据具体控制行为可能引起的危险,不安全控制行为可按照如下四种形式进行识别:①无法提供或执行保障安全所需的控制行为;

②提供了诱发危险的不安全控制行为;③提供了过早、过晚或无序的控制行为;④控制行为停止过快。识别出不安全的控制行为,就可将其转化为相应的安全约束,用以控制系统运行过程滑向危险状态。

（4）确定不安全控制行为的起因。要找出不安全控制行为的起因,需要参照相应控制器回路的各个重要环节,逐一比对分析,逐条落实存在的潜在原因,广义控制回路中各个环节的失效原因如图 12.2 所示。实际上,图 12.2 中控制器和执行器之间的箭头即为前述的"识别不安全的控制行为"过程,而回路剩下部分则为"确定不安全控制行为的起因"过程。而所谓"确定不安全控制行为的起因"过程就是通过分析控制回路中的控制器(控制算法和过程模型)、执行器、受控过程、传感器以及组件之间的连接部分出现的问题,调查导致出现不安全控制行为的原因。

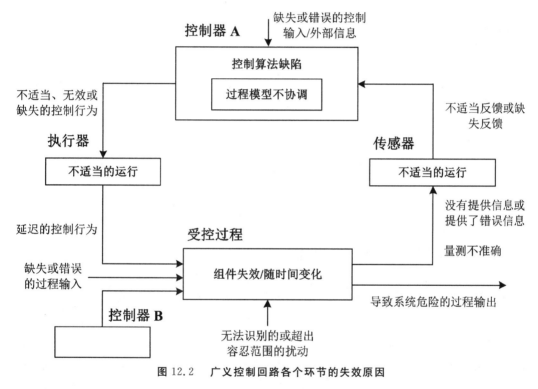

图 12.2　广义控制回路各个环节的失效原因

12.2　STPA 方法在 ATSA－ITP 设计中的应用

12.2.1　ITP 运行原理简述

为便于理解 STPA 的分析过程,引用了空中交通态势感知尾随程序(Airborne Traffic Situational Awareness In-Trail Procedures,ATSA-ITP,简称 ITP)设计的危险分析案例。ITP 是美国为实现国家空域系统由空中交通管制的地基系统向空中交通管理的星基系统的升级换代(Next Gen)而设计的。通过在适于程序管制的空域内使用 ITP,能够使请求改变飞行高度层(Flight Level,FL)的飞机更加频繁、自如地达到预期 FL,从而在保证安全间隔前提下提高飞行效率。

对于标准的改变 FL,根据最小间隔标准及有关程序规定,管制员就可使请求飞机与其他飞机保持应有安全间隔。而在新设计的 ITP 中,通过穿越当前标准间隔规定中不允许穿越的 FL,能够使引导和跟随的同航迹飞机达到所请求的 FL,如图 12.3 所示。ITP 飞机相对于参考飞机是否满足 ITP 标准,可由机组通过机载 ITP 设备来确定。一旦满足标准,机组即可向管制员发送 ITP 许可请求,确认参考飞机。而此时管制员的任务是核实 2 机航向和最大接近速度差等条件。若满足条件,管制员即可同意 ITP 请求,而无需确认 2 机的间隔距离,有关 ITP 更详细资料可查阅参考文献。

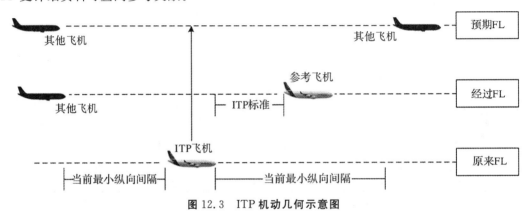

图 12.3 ITP 机动几何示意图

12.2.2 STPA 方法应用实例

根据前述的 STPA 具体分析步骤,结合 ITP 的设计思想,其分析过程如下:

(1) 定义系统危险。使用 STPA 进行危险分析,需预先定义系统危险。那么,以跨洋区空域飞行的机组为例,所考虑的基本事故/损失主要是人员伤亡,通过分析后定义的系统危险包括:①2 架飞机违反了最小间隔标准;②飞机进入了不安全大气区;③飞机进入了不可控状态;④飞机进入了不安全飞行姿态;⑤飞机进入了飞行禁区。因篇幅有限,文中无法企及所有系统危险,仅选取系统危险①作为研究的主要关注点,其他 4 种系统危险的分析过程与此类推。

(2) 绘制控制结构。绘制准确的安全控制结构是应用 STPA 的基础。那么,通过对 ITP 设计思想的消化与理解,绘制出的安全控制结构如图 12.4 所示,其中,TCAS 表示空中防撞系统(Traffic Collision Avoidance System);ADS-B 表示广播式自动相关监视(Automatic Dependent Surveilance—Broadcast);GNSS 表示全球卫星导航系统(Global Navigation Satellite System);GPS 表示全球定位系统(Global Positioning System)。图 12.4 中显示的主要控制器为管制员 A 和 ITP 机组(仅限于对管制员 A 的分析)。在该控制结构中,ITP 机组向管制员 A 发送 ITP 许可请求及相关 ITP 信息。管制员按要求核实确认后,发出同意 ITP 请求和飞行指令。而 ITP 机组则要从 ITP 设备上获取是否满足标准的信息,并根据信息和许可进行机动。另外,图 12.4 中用虚线标识了参考飞机的机组与管制员 A 和 B 之间的信息流、控制流和反馈流,虽然与 ITP 无直接关系,但其在程序执行和安全方面的作用也很重要。

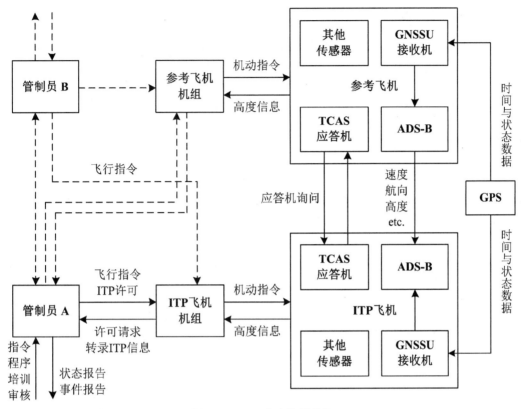

图 12.4 ITP 安全控制结构

(2)识别不安全控制行为。绘制 ITP 安全控制结构以后,还需识别管制员 A 对系统施加了哪些不安全控制行为。管制员 A 提供的控制行为主要包括"同意 ITP 请求""拒绝 ITP 请求"和"异常中断指令"。表 12.1 据此列出了管制员 A 的不安全控制行为(同样,也可列出 ITP 机组的不安全控制行为)。很明显,"同意 ITP 请求"中出现差错可能直接导致飞机间失去间隔,而错误的"异常中断指令"可能会在不确定条件下引入不必要的飞行动作,进而影响两架飞机的间隔。需要指出的是,"拒绝 ITP 请求"对应的表格为空,表明在此情况下 ITP 飞机仍然会保持原来航迹,不会导致失去间隔的危险场景。此外,表 12.1 中识别出的不安全控制行为,可转化为作用于 ITP 机组的安全约束,见表 12.2。

表 12.1 管制员的不安全控制行为

控制行为	未提供而导致危险	提供而导致危险	错误的时机/顺序	停止过快
同意 ITP 请求	/	不满足标准时给予同意将同意许可发给非请求飞机	给予同意的时机过早给予同意的时机过晚	/
拒绝 ITP 请求	/	/	/	/
异常中断指令	应该中断却未发出指令	无需中断时却发出中断指令	发出中断指令时机过晚	/

表 12.2 不安全控制行为对应的安全约束

不安全的控制行为	安全约束
不满足标准时给予同意	必须满足 ITP 标准时,才能同意 ITP 请求
将同意许可发给了非请求飞机	只有发出 ITP 许可请求的飞机才能获取同意
给予同意的时机过早或太晚	批准的时机不可过早或过晚
应该中断却没有发出指令	当继续执行 ITP 不安全时,必须发出异常中断指令
无需中断时却发出中断指令	无需中断时不可发出异常中断指令
发出中断指令太晚	如果需要中断,必须立即发出异常中断指令

(4)确定不安全控制行为的起因。ITP 过程中管制员 A 的控制回路如图 12.5 所示。在该回路中,控制器(管制员 A)通过执行器(ITP 机组)对受控过程(空中交通)施加控制行为,受控过程(空中交通)状态的改变通过传感器(机组更新)反馈回控制器(管制员 A),而随后的控制行为也是在这个反馈基础上做出的。那么,按照图 12.5 中标注的 7 个环节进行分析,可以得出导致不安全控制行为"将同意许可发给了非请求飞机"的原因详单,见表 12.3。因篇幅关系,表 12.2 中其他不安全控制行为的原因分析不作赘述。

总而言之,使用 STPA 进行危险分析过程,就是针对定义的系统危险,充分利用已绘制的安全控制结构,识别各控制器施加了哪些不安全控制行为导致了这种危险,并参照相应控制回路的各个环节,找出导致这些不安全控制行为的真正起因。

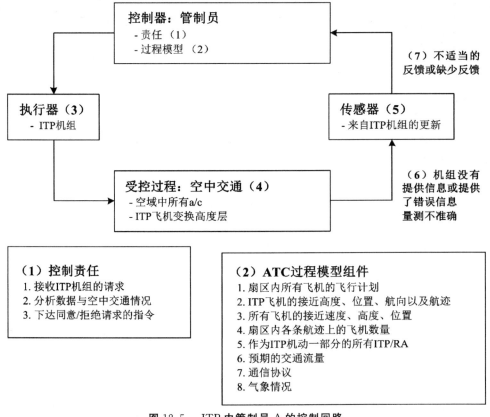

图 12.5 ITP 中管制员 A 的控制回路

表 12.3　不安全控制行为"将同意许可发给了非请求飞机"的原因详单

过程模型环节	原因
(1)控制算法缺陷	算法中不包含飞机 ID 号的检查与核对
(2)过程模型不协调	在扇区特定区域内的飞机数量大
	空域内其他飞机(非 ITP 许可请求)携有类似的状态数据和 ID 号
	在管制区域内同时出现其他请求,包括 ITP 或非 ITP 请求
	由于缺乏对 ITP 建构的理解或简单疏忽,管制员混淆了参考与 ITP 飞机
(3)不适当的执行器运行	与 ITP 机组的联系信道出现问题
(4)组件失效/随时间变化	
(5)不适当的传感器运行	数据链出现问题
(6)没有提供信息或提供了错误信息	ITP 机组错误将数据转录成 CPDLC(管制员和飞行员数据链通信)
	ITP 机组的许可请求中没有包括飞机 ID 号
(7)不适当的反馈或缺少反馈	非请求飞机确认或接受了同意许可
	非请求飞机没有对不符之处立即作出反映(如,机组没有足够迅速地向管制员报告自己不是 ITP 机组)

12.3　结合复杂网络理论的 STPA 航空人为因素分析

当前各类安全分析方法虽多,但依然难以实现在理清事故致因运行关系的同时,进行科学的量化分析。特别是分析方法都只局限于单一事件的分析,对系统安全薄弱环节的重要性缺乏量化的评判,这使得在安全管理过程中难以抓重点,容易顾此失彼,出现整体安全性能提升不显著的现象。对此,本节基于 STPA 方法对多起航空事故致因因素运行关系展开分析,提取航空事故链,构建事故运行网络。结合复杂网络理论对关键事故节点展开评估,从而识别对航空活动影响较大的关键环节,弥补 STPA 方法无法开展定量分析的缺陷。通过对关键环节的针对性管控,可有效提升航空器运行的整体安全性,做到安全效益的最大化。

12.3.1　复杂网络理论介绍

使用 STPA 方法对事故进行分析可有效识别不安全控制行为,并制定相应的安全约束措施。但引发航空事故的不安全控制行为多种多样,触发不安全控制行为的致因因素更是千差万别,对每一种事故致因均采取安全约束措施显然是费时、费力且效率低下的行为。特别是一些低概率事件,即使投入大量精力进行预防,对航空系统运行的整体安全性影响甚微。因此,需要在识别事故致因的同时判断对系统整体安全水平影响较大的因素,通过对关键环节的预防,则可起到安全效益的最大化,显著提高系统整体运行安全水平。为此,引入复杂网络理论进一步分析航空不安全事件的发展机理,提取最具影响力的关键因素加以防控。

复杂网络就是具有复杂的拓扑结构和动力学行为的大规模网络,它是由大量的节点通过边的相互连接而构成的图,其中节点可以是任意具有特定动力和信息内涵的系统的基本单位,边则表示基本单位之间的关系或相互作用[11]。通过将多起事故中的节点与节点相连,则可以组成事故致因网络,通过对致因网络的分析则可以了解整个系统的运行特征。本节对事故致因网络的构建和分析主要基于以下复杂网络基本理论。

(1)复杂网络的表示。对于一个具体的网络 G,其边和节点可以分别用 V 和 E 表示。对于有向网络,节点 a 到节点 b 之间的边可以用 (a,b) 表示,而 (b,a) 则表示节点 b 到节点 a 的边。对于节点之间关系的强弱可以用边的值进行表示,即为加权网络。本文所构建的网络为有向加权网络。网络的结构可以用邻接网络矩阵 $\boldsymbol{A}$ 表示,一个由 N 个节点构成的有向加权网络图可表示为

$$\boldsymbol{A}_{jk} = \begin{cases} a_{jk} \ w_{jk} \\ 0 \end{cases} \tag{12.1}$$

其中:若节点 j 指向节点 k,则 $a_{jk}=1$,否则为 0;w_{jk} 为节点之间连接的权重。

(2)节点度的表示。在有向加权网络中,节点的度分为出度和入度。节点 a 的出度表示由节点 a 至其他节点边的数量;节点 a 的入度则表示由其他节点至节点 a 的边的数量;出度与入度的和则表示节点的总度。节点 m 总度的计算可表示为

$$k_m = \sum_{j \neq m} a_{mj} + \sum_{i \neq m} a_{im} \tag{12.2}$$

等式右边第一项为出度计算,第二项为入度计算。

(3)节点强度的表示。节点的度只能表示节点之间连接边的数量,但不能表示节点之间联系的强弱程度,因此,需要引入节点强度的概念。在有向加权网络中,节点强度同样有出强度和入强度之分。节点的出强度是指节点指向其他节点的边的权值之和;节点的入强度是指其他节点指向该节点的边的强度之和;节点的总强度为出强度与入强度之和。节点 m 总强度的计算可表示为

$$s_m = \sum_{m \neq i} s_{mi} + \sum_{m \neq j} s_{jm} \tag{12.3}$$

等式右边第一项为出强度计算,第二项为入强度计算。

(4)节点聚类因数的表示。在网络中,节点之间会存在聚集特性,与一个节点相关的其他节点之间同样存在着联系,这反映了这些节点之间更倾向于聚集到一起。聚类因数就是表示一个图形中节点聚集程度的系数。聚类因数的研究对于网络中信息传播规律的掌握非常重要,阻断某一聚类因数较高的节点可以显著改变网络信息的分流方式,这对事故链的中断与预防具有较大的现实意义。节点 a_m 聚类因数的计算方式为

$$C_m = \frac{E(m)}{C_{k_m}^2} \tag{12.4}$$

其中:$E(m)$ 为节点 a_m 邻域内实际存在的连接边数,$C_{k_m}^2$ 为节点 a_m 领域内最大存在的连接边数,其计算公式为

$$C_{k_m}^2 = \frac{k_m(k_m-1)}{2} \tag{12.5}$$

显然,度为 1 的节点不符合聚类因数的概念定义,因此,式中 k_m 为大于 1 的整数。为便于比较研究,本文将度为 1 的节点聚类因数赋值为 0。

12.3.2　事故链关键环节分析框架

基于 SPTA 分析方法和复杂网络理论,通过对 48 起航空安全事件的分析,提取事故发展过程中的关键环节,组成事故链,通过对 48 条事故链的整合,形成事故关联网络。由于资源和精力的限制,在事故风险的管控中难以实现对所有不安全环节的防治,因此需要通过对关联网络结构的分析,识别关键事故环节,实施重点防控,实现整体安全水平的提升,其分析结构如图 12.6 所示。

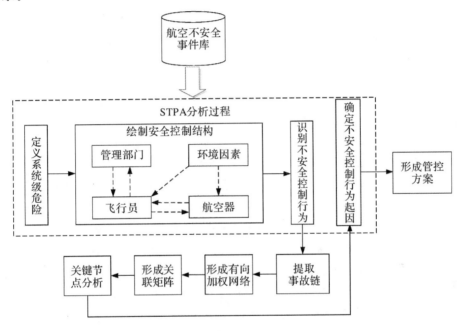

图 12.6　航空安全事件分析总体框架

12.3.3　控制过程建模和航空事故链提取

收集美国 2010—2020 年间公开发布的 48 起航空事故调查报告,通过事故分析得出系统级损失主要有四类:①飞机受损,人员未受伤;②飞机受损,人员受伤;③飞机严重受损,有人员伤亡;④飞机坠毁,人员伤亡严重。造成系统级损失的系统级危险主要包括偏出跑道、冲出跑道、着陆跳跃、撞地/撞击地面障碍物、地面相撞、空中相撞、飞机失速、方向失控、飞机翻转、座舱失压、偏离航道、硬着陆和油量不足。

形成这一系列系统级危险的因素很多,主要来自人、机、环、管四个方面。但"人"这一因素在事故链的发展演变中扮演着重要角色,是不可逾越的关键环节。在多种因素的综合作用下,事故链被触发,飞行员不合理的控制行为往往是导致事态恶化的重要因素,通过不合理控制行为的识别可为事故致因因素的查找提供线索,为此,需要构建航空不安全事件控制结构,如图 12.7 所示。

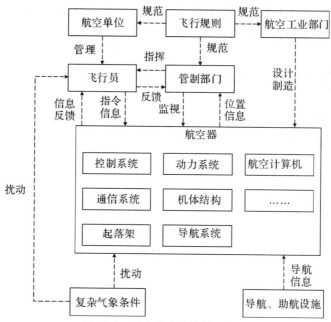

图 12.7　航空安全事件控制结构

在完成控制结构绘制后就可以进行不安全控制行为的识别。以往 STPA 方法不安全控制行为的分类方法并不适用于每一类事故分析，会存在部分行为分类模糊的情况，在航空事故分析中也只适用于部分特定情景。本书将不安全控制行为分为未进行有效控制行为、控制行为过早、控制行为过晚以及进行了错误的控制行为。通过这样的分类，对飞行员的不安全控制行为可以有更全面和清晰的分类，便于致因因素的查找和事故链的提取。

对于单一航空不安全事件而言，通过以上的分析即可找出不安全控制行为的致因因素，但单一事件的致因并不一定具有普遍意义，甚至部分致因的触发是小概率事件，不但防控成本过高，而且效果并不显著。对此，本文将 48 起事故均进行了基于 STPA 方法的致因分析，从更为系统的角度对不安全控制行为及其关联因素展开分析，识别重要度较高的致因因素并加以管控。

使用图 12.7 的控制结构可以较为清晰地梳理航空事故的触发和演变过程，将事故过程的每一关键环节和控制过程进行提取就可以形成事故链，如表 12.4 所示。由于事故链的分析并不需要系统级损失的数据，因此可将最终飞机和人员的受损情况去除。

表 12.4　事故链提取及简化过程

序 号	简要事故经过	事故链提取	事故链简化标注
1	飞行员着陆过程中报告遇到大侧风，随后飞机接地时产生了轻微的飞机跳跃。在侧风影响下，飞机在浮空过程中继续向右偏移，而飞行员没能及时进行方向纠正，以致飞机向右侧偏出跑道进入草地继续滑行。随后飞机在滑行过程中发生侧翻，机体受到损伤，飞行员受伤	较大侧风—着陆姿态控制不合理—着陆跳跃—方向控制失败—偏出跑道—飞机侧翻—飞机受损，人员轻伤	I_{18}—H_{10}—A_{33}—H_{10}—A_{31}—A_{39}—D_{45}

续 表

序　号	简要事故经过	事故链提取	事故链简化标注
2	飞行员在飞行前地面检查过程中发现舵面控制失效，但未终止任务继续飞行。起飞后决定返航进行排故处理，但在着陆进近过程中发现飞机姿态控制困难，于是进行复飞，在复飞爬升过程中飞机失速坠毁	飞机控制系统故障—决策错误，继续飞行—复飞时失速—撞地—飞机受损、人员受伤	S_{27}—H_{13}—A_{37}—A_{34}—D_{45}

事故链的每一环节均为有向加权网络的节点，而事故链的边则组成网络的边。48 起航空不安全事件的事故链最终汇集成有向加权网络。经过对 48 起事故的分析，网络的节点属性可分为管理层、人因层、环境层、系统层和事故危险环节五类，最后一栏为系统级损失，不计入网络节点分析，得到 43 个节点，见表 12.5。

表 12.5　网络节点分类

节点类别	数量	编号	节点名称
管理层	6	1～6	人员选拔不合理 M_1，系统设计缺陷 M_2，人力资源管理缺陷 M_3，航行情报管理缺陷 M_4，飞机维护程序缺陷 M_5，安全管理政策缺陷 M_6
人因层	9	7～15	未进行有效控制行为 H_7，控制行为过早 H_8，控制行为过晚 H_9，进行了错误的控制行为 H_{10}，监控不充分 H_{11}，疲劳 H_{12}，决策错误 H_{13}，紧 H_{14}，协同理解错误 H_{15}
环境层	9	16～24	夜间 I_{16}，雾、霾/低能见度 I_{17}，侧风 I_{18}，雨 I_{19}，冰冻 I_{20}，雪 I_{21}，道面湿滑 I_{22}，空中紊流 I_{23}，风切变 I_{24}，
系统层	6	25～30	自动驾驶系统故障 S_{25}，动力系统故障 S_{26}，控制系统故障 S_{27}，起落架故障 S_{28}，导航系统故障 S_{29}，机体破损 S_{30}
事故危险环节	13	31～43	偏出跑道 A_{31}，冲出跑道 A_{32}，着陆跳跃 A_{33}，撞地/撞击地面障碍物 A_{34}，地面相撞 A_{35}，空中相撞 A_{36}，飞机失速 A_{37}，方向失控 A_{38}，飞机翻转 A_{39}，座舱失压 A_{40}，偏离航道 A_{41}，硬着陆 A_{42}，油量不足 A_{43}，
系统级损失	4	44～47	飞机受损、人员未受伤 D_{44}，飞机受损、人员受伤 D_{45}，飞机严重受损、有人员伤亡 D_{46}，飞机坠毁、人员伤亡严重 D_{47}

12.3.4　有向加权网络的形成

通过分析，48 起事故中共可提炼为 43 个网络节点（见表 12.5），将其进行编号，标记为 $a_m(1 \leqslant m \leqslant 43)$。网络边的权值则由节点间的连接次数决定，事故链中节点间的连接次数越多则边的权值越高。将 48 条事故链进行整合即可形成有向加权网络，但单纯网络的图形并不利于分析和计算，因此以邻接网络矩阵的形式表示，矩阵为 43 阶矩阵，由于数据量较大，摘取人为因素邻接网络矩阵数据(7～15 行×7～15 列)如下式所示：

$$
\begin{bmatrix}
0 & 0 & 0 & 1 & 0 & 0 & 0 & 0 & 0 \\
0 & 0 & 0 & 0 & 1 & 0 & 0 & 0 & 0 \\
0 & 0 & 0 & 1 & 0 & 0 & 0 & 0 & 0 \\
0 & 0 & 0 & 0 & 1 & 0 & 0 & 0 & 0 \\
3 & 0 & 0 & 5 & 0 & 0 & 3 & 0 & 0 \\
0 & 0 & 0 & 0 & 2 & 0 & 2 & 0 & 0 \\
1 & 0 & 1 & 0 & 1 & 0 & 0 & 0 & 0 \\
0 & 0 & 0 & 0 & 1 & 0 & 0 & 0 & 0 \\
0 & 0 & 0 & 2 & 1 & 0 & 0 & 0 & 0
\end{bmatrix}
\tag{12.6}
$$

通过网络邻接矩阵的数据,可以清晰地识别节点间的关系。矩阵对应的行代表了该节点与其他节点的出度、边权值和出强度;矩阵对应的列代表了该节点与其他节点的入度、边权值和入强度。矩阵节点连接关系如图 12.8 所示。

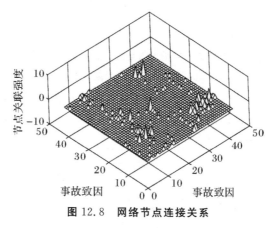

图 12.8　网络节点连接关系

从图 12.8 可以看出,人因层节点与其他节点关系最密切,且最易触发事故危险环节,即系统级危险。其中,若将人因节点进行 1～9 编号,人因层节点易触发的节点如图 12.9 所示。

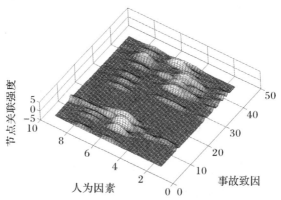

图 12.9　人因层节点与其他节点连接关系

环境层节点易触发的节点如图 12.10 所示。

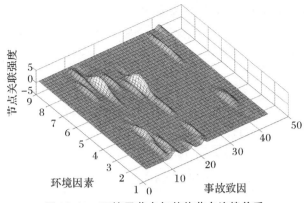

图 12.10　环境层节点与其他节点连接关系

从图 12.9～图 12.10 可看出,人因层节点易进一步触发其他人因层节点和危险事故环节,环境层节点最易触发人因层节点,即复杂天气条件下更易发生人为因素问题。

12.3.5　数据处理与关键节点识别

为能够准确找出航空事故链发展演变中的关键环节,还需基于网络邻接矩阵的数据信息进行基于复杂网络理论的分析,从而找出与其他节点具有紧密联系的节点,并采取高效的防范措施。基于(12.2)式,可以对网络节点进行度的计算,计算结果如图 12.11 所示。

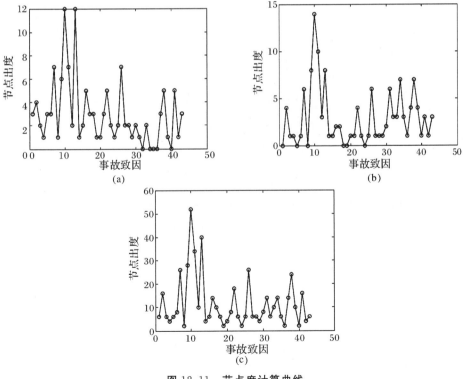

图 12.11　节点度计算曲线

(a)节点出度值;(b)节点入度值;(c)节点总度值

按照计算结果,抽取排名前5的节点,见表12.6。

表12.6 节点度排序

序 号	节点名称	总度值
1	H_{10}:进行了错误的控制行为	26
2	H_{13}:决策错误	20
3	H_{11}:监控不充分	17
4	H_9:控制行为过晚	14
5	H_7:未进行有效控制行为	13

从节点度的计算可以看出,人为因素在事故链的发展演变中起到最为重要的作用。在系统层的节点中"动力系统故障"最易触发其他不安全控制行为。"撞地/撞击地面障碍物"和"方向失控"是最易发生的系统级危险因素。

节点的度反映了节点与其他节点连接的数量,但单纯依据节点度并不能判定节点的重要性,因为在节点间的连接强度较低的情况下意味着较低的触发概率,而部分节点可能度较低,但具有较高的连接强度,因此还需进行节点强度的分析。基于式(12.3)计算节点强度,计算结果如图12.12所示。

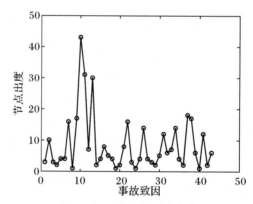

图12.12 节点总强度曲线

对计算的节点强度进行排序,提取前5的节点,见表12.7。

表12.7 节点强度排序

序 号	节点名称	强度值
1	H_{10}:进行了错误的控制行为	43
2	H_{11}:监控不充分	31
3	H_{13}:决策错误	30
4	A_{37}:飞机失速	18
5	A_{38}:方向失控 H_9:控制行为过晚	17

从节点强度的计算中可看出,强度排名前 5 的节点与度排名前 5 的节点基本一致,其中 H_{10},H_{11},H_{13} 不但在网络中与其他节点具有较多联系还存在较高的触发概率。相对而言,系统层节点的强度要显著低于人因层,略低于环境层节点强度,管理层节点的强度最低。与前文 NTSB 发布的调查统计结果存在的略微差异,以理解为样本容量引起,不影响分析方法的介绍。

网络节点的聚类因数反映了节点之间的聚集特性。通过度和强度的计算可以判别出网络信息传播中一些较重要的点,但对哪些节点进行阻断可以有效降低信息的传播,即航空事故链的发展,则需要进一步通过节点的聚类因数体现。

基于式(12.4)和式(12.5)计算的节点聚类因数主要体现节点与其他节点的连接边数量和其他节点间的连接边数量,缺失连接强度的信息。这样的计算方式会使一些自成三角区域的节点具有较高的聚类因数。如节点 I_{20} 只与 I_{22} 有连接,连向 I_{20} 的也只有 I_{21} 一个节点,且边的强度仅为 1,但 I_{21} 与 I_{22} 之间有连接,因此构成聚类因数计算要求,并计算结果具有较高的聚类因数值。但这样的结果显然是不符合实际情况的,会对节点的重要性产生误判。计算的节点聚类因数值如图 12.13 所示。

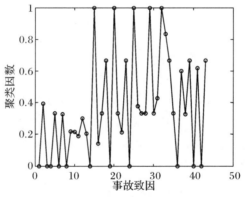

图 12.13　基于连接边的聚类因数计算

图 12.13 中所示的结果显然是不符合实际情况的,会对节点的重要性产生误判。对此,需对聚类因数计算方法进行改进,充分考虑强度的关系,改进后的聚类因数计算公式为

$$C_{\mathrm{m}} = \frac{s_m k_m}{\max(s)\max(k)\,(V_{\mathrm{m}}-1)^2} \sum_{\substack{j \neq h \\ j,h \neq m}} \frac{(w'_{mj}+w'_{mh})(a'_{mj}+a'_{mh})}{4} a''_{mj} a''_{mh} a''_{\mathrm{jh}} \tag{12.6}$$

式中:V_m 为与节点 a_m 邻接的节点的数量;$a''_{mj} = a''_{jm} = 1$,若 $a_{mj}=1$ 或 $a_{jm}=1$。w'_{mj} 的计算方法为

$$w'_{mj} = w'_{jm} = w_{mj} + w_{jm} \tag{12.7}$$

a'_{mj} 的计算方法为

$$a'_{mj} = a'_{jm} = a_{mj} + a_{jm} \tag{12.8}$$

改进后的聚类因数计算如图 12.14 所示。

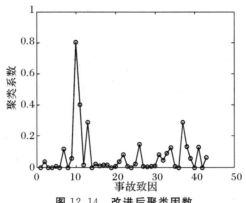

图 12.14　改进后聚类因数

聚类因数排序前 5 的节点见表 12.8。

表 12.8　改进后聚类因数前 5 排序

序　号	节点名称	因数值
1	H_{10}：进行了错误的控制行为	0.808 6
2	H_{11}：监控不充分	0.406 4
3	A_{37}：飞机失速	0.293 0
4	H_{13}：决策错误	0.292 4
5	S_{26}：动力系统故障	0.148 7

12.3.6　安全防控措施制定

综合节点的度、强度及聚类因数，可以看出：人因层的节点 H_{10}，H_{11}，H_{13} 具有较高的触发率，其中 H_{10} 在网络信息传导中的重要性显著高于别的节点，因此需要重点加以防控；系统级危险中 A_{37} 和 A_{38} 具有较高的触发率，但 A_{37} 的防控对系统整体的安全运行影响更大；系统层节点中 S_{26} 具有较高防控价值；环境层节点虽易引发人因层节点，但聚类性整体较低，其中聚类性最高的点为"I_{22}：道面湿滑"，具有一定的防控价值。

通过前文的分析可以得出不同层面中的关键节点，在此基础上则需要进行安全防控措施的制定。此处以人因层中的节点 H_{10} 为例，开防控措施制定环节的论述。根据收集的航空不安全事件，飞行员在飞行事故发展演化中易产生的错误控制行为主要见表 12.9。

表 12.9　错误控制行为样式和产生原因

序号	错误控制行为样式	产生原因
1	方向控制错误	舵与刹车配合使用不充分、误判、侧风、道面湿滑、低能见度
2	速度控制错误	着陆反推系统使用违规、误判、刹车和反推系统配合操控不充分、道面湿滑
3	着陆姿态控制错误	侧风、风切变
4	操控程序错误	疲劳、不熟悉系统操作程序、协同差错、设计缺陷、违规操作

根据不安全控制行为的致因因素，可以施加安全约束，防控不安全控制行为的发生，制定的防控措施见表 12.10。

表 12.10　错误控制行为致因因素防控措施

序　号	致因因素	防控措施
1	舵与刹车配合使用不充分	明确舵与刹车在着陆滑跑中的使用限制条件,严格按操作程序纠正滑跑中航向偏移
2	误判	加强仪表信息判读,按程序进行机组间协同提醒,及时查收管制服务信息并严格执行
3	侧风、风切变	及时发布机场道面风速风向信息,及时终止过高侧风条件下的起降飞行
4	道面湿滑	加强雨雪天气下的道面监控,及时发布预警信息,定时进行道面维护
5	低能见度	及时发布预警信息,严格参照仪表信息飞行
6	着陆反推系统使用违规	飞行员必须熟悉反推系统使用性能限制,严格按程序操作使用
7	刹车和反推系统配合操控不充分	着陆过程中严格按程序打开和关闭反推系统,严禁推力过大或过小。严格遵守刹车使用限制和方法,避免能力不足飞行员在复杂条件下违规着陆
8	疲劳	严格人力资源管理,控制连续驾驶时长
9	不熟悉系统操作程序	严格选拔任务飞行员,严禁资质不足飞行员违规飞行
10	协同差错	严格按规定程序和术语进行协同,协同结果必须复述确认
11	设计缺陷	及时优化系统设计,避免事故重复发生
12	违规操作	加强机组间监督提醒,落实违规惩罚机制

12.4　小　　结

　　本章以 STPA 方法为例对一种系统化的安全分析方法进行了介绍。STPA 方法以 STAMP 模型为基础,将系统的运行描述为一种控制模型,通过对控制模型运行机理的分析,对其运行中的薄弱环节以及子部件之间的交互关系进行充分挖掘,能够充分考虑客观因素、人为因素及管理因素对系统运行的影响,是当前工程领域应用极为广泛的分析方法。在 ITP 的设计案例中,验证了 STPA 方法对系统薄弱环节的挖掘能力,能够将人与系统之间的交互关系描述地较为清晰,从而设计有效的风险管控措施。在 10.3 节内容中,通过复杂网络理论与 STPA 方法的混合使用,对航空安全事故中普遍存在的不安全行为展开定量分析,构建事故网络,识别其中枢纽型节点,并制定管控措施。最后,通过数值模拟验证了 STPA 方法在不安全行为识别中的有效性,也为管控措施的制定提供了数据支撑。通过混合方法学习,可为未来空管安全事故的统计、分析、整理等工作提供方法支撑,更好地预防空管安全事故。

参 考 文 献

[1] 周翔宇. 面向自主船舶的危险分析方法研究[D]. 大连：大连海事大学，2020.

[2] 刘金涛. 基于 STPA 的需求阶段的高速列车运行控制系统安全分析方法研究[D]. 北京：北京交通大学，2015.

[3] FU G，XIE X，JIA Q，et al. The Development History of Accident Causation Models in the Past 100 Years：24 Model，a More Modern Accident Causation Model[J]. Process Safety and Environment Protection，2020(134)：7 - 82.

[4] HADDON W. Energy Damage and the Ten Countermeasure Strategies[J]. The Journal of Trauma：Injury，Infection，and Critical Care，1973，13(4)：321 - 331.

[5] KOH K Y，SEONG P H. SMV Model-based Safety Analysis of Software Requirements [J]. Reliab Eng Syst Safe，2009，94(2)：320 - 331.

[6] SOLIMAN D，THRAMBOULIDIS K，FREY G. Transformation of Function Block Diagram to UPPAAL Timed Automate for the Verification of Safety Applications[J]. Annual Reviews in Control，2012，36(2)：338 - 345.

[7] BOZZANO M，BRUTTOMESSO R，CIMATTI A，et al. Encoding RTL Constructs for MathSAT：a Preliminary Report[J]. Electronic Notes in Theoretical Computer Science，2006，144(2)：3 - 14.

[8] SONG Y. Applying System-Theoretic Accident Model and Processes (STAMP) to Hazard Analysis[D]. Master Dissertation，Montreal：McMaster University，2012.

[9] HUANG G Q，SHI J，MAK K L. Failure Mode and Effect Analysis(FMEA) Over the WWW [J]. The International Journal of Advanced Manufacturing Technology，2000，16 (8)：603 - 608.

[10] 崔铁军，马云东. 多维空间故障树构建及应用研究[J]. 中国安全科学学报，2013，23(4)：32 - 37.

[11] 雷敏，孔祥星. 复杂网络的度分布及仿真算法[M]. 上海：同济大学出版社，2016.

第 13 章　功能共振事故模型

与传统事故分析方法相比,功能共振事故模型(Functional Resonance Accident Model,FRAM)提出共振的观点来取代因果关系的观点。这一观点突破了古典安全思维的局限,结果与原因不再是静止不变的状态,动态发展相互耦合的思维为事故分析提供了新的思路。同时,非线性影响的产生也可以由功能共振解释。在分析事故致因过程中,我们不再局限于寻找失效的功能输出,而是去寻找功能的变化及其相互作用。

本章将为大家介绍这一种新型的系统安全分析方法,可为管制工作提供更为丰富的风险管控手段。

13.1　FRAM 方法原理

13.1.1　功能共振原理

航空事故的发生涉及"人、机器、环境、管理"四方面,任何一个要素的失效都有可能酿成悲剧。安全-II理论认为,人的因素不仅仅是"人做了什么",或者"人犯了什么错误"。所有的知识、培训、经验、组织文化和来自环境的输入结合起来,共同影响人所做的决策和所采取的行动。在劳动环境中,人的因素是能够影响人在其工作活动中的表现的所有因素的集合,包括技术、环境、组织和个人,以及这些因素和其他可能出现的因素之间的相互作用。事故的发生也是由多个因素耦合而成,单一因素的失效会引发出乎意料的后果,但也可能因为系统的阻尼而并未表现出失效的结果。当多个因素相互影响、共同作用时,系统的屏障就有可能会被突破,最终造成系统输出严重偏离预期的后果。

在现有事故分析技术中,人、技术和组织分析方法[1]强调同等关注人、技术和组织等因素,并综合了结构分析、变化分析和障碍分析等方法。人员行为增强系统[2]综合运用任务分析、变化分析、防范分析和因果分析等工具,重点确定人的性能;时间和事件序列图[3]以时间和事件序列图构建事故发生时的场景,回溯意外事件中的不寻常事物,强调人与事件的关联性。事故演化与屏障功能分析[4]将事故演化过程模拟为一系列人与技术系统间的交互,目的是找出失效屏障、分析其失效原因及提出改进措施。瑞士奶酪模型[5-6]将人为失误视为奶酪层的洞,单一奶酪层的漏洞不会形成事故,当各奶酪层的漏洞存在联系时才会发生事故,强调从整个环境的氛围去管理人为失误。这些方法常将事故分析成单个关联事件的有序发生或多个潜在因素的层级叠加,将事故视为一系列事件作用的结果。此类方法适于处理单纯物理组件失效(或人为失误)诱发的事故或较为简单的系统。然而,现代科技的高速发展使人员、技术或组织等因素融入到一个纷繁复杂的系统中,并在运行中呈现出耦合、交互作用和依赖紧密等非线性特性,上述方法显然无法胜任这种情况,亟待探索出新的方法。

功能共振事故模型(FRAM)是 Hollnagel 于 2004 年提出一种事故分析方法,它不拘泥于系统结构分解和致因因素分析,认为事故本质上是系统正常运行的突变,强调从整个系统的角度来解释事故,并在诸多领域得到了应用[7]。基于此,将 FRAM 用于本文的航空事故分析,以期取得预期效果。

共振概念出现在物理、机械、电气和光学等领域。可描述为"外部施加振荡或推力的频率接近或等于系统正常无阻尼频率时,振动对象或系统同步产生的一个相对较大的选择性响应"。而随机共振是噪声叠加到周期调制信号上而造成的设备增敏感现象。其最初由 Benzi 等人研究古代气象冰川问题时提出,描述在一个双稳态系统中,同时输入噪声和信号,当噪声达到某一强度时,信噪比不仅不会降低,相反,会因系统产生随机共振而使输出信号显著增强,部分噪声能量会转化为有用信号的能量,即存在某一最佳输入噪声强度,使系统产生最强信噪比输出,使原来被噪声掩盖的信号突显出来,以改善信号检测的性能,原理如图 13.1 和图 13.2 所示。

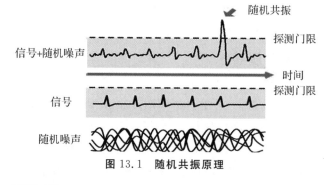

图 13.1　随机共振原理

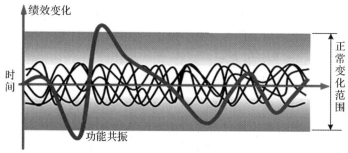

图 13.2　功能共振原理

功能共振是指某一功能性能在诸多其他功能性能的无意识交互作用下诱发的超出正常范围的突变现象。对于由诸多组件和子系统构成的复杂系统,系统内的技术、人员、组织和设备等要素存在一个正常的变化范围。考虑某一个子系统,其性能的变化是正常的,可视为正常条件下一个无法检测的弱调制信号,其他子系统共同构成该子系统的运行环境。这样,运行环境的变化反映了各子系统性能变化的聚合效应,呈无规则状态,可理解为引起共振的随机噪声,当然,噪声并不是真正随机的。当这种"随机噪声"与某子系统性能的正常变化耦合时,就可能引起功能共振,使该子系统的性能超出正常变化范围,导致事故发生。

13.1.2　FRAM 方法分析流程介绍

事故分析通常研究功能或行为是如何失效的,而 FRAM 集中在诱发事故条件是如何形成的。实际上,FRAM 分析过程具体包括以下四个步骤。

(1)对系统功能进行识别和描述。功能共振利用彼此间的紧密耦合,而非通过可确认、可枚举的因果关系进行传播,因而,无法通过简单因果关系的组合进行描述。同时,也表明 FRAM 无法采用类似于故障树、事件树或 Petri 网等表达方法对事故进行刻画。原因是这些基于树或简单图形的表达方法都包含串行开发的概念,不足以表现系统观点中重要的功能依赖关系。因此,FRAM 摒弃二维方法,转而采用如图 13.3 所示的六角图形表达法来描述功能单位,这对于给定的背景或任务来说是非常重要的。六角功能单位图的各维描述如图 13.3 所示。

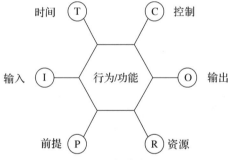

图 13.3　六角功能单位图

1)输入(I):功能单位的开始,并与前一功能单位构成连接。

2)输出(O):由功能单位产生的结果,并与后一功能单位构成连接。

3)资源(R):执行功能,产生输出,需要或消耗的物质、能源、软件、硬件、人力等。

4)控制(C):对某一功能进行监督和控制,可以是计划、程序、指导方针或其他功能。

5)前提(P):在执行功能前,必须要满足的系统条件。

6)时间(T):对功能构成影响的时间约束,也可看作特殊资源,包括起始时间、结束时间和持续时间。

在上述表达法中,通常将输入、控制、资源、条件和时间称为输入端,这对简化描述非常有益,并且采用相似术语,也有利于与后续步骤匹配。整个系统可以分解为多个功能,并可根据可能达成的目标或目的来识别功能。

(2)对潜在功能绩效变化进行描述。要理清功能变化是如何受系统其余部分影响的,首先应对潜在的功能变化特性进行描述。这些潜在的变化取决于功能的特性及其背景。这里的背景通常是指在事件发生时的境况或系统环境。在 FRAM 中,通常从人员(M)、技术(T)和组织(O)三方面对功能进行分类。M、T和O主要考察功能变化、依赖背景以及变化速度三方面的情况,并分别具有不同的特征。具体对比见表13.1。

表13.1 M、T和O的特征对比

功 能	功能变化	依赖背景	变化速度
人员	高	高	低
技术	低	低	高
组织	很高	很高	很低

单纯技术过程具有较低的内在可变性,与背景或运行环境保持相对独立,并以较快速度发生。与之相反,社会和心理过程却表现出了较高的内在可变性,在很大程度上取决于工作条件,且发生速度较慢。为详细评估潜在的可变性,使用了许多共同绩效条件。各共同绩效条件与M、T或O功能间的关系见表13.2。要确定功能共振的可能性,各绩效条件可评为:①稳定或可变但充分;②稳定或可变但不充分;③无法确定。其中,①说明绩效可变性较低;而②和③则表明绩效可变性较高。

表13.2 共同绩效条件与M、T和O关系

共同绩效条件	M、T和O功能
组织的质量和支持	O
工作条件	T、O
适当的接口和运行支持	T
有序的程序和方法	M
多个目标和冲突解决	M、O
可用的时间	M
生理节律和压力	M
培训和经验	M
团队协作质量	M
交流质量	M、T
可利用的资源	M、T

(3)在功能依赖关系识别基础上定义功能共振。要了解功能变化是否相互影响,要求将功能直接或间接地连接在一起。这意味着某一功能的输出可能为其他功能提供一个或更多的输入(输入、前提、资源、控制、时间)。所以,这一步的主要目的是寻找正常程序下可能出现的连接(称为期望连接),以及某些条件下不该出现的连接(称为非期望连接)。期望连接可简单地通过匹配输入与输出的描述来建立。这也是描述中尽量简明并使用相似术语的主要原因。若输出超出系统边界,无需深入考虑。找出所有的期望连接后,还应关注以下问题。

1)绩效变化大的功能。尤其是携有若干不充分或无法确定条件的功能。

2)特殊的连接结构。如:同一输出连接到多个其他功能上,多个输入连接到同一功能上,性质不同的几个输出来自同一功能;

3)不仅一级连接,也应关注后续连接。

（4）识别变化的屏障并指定所需监控。根据屏障的组织结构或物理结构,可划分为以下四种基本屏障系统。

1）物理屏障:预防某行为的执行;防止某事件的发生;降低突发事件的影响。如:为人员和能源运输而设置的围栏和障碍物。

2）功能屏障:执行某一行为前,建立一个或多个要满足的前提,如车辆安全气囊。

3）象征屏障:通过限制行为的解释性标识来发挥屏障作用,如交通信号灯。

4）无形屏障:在应用场景中,缺少具体形式和实质内容,主要依靠使用者知识来发挥屏障作用,如规则和指南。

在防控事故或风险时,应注意把握两个问题:①屏障功能应置于系统何处？②应使用何种类型的屏障功能？然而,解决这两个问题没有简单的标准,主要应该考虑潜在事故的原因类型,如变化较大的功能或特殊结构的连接。此外,还应考虑屏障功能的有效性、成本和实现延迟等问题。

13.2　空中相撞事故致因分析

13.2.1　事故描述

1971 年 6 月 6 日下午 5 点 16 分,一架美国海军陆战队的 F-4B 战斗机,从内华达州法伦海航空勤基地起飞,返回南洛杉矶盆地的托洛陆航基地。当地时间下午 6 点 02 分,706 号航班飞机从洛杉矶国际机场起飞飞往盐湖城。706 号航班飞机起飞后,需要爬升至 33 000 ft 的巡航高度,但起飞后不久它的图标从航管雷达上消失了。F-4B 战机与 DC-9 航班飞机发生了相撞,F-4B 战斗机的垂直尾翼撞上了客机驾驶舱左下方,直接导致机头和机身分离。战斗机的右侧机翼则从客舱下方划过,DC-9 航班飞机机身严重受损后坠毁在山体上,事故共造成 49 人遇难。F-4B 战斗机的飞行员希斯启动弹射跳伞,成功逃生,另一名飞行员飞利浦中尉则不幸殉命。

事故的简要经过:当日,F-4B 战斗机在法伦海航空勤基地维修了无线电故障,但氧气系统故障和应答机故障因技术原因无法在该基地进行维修。托洛陆航基地要求 F-4B 战斗机返部进行维修,机组提交了目视飞行计划,并被要求低空飞行返回基地。在贝克尔斯菲位置报告后,他们被批准偏离计划航线向东飞行,飞过棕榈谷,以避开洛杉矶上空繁忙的民航交通。飞机在距离地面 1 000 ft 的低空中继续飞行,直到距离棕榈谷西北约 15 mi①,由于能见度下降,他们再次上升到 15 500 ft。DC-9 航班飞机起飞后按照空中走廊离场,出航上升高度期间,机组并未发现接近的 F-4B 战斗机,空管人员也未在雷达屏幕上监视到 F-4B 战斗机的航迹。F-4B战斗机以 420 kn 的速度飞向西南方向,DC-9 航班飞机以 320 kn 的速度飞向东南方,两机同时处于 15 500 ft 的高度接近,最终发生空中相撞。

①　1 mi＝1.61 km。

13.2.2　基于 FRAM 方法的事故分析

(1)识别和描述功能。这起事故发生于洛杉矶国际机场附近,从 DC-9 航班飞机起飞到与 F-4B 战斗机相撞,主要包含以下功能模块:F1:DC-9 航班飞机按 IFR 规则飞行;F2:DC-9 航班飞机上升到出航高度;F3:F-4B 战斗机按 VFR 规则飞行;F4:F-4B 战斗机上升高度;F5:ATC 通信;F6:ATC 监视;F7:两机交叉相遇。将这 7 个功能模块进行具体分析,以功能模块 F4 和 F6 为例。分析结果见表 13.3 和表 13.4。

表 13.3　"F4:F-4B 战斗机上升高度"功能模块表

输入(I)	F-4B 战斗机按 VFR 规则飞行
输出(O)	两机交叉相遇
资源(R)	空域资源
时间(T)	上升高度所需时间
控制(C)	ATC 监视
前提(P)	避开民航活动繁忙地带

表 13.4　"F6:ATC 监视"功能模块表

输入(I)	无
输出(O)	ATC 交流
资源(R)	人力资源
时间(T)	飞行活动持续期间
控制(C)	雷达管制设备
前提(P)	飞机应答机正常

(2)评估各功能的潜在变化。将各功能的性能变化进行分析,以功能模块 F4 和 F10 为例。分析结果见表 13.5 和表 13.6。

表 13.5　"F4:F-4B 战斗机上升高度"功能模块的性能变化评估

一般性能条件	影响因素	评价结果
适当的组织 O	军航飞行不向民航通报的惯例	不充分
工作条件 T,O	氧气系统和应答机故障	不充分
适当的接口和运行支持 T	仪表系统正常	充分
有效的程序和计划 M	F-4B 战斗机起飞前军航未提供沿途民航航路信息	不充分
多个同步目标 M,O	雷达拦截员正在进行雷达标图训练	不充分
充分有效的时间 M	充裕的爬升高度时间	充分

续 表

一般性能条件	影响因素	评价结果
昼夜节律 M	飞行员当日休息良好	充分
充分的培训和经验 M	飞行员经验丰富且训练有素	充分
团队协作质量 M	两位飞行员配合默契	充分
交流 M,T	F-4B 战斗机机组未与管制员建立初始联络	不充分
充分有效的资源 M,T	充裕的信道资源	充分

表 13.6 "F6:ATC 监视"功能模块的性能变化评估

一般性能条件	影响因素	评价结果
适当的组织 O	有效的空管监视原则	充分
工作条件 T,O	雷达设备落后	不充分
适当的接口和运行支持 T	雷达屏幕显示不能排除干扰	不能确定
有效的程序和计划 M	管制员正常实施雷达引导	充分
多个同步目标 M,O	多个监视目标显示在雷达屏幕上	不充分
充分有效的时间 M	管制员引导时间充裕	充分
昼夜节律 M	管制员当日休息良好	充分
充分的培训和经验 M	管制员具有合格的资质	充分
团队协作质量 M	管制员班组配合良好	充分
交流 M,T	管制员交流畅通	充分
充分有效的资源 M,T	机场管制监视工作繁忙	不充分

根据功能的性能分析结果,可以确认功能的变化状态。在表 13.5 和表 13.6 中,可以发现 F4 和 F6 的性能变化很不稳定。可以确认性能变化状态为随机状态。同时得出其他的功能变化状态,见表 13.7。

表 13.7 各功能的性能变化评估结果

功能模块	功能状态
F1:DC-9 航班飞机按 IFR 规则飞行	战术
F2:DC-9 航班飞机上升到出航高度	战术
F3:F-4B 战斗机按 VFR 规则飞行	战术
F4:F-4B 战斗机上升高度	随机
F5:ATC 通信	机会
F6:ATC 监视	随机
F7:两机交叉相遇	机会

其中,F4 和 F6 的功能状态都是随机状态,容易发生功能变化,从而导致不理想的结果输出。

(3)确定功能共振的可能性。利用识别出的 7 个功能建立功能共振网络,如图 13.4 所示。对随机状态的功能 F4 和 F6 进行分析,进而分析出功能共振模块,影响因素和失效链接,见表 13.8。

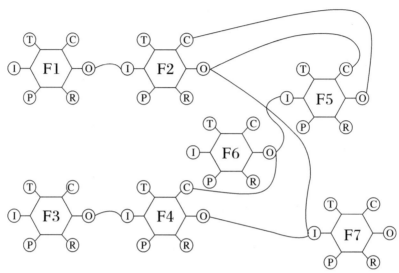

图 13.4　功能共振网络图

表 13.8　功能共振单位、功能共振影响因素和失效功能链接

功能共振单位	功能共振影响因素	失效功能链接
F4	F-4B 战斗机上升到 DC-9 航班飞机离场航线高度	F4－F7
F6	F-4B 战斗机爬升过程中未被空管雷达监视	F6－F4
F5	F-4B 战斗机未与管制员建立通信联络	F6－F5
F7	两架飞机高度重叠相撞	F4－F7

表 13.8 结果显示,F6 功能失效,F-4B 战斗机未出现在空管监视的雷达屏幕上,失效的功能输出到下游功能 F4,导致 F4 失效。F6 与 F4 发生了功能共振,F-4B 战斗机在没有空管监视的情况下上升高度,并与离场的 DC-9 航班飞机处于相同高度接近,最终使 F7 功能变化,两机交叉相遇演变为两机相撞。此外,失效的 F6 还输入到了下游 F5,导致 F-4B 战斗机没有与管制员建立通信联络,空管人员无法向两机提供空中飞行动态信息,更无法警告飞行员两架飞机正处于相撞趋势。在没有任何预警的情况下,DC-9 航班飞机并未发现接近的 F-4B 战斗机,而 F-4B 战斗机后座的雷达拦截员当时正在低头进行雷达标图练习,当他抬头发现接近的航班飞机并发出警告时,前座的飞行员驾驶飞机做出向左滚转规避的动作,但为时已晚。大约 2 s后,F-4B 战斗机撞上了 DC-9 航班飞机。

(4)制定功能变化的防控屏障。事故功能共振分析表明,功能 F4 和 F6 引发了整个事故,只要能对这 2 个功能的变化进行合理防控,就可以控制功能变化传递,防止事故发生,见表 13.9 和表 13.10。

表 13.9　功能模块 F4 屏障措施

屏障类型	屏障因素	性能变化检测措施
物理屏障	军航战斗机安装机载搜索与监视雷达	通过雷达搜索监视空中目标,避免与民航飞机同高度接近
象征屏障	民航班机使用更明显的涂装	通过更加明显的涂装增加目视飞行时两机相遇发现避让的可能性
功能屏障	民航班机安装 TCAS 系统	两机危险接近时 TCAS 可以自动驾驶飞机避让

表 13.10　功能模块 F6 的性能变化防控

屏障类型	屏障因素	性能变化检测措施
物理屏障	航管雷达设备	提高航管雷达设备水平,加强管制人员监视能力
无形屏障	建立军民航通报制度	向航行的军民航飞机提供空中飞行动态信息
功能屏障	应答机故障时禁止起飞	避免空中出现无法监视到的航空器

13.2.3 传统分析模型对比

比较 FRAM 与其他方法,可以看出 FRAM 与其他事故致因分析模型的区别。

(1)AcciMap 涉及一个显性模型,该模型根本上是对事故致因进行抽象、层次化的表达,包括从"设备和环境"到"政府、政策和预算"在内的 6 个等级。AcciMap 分析事故致因时,本质上是将事件映射到模型中进行分析。

(2)Tripod 着眼于显性的和潜伏的故障以及隔离失效,通过这种方法描述事故如何发生。Tripod 需要对事故进行特定描述,同时依赖因果逻辑传播的思路,但它的源头依旧在于失效和故障。

(3)STAMP 是社会-技术控制模型,它包括两个控制层次结构,一个描述系统的研制和开发,另一个描述系统的运行使用。两个层次之间存在交互,且结构本质上也是一种抽象表达,类似 Acci Map 中的层次结构。STAMP 通过这些控制结构来对事件进行描述。

这三种方法都依赖因果关系,对事故致因的描述也是组件的失效或故障。在实际分析过程中,会先赋予事件一个假设,再通过模型进行验证。大量实例证明,人们总会用引用或补充的方法完善模型的合理性,尽管模型与现实存在不可忽视的差异。而对于模型合理性的自圆其说,使得事故真正的致因无法被发掘,而模型先验的假设被人们想尽方法证明为真实的致因。

短期内,这样的分析方法有助于提高我们对航空事故致因的认知,提出的举措也可以起到提高安全水平,预防事故发生的作用。但长久来看,简化模型的假设使我们陷入惯性思维,在事故分析时屡屡趋向验证假设,而忽略了探索安全隐患发展形成事故致因的规律。

FRAM 则强调描述事故过程时,不对系统功能进行任何预设,也不假设功能会以特定的网络相互连接。虽然 FRAM 对功能进行 6 方面的特征描述,但并不排除功能的其他可能特征。它不涉及模型,也不涉及线性或者非线性的关系,不依赖因果关系的逻辑,也不对系统从结构提出假设。因此,FRAM 通过方法形成模型,属于"有方法无模型"的思路。

此外,FRAM 描述功能具有级别不变性。FRAM 中不存在功能的高低大小,每个功能都是构成系统的组件,不存在主次之分。失效的功能也不存在层级之分,组织失效、设备失效、人因失效的层级都是相同的。这个特点使得 FRAM 方法描述简便易行、解释简洁易懂,在分析时避免了大量分类工作。同时降低了模型对分析人员的要求,使得分析人员避免了事故分析广度和深度的限制。

13.3 基于 FRAM 方法的飞机着陆滑跑安全品质分析

作为塔台飞行管制员,必须要能够把控着陆飞行阶段的风险因素,对着陆过程中的不安全行为能够及时识别并有效制止。本节基于 FRAM 方法构建航空器着陆阶段安全性分析模型,重点分析目标为航空器着陆接地至滑跑结束期间的飞行员操控能力。本节基于 FRAM 方法构建航空器着陆阶段安全性分析模型,重点分析目标为航空器着陆接地至滑跑结束期间的飞行员操控能力。通过虚拟试飞的方式,对不同环境影响下的航空器着陆数据进行分析,识别各功能模块之间的共振关系,同时也识别飞行员驾驶技术上的缺陷,从而从系统和人因两个方面制定安全屏障,提升系统运行安全水平。

13.3.1 改进 FRAM 方法分析步骤介绍

传统 FRAM 分析方法主要以定性分析的方式对各个功能模块之间的共振关系进行识别,虽然引入了系统化的分析理念,但分析程序中缺乏验证环节,安全屏障的合理性和有效性无法证实。对此,需改进分析流程,使 FRAM 方法能够在实践中不断修正系统运行安全缺陷,改进的分析流程如图 13.5 所示。

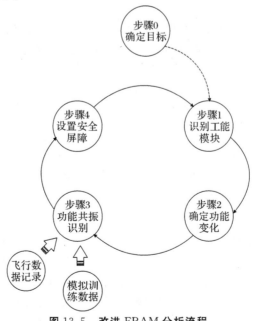

图 13.5 改进 FRAM 分析流程

显然,建立滚动优化的动态安全分析方法必须基于一定的计算机技术,若完全基于人工评判将使安全分析的工作量过于庞大。

步骤 0:确定分析目标和问题边界。

随着航空技术的发展,大量分析目标都呈现出复杂系统的特征,功能模块与性能指标爆炸式增长,若不对问题进行边界定义,会出现问题规模过大而无法完成的现象。因此,必须根据现实需求明确分析目标并划定问题边界。

步骤 1:系统功能模块的识别和描述。

以往的分析模型大都基于因果逻辑勾画系统运行关系,功能模块间的关联性具有串联特点,这不能刻画部分复杂系统子部件间的多关联和非线性特性。FRAM 方法从系统的角度出发,采用六角图形来描述系统功能单位,更有利于刻画各功能子部件之间关联的类型和作用方式。六个角分别代表:输入(I)、输出(O)、时间(T)、控制(C)、资源(R)、前提(P)。

步骤 2:系统功能潜在变化的确定。

要准确识别功能部件之间的共振关系必须理清各部件上游与下游之间的作用关系,了解上游部件的输出性能变化。此外,功能部件的输出变化还与其运行背景有关。在具有充足数据的基础上,只需对输入输出数据进行等级标准的划分即可知道上下游部件间的功能变化关系,部分情况下只需明白功能部件之间的数据变化趋势即可。

步骤 3:基于运行数据的功能共振识别。

基于经验和单一事例的功能依赖关系判断会存在片面性,会有漏识别和错识别的现象,部分识别的关系还因为极低的触发概率不具备较高的防控价值。在有大量数据累积的基础上,可及时修正不正确的依赖关系,明确功能共振关系。在实际运行中,数据主要来自于两个方面,一是飞行员日常执行任务过程中记录的飞行参数,二是进行地面模拟训练中积累的训练数据。本书的数据主要是飞机着陆滑跑模型虚拟试飞生成,对数据的品质评价主要基于成熟飞行员的经验判断。通过对数据的挖掘,识别功能共振关系。

步骤 4:安全屏障的构建。

屏障的构建主要用于隔绝功能共振的发生。FRAM 方法中主要有四类屏障:物理屏障、功能屏障、象征屏障、无形屏障。对于不同的功能关系,因充分考虑现实制约因素,在统筹成本、效率、实现延迟等因素前提下设计最佳的屏障方案。

步骤 5:跳回步骤 1,开展新一轮分析。

将构建的安全屏障带入新一轮的安全分析之中是检验安全屏障措施有效性的重要途径,在具备虚拟仿真平台的前提下,可显著提高系统优化效率。

13.3.2　虚拟飞行员着陆滑跑模型构建

为提高分析效率,采用虚拟试飞的方式模拟飞行员着陆这一过程。着陆阶段是指飞机从安全高度开始下滑,到接地后滑跑减速至正常地面滑行速度的全过程。着陆阶段可近似分为两个阶段,即下滑减速阶段和地面减速滑跑阶段[8],如图 13.6 所示。下滑曲线的控制会影响接地时的航向诸元,如接地点、接地速度、航向等。由于通过对接地时航向诸元的分析可间接反映出下滑过程品质的优劣,因此本书只对着陆接地与滑跑减速过程进行模拟。

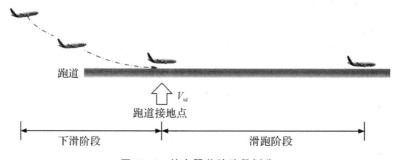

图 13.6　航空器着陆阶段划分

接地速度是指航空器主轮接地时的水平速度,该速度要略小于升力平衡飞机重量所需的速度。计算方法为

$$V_{td} = K_1 \sqrt{\frac{2W}{\rho S C_{ltd}}} \tag{13.1}$$

式中:V_{td} 为接地速度;K_1 为速度修正系数;S 为机翼面积;W 为飞机重量;ρ 为空气密度;C_{ltd} 为飞机接地时的升力系数。但在实际飞行中,因为人因和环境扰动,接地速度会有波动,假设其服从高斯分布 $N(V_{td}, \sigma_V)$。为缩短滑跑距离,接地速度应尽可能小,但必须大于飞机的失速速度且留有余度,避免顺风切变下失速坠毁,因此会有一个安全波动区间。另外,航空器在着陆接地时,接地点、接地航向与刹车的使用均会有一定的扰动,均假设服从高斯分布。

航空器在主轮接地后,机头缓慢放下,由两点滑跑变为三点滑跑。两点滑跑时间较短,飞机迎角较大,阻力也大,为更好地控制滑跑方向,不使用刹车或其他制动系统(反推系统与减速伞)。三点滑跑时间较长、迎角小、空气阻力小,但在摩擦力和刹车作用下,减速效果与两点滑跑相当,因此可近似认为接地后加速度不变。此时发动机推力近乎为 0,运动方程可表示为

$$\left.\begin{aligned} \frac{W}{g}\frac{dV}{dt} &= -D - F \\ N &= W - L \end{aligned}\right\} \tag{13.2}$$

$$F = fN \tag{13.3}$$

$$D = \frac{\rho S V^2 C_{Dtd}}{2} \tag{13.4}$$

$$L = \frac{\rho S V^2 C_{ltd}}{2} \tag{13.5}$$

式中:D 为空气阻力;F 为刹车作用下的滚动摩擦阻力;L 为升力;g 为重力因数;f 为摩擦因数;C_{Dtd} 为空气阻力因数。联立式(13.2)～式(13.5)可得出:

$$\frac{1}{g}\frac{dV}{dt} = -\left[f + \frac{\rho V^2 S}{2W}(C_{Dtd} - f C_{ltd}) \right] \tag{13.6}$$

对速度进行积分可得到

$$\Delta T = \frac{1}{g}\int_{V(t+\Delta T)}^{V(t)} \frac{dV}{f + \frac{\rho V^2 S}{2W}(C_{Dtd} - f C_{ltd})} \tag{13.7}$$

式中:ΔT 为数据采样时间间隔;$V(t+\Delta T)$ 为所需求解的下一时刻速度大小。由于 $\mathrm{d}s = t\mathrm{d}V$,因此可以得出滑跑距离计算公式为

$$\Delta s = \frac{1}{2g} \int_{V(t+\Delta T)}^{V(t)} \frac{\mathrm{d}V^2}{f + \dfrac{\rho V^2 S}{2W}(C_{\mathrm{Dtd}} - fC_{\mathrm{ltd}})} \tag{13.8}$$

式中:Δs 为时间 ΔT 内滑行的距离,在采样间隔足够小的情况下,可以近似为直线距离。由此,x 轴和 y 轴的偏移距离可以表示为

$$\left.\begin{array}{l} \Delta x = \cos\theta\Delta s \\ \Delta y = \sin\theta\Delta s \end{array}\right\} \tag{13.9}$$

式中:θ 为航空器滑行航向与跑道磁航向的交角,规定向右偏转为负,向左为正,如图 13.7 所示。

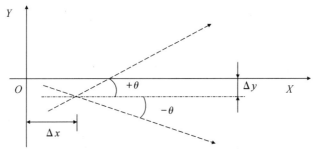

图 13.7　航空器接地航向与接地点

由于航空器滑行中与跑道中心线存在侧偏距,飞行员会及时进行修正,避免飞机偏出跑道。偏距修正的快慢可用角速度表示,且偏距越大,角速度越大,飞行员偏距修正模型可表示为

$$\omega = \begin{cases} -\dfrac{\Delta y}{\Delta y_{\max}}, & |\Delta y| \leqslant \Delta y_{\max} \\ -\dfrac{|\Delta y|}{\Delta y_{\max}}, & |\Delta y| > \Delta y_{\max} \end{cases} \tag{13.10}$$

式中:Δy 为航空器与跑道中心线的偏距;$\Delta y_{\max}$ 为允许的最大偏距,若航空器超过这一偏距值则会有较高的偏出跑道风险。通过最大偏移距离的限制也可以限制转弯角速度的大小,避免因转弯率过大造成飞机侧翻的安全事故。

13.3.3　着陆滑跑安全品质分析

基于改进的 FRAM 方法分析流程,对航空器着陆滑跑过程的安全品质展开分析,具体步骤如下。

步骤 0:确定分析目标和问题边界。

本书的分析目标为飞行员在操控飞机着陆过程中的安全品质,包括下滑曲线、下降率、接地速度、接地点、滑行航向和制动系统等诸元的操控质量。若某一要素超出了安全包络线的区间范围,则说明飞行员实施了某一不安全控制行为或某一功能模块发生异变,会影响航空器着陆过程的整体安全品质。分析的最终目的就在于识别功能异变产生的上游功能模块原因与下游功能模块影响。问题的边界范围就是航空器开始下滑直至减速滑跑结束期间的着陆系统功能模块工作品质,对着陆阶段以外或与航空器着陆无关的功能模块不在分析范围之内。

步骤 1:系统功能模块的识别和描述。

航空器着陆阶段飞行员需要不断关注各个航行诸元的状态,使航空器按照设计的着陆程序着陆。各个功能模块之间并不是以串行的方式连接,但会以输入和输出的形式发生交互。根据飞行员在着陆过程中的操控流程,可将问题边界内的功能模块归结为表 13.11 所示,每一个功能模块均可按人员(M)、技术(T)和组织(O)三方面进行分类。

表 13.11　航空器着陆阶段功能模块

序　号	名　称	类　别
F_1	油门	M
F_2	方向舵	M
F_3	升降舵	M
F_4	制动系统	M
F_5	态势感知	M
F_6	操作规程	O
F_7	道面信息	M、T
F_8	接地	M

除模块 $F_5 \sim F_7$ 以外,表 13.11 中每一个功能模块的划分都对应了飞行员对某一航行诸元的操控,$F_5 \sim F_7$ 则对其他功能模块起到制约作用。在这些功能模块中,F_2、F_4、F_8 最为重要,直接影响飞机着陆安全品质,因此对其功能结构进行详细介绍,见表 13.12~表 13.14。

表 13.12　"F_2 方向舵"功能结构

功能单位	描　述
输入(I)	侧偏距、航向偏角、操作规程
输出(O)	转弯率与航向
资源(R)	导航台的导引、道面标识信息
时间(T)	着陆阶段全程
控制(C)	飞行员踩脚舵
前提(P)	存在偏角和侧偏距并被感知

表 13.13　"F_4 制动系统"功能结构

功能单位	描　述
输入(I)	滑行速度
输出(O)	加速度
资源(R)	刹车、减速板
时间(T)	接地至滑跑结束
控制(C)	握刹车杆、打开减速板阀门
前提(P)	速度大于标准程序设定

表 13.14　**"F_8接地"功能结构**

功能单位	描述
输入(I)	下降率、水平速度、航向
输出(O)	横向和纵向偏距、接地速度
资源(R)	道面标识信息
时间(T)	开始下滑至主轮接地
控制(C)	方向舵、油门、仰角
前提(P)	航行诸元符合标准、道面阻力良好、无风切变影响

基于识别的功能模块,构设航空器着陆阶段功能网络,如图 13.8 所示。图中虚线描述是因为态势感知功能模块工作的间断性和不稳定性,其工作品质的优劣影响下游功能模块的工作品质,但并非决定因素。

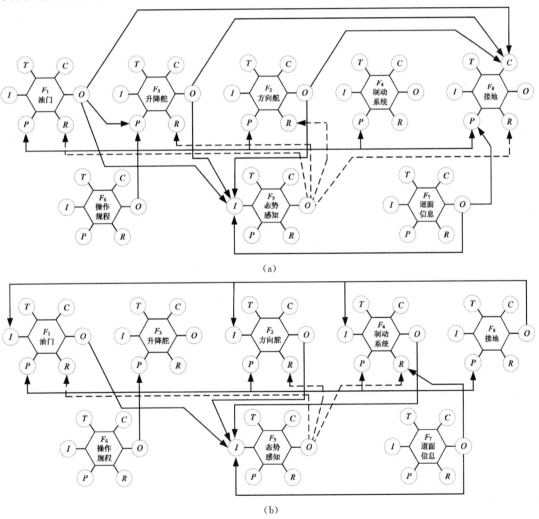

(a)

(b)

图 13.8　**航空器着陆阶段功能网络图**

(a)着陆下滑阶段功能网络;(b)着陆滑跑阶段功能网络图

步骤 2:系统功能潜在变化的确定。

从功能模块的类别属性可知,组织类型(O)的功能模块变动性最低,技术类型(T)功能模块的变动性中等,但本文不考虑机械系统异常的情况,因此,重点分析人员类型(M)功能模块的潜在变化情况。油门控制直接影响航空器接地速度大小,根据速度偏离设计值的大小评价其油门控制安全品质,见表 13.15。

表 13.15　"F₁ 油门"功能变化

接地速度偏离值/(m · s⁻¹)	功能变化情况	安全品质
$\|\Delta V\| \leqslant 5$	油门控制范围良好	良好
$5 < \Delta V \leqslant 15$	油门过大,但在边界内	合格
$-15 \leqslant \Delta V < -5$	油门过小,但在边界内	合格
$\|\Delta V\| > 15$	油门控制范围超出安全边界	不合格

方向舵主要控制航空器的航向,影响下滑和滑跑阶段的横向偏移量,下滑曲线的横向位置偏移度由接地点偏离跑道中心线的距离评判,滑行阶段方向舵操控的品质则由滑行轨迹与跑道中心线的偏移度评判,评判标准一致,见表 13.16。

表 13.16　"F₂ 方向舵"功能变化

横向位置偏离值/m	功能变化情况	安全品质
$\|\Delta y\| \leqslant 5$	滑行轨迹控制良好	良好
$5 < \|\Delta y\| \leqslant 10$	滑行轨迹有偏移,但在边界内	合格
$\|\Delta y\| > 10$	滑行偏移显著,风险较高	不合格

另一方面,航向与跑道中心线的交角也是方向舵控制品质的评判标准,尤其是接地时的航向交角直接影响滑行阶段的安全品质,也是下滑阶段方向舵控制质量的反映,见表 13.17。

表 13.17　"F₂ 方向舵"功能变化

接地点航向偏离度/rad	功能变化情况	安全品质
$\|\Delta\theta\| \leqslant 5\pi/180$	航向控制范围良好	良好
$5\pi/180 < \|\Delta\theta\| \leqslant 15\pi/180$	航向有偏移,但在边界内	合格
$\|\Delta\theta\| > 15\pi/180$	航向偏移显著,风险较高	不合格

升降舵在着陆阶段的作用主要用于控制下降率和下滑曲线,对接地点的准确性影响巨大,对升降舵的控制质量评价通过接地点的纵向偏移量判定,见表 13.18。

表 13.18　"F₃ 升降舵"功能变化

接地点纵向位置偏离/m	功能变化情况	安全品质
$\|\Delta x\| \leqslant 50$	下降率控制范围良好	良好
$50 < \Delta x \leqslant 150$	下降率略小,但在边界内	合格
$-150 \leqslant \Delta x < -50$	下降率略大,但在边界内	合格
$\|\Delta x\| > 150$	下滑曲线偏移显著,风险较高	不合格

制动系统主要用于滑跑阶段的减速,不同的机型制动原理存在差异,本书以刹车为例进行

分析。当前飞机刹车系统虽然有防抱死系统,但在道面摩擦因数过低的情况下,仍然存在打滑的可能。因此,飞行员在使用刹车时,往往会根据环境及自身经验使用不同的刹车力矩,这使得滚动摩擦因数出现因人而异、因时而异的现象。在滑行减速阶段最直接的体现为滑跑距离的不同。本书对制动系统的功能变化以安全包络的形式给出,当滑跑距离超出包络范围时,说明制动系统功能模块发生异变,如图 13.9 所示。安全包络数据会根据机型的不同产生变化,本节基于某型飞机成熟飞行员的经验绘制包络曲线,使用插值函数形成图形。

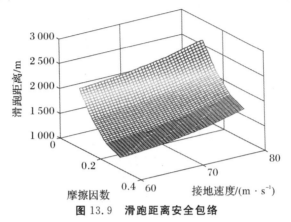

图 13.9　滑跑距离安全包络

对于航空器滑跑过程中的方向控制品质同样可以用侧偏距安全包络来表示,若突破安全包络,则方向舵功能模块发生异变,如图 13.10 所示。

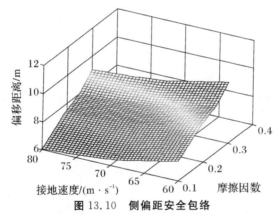

图 13.10　侧偏距安全包络

“F_5 态势感知”主要是指飞行员对外在环境、机体运动状态及仪表系统显示的感知,飞行员对所有航行诸元的操控都必须建立在正确的态势感知基础上,而任一要素控制的失误都有可能伴随着感知的部分缺失。功能 F_5 的变化可由 $F_1 \sim F_4$ 的变化间接判断。功能“F_8 接地”是连接下滑阶段与滑跑阶段的枢纽,既能反映下滑曲线控制质量的优劣,也能影响滑跑的安全品质,若接地控制不好,极有可能造成偏/冲出跑道事故。接地功能变化体现为接地点、接地速度、接地时航向的偏离度,评判标准同表 13-15～表 13-18。

步骤 3:基于虚拟试飞数据的功能共振识别。

为能够准确识别各个功能模块之间的共振关系,基于着陆滑行模型模拟飞行员的着陆过程。由于飞行员的操控都含有人因扰动,因此对各个要素的变化都加入扰动因子。模型参数设置见表 13.19。

表 13.19　着陆滑跑模型参数设置

名称/变量	数值	单位
接地点横向偏移量 x_{td}	$N(0,5)$	m
接地点纵向偏移量 y_{td}	$N(0,20)$	m
接地航向偏移量 θ_{td}	$N(0,5\pi/180)$	rad
平均滑动摩擦因数 f	$N(\mu,0.005)$	/
接地速度 V_{td}	$N(70.475,5)$	m/s
最大转弯率 $\|\omega_{max}\|$	$5\pi/180$	rad/s
速度修正系数 K_1	0.95	/
机翼面积 S	60	m²
飞机着陆重量 W	180 000	N
空气密度 ρ	1.225	kg/m³
接地升力系数 C_{ltd}	0.89	/
接地阻力系数 C_{Dtd}	0.12	/
跑道接地点	(400,0)	m
跑道宽度	40	m

使用模拟飞行员进行着陆试飞,仿真滑跑轨迹如图 13.11 所示。

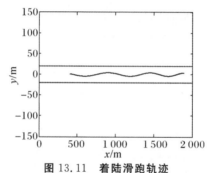

图 13.11　着陆滑跑轨迹

图 13.11 中实线为模拟的跑道边界,曲线为航空器滑行轨迹,若轨迹超出实线边界范围,则判定为偏出跑道事故。曲线最左侧起始点为接地点,航空器由西向东着陆。对航空器在不同道面摩擦因数环境下的着陆数据进行采集,见表 13.20。通常认为摩擦因数小于 0.15 时为雨雪天气,跑道受一定程度污染;大于 0.15 且小于 0.25 时为湿滑,跑道上会有不同程度积水;大于 0.25 时道面干燥,天气状况良好。在实际运行过程中,根据飞行员每一架次起降或模拟训练的数据记录,同样可以提取该表的数据用于着陆安全品质分析。

表 13.20　飞机着陆滑跑模拟数据

序号	摩擦因数	最大偏航角 (°)	最大偏距 m	滑跑距离 m	接地速度 (m·s⁻¹)	接地点	接地偏航角 (°)
1	0.12	0.166 6	13.022	2 545	76.421	(398.1,1.6)	0.103 9
2	0.14	0.153 6	11.861	2 260	74.104	(370.6,10.9)	−0.016 3
3	0.16	0.111 1	8.667	1 701	63.794	(435.7,8.1)	0.025 7
4	0.18	0.077 3	5.653	2 078	73.925	(440.8,3.6)	−0.0349

续 表

序号	摩擦因数	最大偏航角 (°)	最大偏距 m	滑跑距离 m	接地速度 (m·s⁻¹)	接地点	接地偏航角 (°)
5	0.20	0.091 8	7.102	2 066	76.429	(339.9,−0.1)	0.058 3
6	0.22	0.234 5	17.941	1 738	71.726	(347.2,7.1)	−0.141 1
7	0.24	0.172 6	12.492	1 661	71.572	(353.9,−10.9)	0.046 1
8	0.26	0.180 1	13.663	1 768	73.541	(425.4,8.5)	−0.088 2
9	0.28	0.086 1	6.441	1 590	72.377	(349.5,−0.1)	−0.056 2
10	0.30	0.131 7	9.506	1 473	68.886	(454.8,−9.4)	0.001 1

根据着陆数据与安全包络,查看在不同道面环境下飞行员的着陆控制品质,如图 13.12 和 13.13 所示。

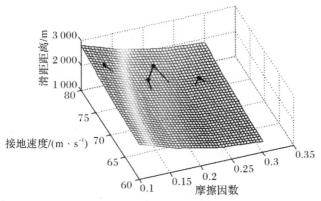

图 13.12　着陆滑跑距离

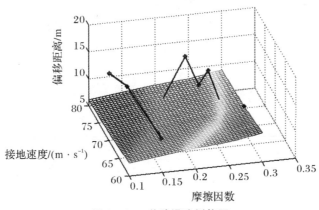

图 13.13　着陆滑跑侧偏距

滑跑过程中的航向最大偏离如图 13.14 所示。

综合图 13.12～13.14 可知,该飞行员存在显著的方向舵功能异常,且在序号 6 的着陆过程中问题最为严重,因此以该架次为线索对"F_2 方向舵"功能模块展开分析。该功能模块的输入为飞行员的操控指令,侧偏距和航向偏角通过态势感知功能模块以资源的形式被接收,前提为操作规程,输出为舵面偏角,舵面产生的方向变化再次被态势感知功能模块接收。在机械系统运行正常、前提满足的情况下,功能模块运行运行资源必须充足。因此可以认为当航空器与跑道中心线存在显著侧偏距与航向偏角的时候,飞行员的感知功能模块发生了延迟,并不能及时修正偏差,因此,F_2 与 F_5 之间形成功能共振。也正是这一功能异变,该飞行员方向舵的控制在历次飞行中多有不理想的情况。

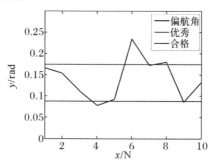

图 13.14　着陆滑跑最大偏航角

从滑跑长度的安全包络曲线来看,序号 5 存在显著的突破安全包络现象,因此以序号 5 入手展开分析。序号 5 的方向舵控制良好,但接地速度略微偏大,接地点过早,说明下降率过大,下滑阶段的油门和升降舵协同控制不到位,导致接地功能模块的控制端功能异常。滑跑过程中,飞行员并未及时意识到减速不够快的状况,制动系统控制未施加足够的制动力,制动系统功能模块态势资源不充分,导致滑跑距离过长,突破安全包络,存在较大冲出跑道风险。因此,F_1 与 F_3 之间,F_4 与 F_5 之间形成功能共振。

序号 1 的着陆过程则发生了侧偏距和滑跑距离包络的双突破。从当日的道面信息来看,属于雨雪天气,道面摩擦因数小,滑跑距离显著延长,安全余度降低。从飞行员的历史数据中可以研判态势感知能力弱的现象普遍存在,难以及时施加足够的制动力减速。在操作刹车系统和放减速板的同时,方向控制无法兼顾,最终造成了安全包络的双突破。下滑阶段的 F_1 与 F_2 之间,滑跑阶段的 F_2、F_4 与 F_5 之间均形成功能共振。

步骤 4:安全屏障的构建。

根据识别的共振关系,对其形成的原因进行进行梳理总结,见表 13.21。

表 13.21　功能共振原因分析

共振关系	原因描述
$F_2 \sim F_5$	情景意识不够敏锐,对航向与侧偏距的感知不够准确;对飞机舵面与转弯率的控制关系掌握不够熟练,不能很好地修正存在的偏差
$F_1 \sim F_3$	下滑过程中对油门与升降舵的协同控制掌握不够熟练,下降率没控制好
$F_4 \sim F_5$	对速度的情景意识不够准确,没有意识到减速过慢的现象,制动力施加不够;对道面摩擦阻力的影响也没有充分遇见
$F_1 \sim F_2$	下滑过程中对油门与方向舵的协同控制不够熟练,接地点产生偏移
$F_2 \sim F_4 \sim F_5$	滑跑过程中对方向舵与制动系统的协同控制不够熟练

从功能模块发生共振的频率来看,"F_2:方向舵"和"F_5:态势感知"发生频率最高,是影响

该飞行员着陆安全品质的主要原因,其余功能模块所发生的功能异变都直接或间接与其发生关联。因此,对 F_2 与 F_5 施加安全屏障最为关键。施加屏障见表 13.22 和 13.23。

表 13.22　"F_2 方向舵"安全屏障

功能模块名称	屏障类型	屏障措施描述
方向舵	物理屏障	加强机组间的协同,对显著的控制偏差,其他机组成员应当及时提醒
	功能屏障	加强人员技术水平的精细化管理,做好任务机组人员的选派,注重能力互补,新老搭配
	象征屏障	改进着陆航向引导系统,通过信息告警咨询或语音提示的方法辅助飞行员修正航向偏离
	无形屏障	通过模拟训练与教官带教的方式,对方向舵的操控进行强化训练,提高操控熟练度

表 13.23　"F_5 态势感知"安全屏障

功能模块名称	屏障类型	屏障措施描述
态势感知	功能屏障	着陆阶段避免不必要的交流和操作程序,降低机组人员的精力损耗
	象征屏障	优化仪表信息显示界面,提升机组人员对态势的认知效率
	无形屏障	加强注意力分配方面的专项训练,提高情景感知能力

步骤 5:开展新一轮分析验证。

在真实的应用场景中,应在施加安全屏障的同时开展新一轮的数据采集,并对不同周期内的数据进行比对,验证安全屏障的合理性与不足,在改进安全品质的同时是否也产生了新的弊端。通过投入成本与效益的比对,最终确定安全屏障措施的有效性。对于无效的屏障措施应对及时剔除,基于新一轮采集的数据制定新的安全屏障措施。因篇幅原因,本章节只对方法原理进行介绍,不再展开详细叙述。

13.4　小　　结

FRAM 从功能角度分析系统,并研究功能的变化如何在系统内产生共振,从而产生成功或失败的输出。与经典分析方法相比,它的优势在于能够分析动态非线性关系,并提供更全面的分析方式。当然,本书对 FRAM 模型的介绍主要还在于基本方法的应用,特别是航空安全领域的应用,而实际上 FRAM 方法的适用范围远远不仅如此,但在实际使用的过程中往往需要进行适当的修正以满足现实需求。对此,本章在 13.3 节的论述中为读者介绍了一种FRAM 方法的拓展应用形式。FRAM 方法的基本型通常只进行单一事故的分析,具有静态特性,与第一代与第二代人因可靠性分析方法相似。之所以无法进行滚动循环的系统优化,很大原因就在于巨大的工作量,因此,需要将大量工作依托计算机来自动完成,降低人的工作负荷,这也是 13.3 节内容中对 FRAM 分析流程作出改进的出发点。

参 考 文 献

[1] ANDERSSON O,ROLLENHAGEN C. The MTO Concept and Organizational Learning at Forsmark NPP[C]. IAEA International Conference on Safety Culture in Nuclear Installations,2002:1 – 4.

[2] KIM J N. The Development of K-HPES:a Korean-version Human Performance Enhancement System[C]. Proceedings of the 1997 IEEE 6th Conference on Human Factor and Power Plants,1997:16 – 20.

[3] HENDRICK K,BENNER L. Investigating Accidents with STEP[M]. New York:Marcel Dekker Incorporated,1987.

[4] SVENSON O. The Accident Evolution and Barrier Function (AEB) Model Applied to Incident Analysis in the Processing Industries[J]. Risk Analysis,1991,11(3):499 – 507.

[5] REASON J. Human Error[M]. New York:Cambridge University Press,1990.

[6] 甘旭升,端木京顺,丛伟,等. 机械原因飞行事故诱因的分析与预测研究[J]. 中国安全科学学报,2011,21(5):119 – 125.

[7] HOLLNAGEL E. Barriers and Accident Prevention[M]. Aldershot,UK:Ashgate Pub Ltd,2004.

[8] 方振平,陈万春,张曙光. 航空飞行器飞行动力学[M]. 北京:北京航空航天大学出版社,2005.